河海大学重点立项教材

水体生态环境
调查规范与分析方法

陶玉强　编著

河海大学出版社
HOHAI UNIVERSITY PRESS
·南京·

图书在版编目(CIP)数据

水体生态环境调查规范与分析方法 / 陶玉强编著.
南京：河海大学出版社，2024.12. -- ISBN 978-7
-5630-9500-1

Ⅰ．X143

中国国家版本馆 CIP 数据核字第 2025U9T836 号

书　　名	水体生态环境调查规范与分析方法
	SHUITI SHENGTAI HUANJING DIAOCHA GUIFAN YU FENXI FANGFA
书　　号	ISBN 978-7-5630-9500-1
责任编辑	杜文渊
文字编辑	黄　晶
特约校对	李　浪　杜彩平
装帧设计	徐娟娟
出版发行	河海大学出版社
地　　址	南京市西康路 1 号(邮编:210098)
网　　址	http://www.hhup.com
电　　话	(025)83737852(总编室)　(025)83787107(编辑室)
	(025)83722833(营销部)
经　　销	江苏省新华发行集团有限公司
排　　版	南京布克文化发展有限公司
印　　刷	广东虎彩云印刷有限公司
开　　本	718 毫米×1000 毫米　1/16
印　　张	17.5
字　　数	326 千字
版　　次	2024 年 12 月第 1 版
印　　次	2024 年 12 月第 1 次印刷
定　　价	78.00 元

目录

第一章　水质调查规范与分析方法 ··· 001
 第一节　适用范围与规范性引用文件 ·· 001
  1　适用范围 ··· 001
  2　规范性引用文件 ··· 001
 第二节　调查总则 ··· 002
  1　调查对象 ··· 002
  2　调查内容 ··· 002
 第三节　样品的采集与保存 ··· 005
  1　样品采集目标的确定 ·· 005
  2　样品采集的需求 ··· 005
  3　采样点布设要求 ··· 005
  4　采样器材要求 ·· 006
  5　采样形式及方法选择 ·· 010
  6　采样的时间和频次 ··· 012
  7　样品采集质量保证 ··· 013
  8　采样安全注意事项 ··· 014
  9　样品处理 ··· 014
 第四节　分析测试 ··· 021
  1　数据质量保证方法 ··· 021
  2　样品的预处理 ·· 022
  3　分析方法 ··· 023
  4　实验室质量控制 ··· 028

　　　　5　分析结果表示 ·· 032
　　　　6　实验室误差分析 ·· 033
　第五节　调查成果整编 ··· 035
　　　　1　数据记录与处理 ·· 035
　　　　2　资料整理 ·· 037
　　　　3　资料保存与要求 ·· 037
　　　　4　报告编写内容与格式 ····································· 038
　　　　5　报告章节内容及编写要求 ······························· 038
　附录A　调查登记表 ·· 040
　附录B　信息表 ·· 045

第二章　沉积物调查规范与分析方法 ······················· 046
　　　　1　规范范围 ·· 046
　　　　2　规范性引用文件 ·· 046
　　　　3　调查范围 ·· 046
　　　　4　调查内容 ·· 047
　　　　5　样品采集与保存 ·· 048
　　　　6　分析 ··· 051

第三章　水生生物采集 ·· 055
　第一节　藻类 ·· 055
　　　　1　相关概念 ·· 055
　　　　2　采样方法 ·· 056
　　　　3　藻类测定指标 ·· 059
　　　　4　结果报告 ·· 065
　第二节　鱼类 ·· 065
　　　　1　相关概念 ·· 065
　　　　2　采样方法 ·· 066
　　　　3　样本处理及信息采集 ···································· 067
　　　　4　鱼类测定指标 ·· 068
　第三节　浮游动物 ··· 070
　　　　1　相关概念 ·· 070
　　　　2　采样方法 ·· 071

    3　浮游动物检测指标 …………………………………………… 073
  第四节　着生生物 ……………………………………………………… 078
    1　相关概念 …………………………………………………… 078
    2　采样方法 …………………………………………………… 078
    3　着生生物检测指标 ………………………………………… 078
  第五节　底栖生物 ……………………………………………………… 079
    1　相关概念 …………………………………………………… 079
    2　采样方法 …………………………………………………… 079
    3　底栖生物检测指标 ………………………………………… 081
  第六节　生态群落分析 ………………………………………………… 085
    1　非度量多维尺度分析（NMDS 分析） …………………… 085
    2　聚类分析 …………………………………………………… 086
    3　典范对应分析 ……………………………………………… 086
  第七节　生物多样性评价方法 ………………………………………… 088
    1　指标体系法 ………………………………………………… 088
    2　多样性指数法 ……………………………………………… 089
    3　差距分析法 ………………………………………………… 091

第四章　仪器分析 …………………………………………………………… 092
  第一节　色谱分离法 …………………………………………………… 092
    1　色谱分离法的发展史 ……………………………………… 092
    2　基本概念 …………………………………………………… 095
    3　色谱法的分离原理 ………………………………………… 101
    4　色谱填料 …………………………………………………… 101
    5　色谱分离方法分类 ………………………………………… 111
    6　定性与定量分析 …………………………………………… 115
  第二节　气相色谱仪 …………………………………………………… 121
    1　定义 ………………………………………………………… 121
    2　原理 ………………………………………………………… 121
    3　分类 ………………………………………………………… 122
    4　组成 ………………………………………………………… 123
  第三节　液相色谱仪 …………………………………………………… 134
    1　定义 ………………………………………………………… 134

2　原理 ··· 135
　　3　组成 ··· 135
第四节　**质谱法**·· 141
　　1　质谱法的发展史 ··· 141
　　2　基本概念 ·· 143
　　3　质谱法的原理 ··· 146
　　4　质谱仪的基本结构 ··· 146
　　5　质谱仪的离子源 ··· 148
　　6　质量分析仪的类型 ··· 150
　　7　离子检测器的类型 ··· 150
　　8　真空系统和进样系统 ··· 152
　　9　质谱仪与其他技术的结合 ··· 154
第五节　**气相色谱-质谱联用仪** ··· 154
　　1　定义 ··· 154
　　2　原理 ··· 155
　　3　组成 ··· 155
第六节　**液相色谱-质谱联用仪** ··· 160
　　1　定义 ··· 160
　　2　原理 ··· 160
　　3　组成 ··· 161

第五章　水体中水质参数的测定 ·· 164
第一节　**水体中氨氮的测定** ·· 164
　　1　实验目的 ·· 164
　　2　实验原理 ·· 164
　　3　实验仪器 ·· 164
　　4　实验试剂 ·· 165
　　5　实验步骤 ·· 167
　　6　结果计算 ·· 170
　　7　注意事项 ·· 171
第二节　**水体中硝酸盐氮的测定** ·· 171
　　1　实验目的 ·· 171
　　2　实验原理 ·· 171

　　　　3　实验试剂 …………………………………… 171
　　　　4　实验仪器 …………………………………… 171
　　　　5　实验步骤 …………………………………… 172
　　　　6　结果计算 …………………………………… 172
　第三节　水体中亚硝酸盐氮的测定 ………………………… 173
　　　　1　实验目的 …………………………………… 173
　　　　2　实验原理 …………………………………… 173
　　　　3　实验试剂 …………………………………… 173
　　　　4　实验仪器 …………………………………… 173
　　　　5　实验步骤 …………………………………… 173
　　　　6　结果计算 …………………………………… 174
　第四节　水体中总氮的测定 ………………………………… 174
　　　　1　实验目的 …………………………………… 174
　　　　2　实验原理 …………………………………… 174
　　　　3　实验仪器 …………………………………… 175
　　　　4　实验试剂 …………………………………… 175
　　　　5　实验步骤 …………………………………… 175
　　　　6　注意事项 …………………………………… 176
　第五节　水体中总有机碳的测定 …………………………… 176
　　　　1　实验目的 …………………………………… 176
　　　　2　实验原理 …………………………………… 177
　　　　3　实验试剂 …………………………………… 178
　　　　4　实验仪器 …………………………………… 179
　　　　5　实验步骤 …………………………………… 179
　　　　6　结果计算 …………………………………… 180
　第六节　水体中总磷的测定 ………………………………… 181
　　　　1　实验目的 …………………………………… 181
　　　　2　实验原理 …………………………………… 181
　　　　3　实验仪器 …………………………………… 182
　　　　4　实验试剂 …………………………………… 183
　　　　5　实验步骤 …………………………………… 184
　　　　6　结果计算 …………………………………… 185
　　　　7　注意事项 …………………………………… 186

第七节　水体中化学需氧量的测定 …… 186
1　实验目的 …… 186
2　实验原理 …… 186
3　实验试剂 …… 187
4　实验仪器 …… 188
5　实验步骤 …… 189
6　结果计算 …… 190
7　注意事项 …… 190

第八节　水体中五日生化需氧量的测定 …… 191
1　实验目的 …… 191
2　实验原理 …… 191
3　实验仪器 …… 191
4　实验试剂 …… 192
5　实验步骤 …… 193
6　结果计算 …… 198
7　注意事项 …… 199

第九节　水体中重金属的测定 …… 200
1　实验目的 …… 200
2　实验原理 …… 200
3　样品的准备 …… 200
4　实验仪器 …… 203
5　实验试剂 …… 204
6　实验步骤 …… 206
7　结果计算 …… 208
8　注意事项 …… 209

第十节　水体中挥发性有机污染物的测定 …… 209
1　实验目的 …… 209
2　实验原理 …… 209
3　实验仪器 …… 209
4　实验试剂 …… 211
5　样品的准备 …… 212
6　实验步骤 …… 212
7　结果计算 …… 214

    8 注意事项 ·· 215
 第十一节 水体中半挥发性有机污染物的测定 ···················· 216
    1 实验目的 ·· 216
    2 实验原理 ·· 216
    3 实验仪器 ·· 216
    4 实验试剂 ·· 216
    5 样品的准备 ·· 218
    6 实验步骤 ·· 221
    7 结果计算 ·· 223

第六章 沉积物中参数的测定 ······························ 225

 第一节 沉积物总氮的测定 ·· 225
    1 实验目的 ·· 225
    2 实验原理 ·· 225
    3 试剂配制 ·· 226
    4 实验步骤 ·· 227
    5 结果计算 ·· 227
    6 注意事项 ·· 228
 第二节 沉积物中总磷的测定 ···································· 228
    1 实验原理 ·· 228
    2 实验仪器和试剂 ·· 228
    3 实验步骤 ·· 229
    4 结果计算 ·· 230
 第三节 沉积物中总有机碳的测定 ·························· 231
    1 实验目的 ·· 231
    2 实验原理 ·· 231
    3 实验仪器和试剂 ·· 232
    4 实验步骤 ·· 232
    5 结果计算 ·· 233
    6 注意事项 ·· 233
 第四节 沉积物中重金属的测定 ······························ 234
    1 实验目的 ·· 234
    2 实验原理 ·· 234

    3 实验仪器 ·· 234
    4 实验试剂 ·· 236
    5 实验步骤 ·· 237
    6 结果计算 ·· 239
    7 注意事项 ·· 239
  第五节 沉积物中半挥发性有机污染物的测定 ··················· 240
    1 实验目的 ·· 240
    2 实验原理 ·· 240
    3 实验仪器 ·· 240
    4 实验试剂 ·· 241
    5 样品处理 ·· 244
    6 仪器操作步骤 ·· 249
    7 结果计算 ·· 251
  第六节 沉积物中挥发性有机污染物的测定 ······················ 253
    1 实验目的 ·· 253
    2 实验原理 ·· 253
    3 实验仪器 ·· 253
    4 实验试剂 ·· 254
    5 样品处理 ·· 255
    6 实验步骤 ·· 256
    7 结果计算 ·· 260

参考文献 ·· 262

第一章

水质调查规范与分析方法

第一节 适用范围与规范性引用文件

1 适用范围

本部分规程规定了自然水体水质调查的内容、技术要求和方法。

2 规范性引用文件

地表水环境质量标准(GB 3838—2002)
水质 湖泊和水库采样技术指导(GB/T 14581—1993)
水质 样品的保存和管理技术规定(HJ 493—2009)
水质 采样技术指导(HJ 494—2009)
水质采样技术规程(SL 187—1996)
水环境监测规范(SL 219—2013)
湖泊富营养化调查规范(第二版)(中国环境科学出版社,1990)
湖泊生态调查观测与分析(中国标准出版社,1999)
湖泊生态系统观测方法(中国环境科学出版社,2005)
水和废水监测分析方法(第四版)(中国环境科学出版社,2002)
水化学分析(化学工业出版社,2006)
水污染与水质监测(合肥工业大学出版社,2010)
水质分析化学(第二版)(华中科技大学出版社,2004)
水质分析实用手册(第二版)(化学工业出版社,2016)
水质监测与评价(中国水利水电出版社,2010)

第二节　调查总则

1　调查对象

海湾、潟湖、入海口、湖泊、水库、河流、池塘、湿地等自然水体。

2　调查内容

2.1　相关概念

点样:在不同地点采集靠近水面或不同深度的不连续的样品。

透明度:水样的澄清程度。清洁的水是透明的,当水中存在悬浮物和胶体时,透明度便下降。透明度与浊度相反,悬浮物越多,透明度越低。

pH:水中氢离子活度的负对数,即 $pH=-\lg[H^+]$。

悬浮物:悬浮在水中的固体物质,包括不溶于水中的无机物、有机物及泥沙、黏土、微生物等。

溶解氧(DO):溶解在水中的分子态氧。

电导率:在特定条件下,规定尺寸的单位立方体的水溶液相对面之间测得的电阻倒数。它是以数字表示溶液传导电流的能力,也可作为水样中可电离溶质的浓度量度。

碱度:水中所含能与强酸定量作用的物质总量。湖水的碱度基本是由碳酸盐、重碳酸盐以及氢氧化物引起的,所以总碱度可作为这些浓度的总和。

矿化度:1 L 水中含有各种盐分的总质量,单位为 $g \cdot L^{-1}$。

化学需氧量(COD):在一定条件下,用强氧化剂处理水样时所消耗氧化剂的量,以氧的 $mg \cdot L^{-1}$ 来表示。它用于反映水体受还原性物质污染的程度。

生化需氧量(BOD):在有氧条件下,微生物分解水体中有机物的生物化学过程以及氧化无机物所需要的溶解氧的量,单位为 $mg \cdot L^{-1}$。它可间接反映湖泊中可生化降解有机物的含量。

高锰酸盐指数:在一定条件下,以高锰酸钾为氧化剂与水样进行氧化还原反应所消耗的量,以氧的 $mg \cdot L^{-1}$ 表示。

总有机碳(TOC):水或沉积物中有机碳的含量。它是反映水或沉积物中有机物含量的综合指标。

2.2 测定项目

自然水体水质测定项目繁多,主要有以下几类:理化性质测定、金属及其化合物测定、非金属无机物测定和有机物测定。

理化性质测定项目包括:

水温、色度、透明度、pH、矿化度、电导率、悬浮物、酸度、碱度、二氧化碳等。

金属及其化合物测定项目包括:

钙、镁、钾、钠、铁、铜、锌、锰、汞、铅、铬(总铬、六价铬等)等。

非金属无机物测定项目包括:

溶解氧、氮(氨氮、硝酸盐氮、亚硝酸盐氮、总氮等)、磷(总磷、溶解性磷酸盐等)、氯化物、氟化物、硫酸盐等。

有机物测定项目包括:

化学需氧量(COD_{Cr})、五日生化需氧量(BOD_5)、总有机碳、叶绿素a、挥发酚、苯系物、多环芳烃、有机磷、苯胺类、硝基苯类、阴离子洗涤剂、各类农药等。

不同类型的水体,对水质的测定项目要求各不相同,具体见表1.1。

表1.1 不同类型水体的水质测定项目

	淡水湖	咸水湖
基本项目	水温、透明度、pH、电导率、悬浮物、溶解氧、钾、钠、钙、镁、氯化物、硫酸盐、碱度、总磷、总氮、硝酸盐氮、亚硝酸盐氮、氨氮、高锰酸盐指数、TOC、叶绿素a、酸度、二氧化碳	水温、透明度、pH、电导率、溶解氧、钾、钠、钙、镁、氯化物、硫酸盐、矿化度、碱度、酸度、二氧化碳
选择项目	镉、铅、铜、汞、砷、六价铬、铁、锰、锌、色度、溶解性磷酸盐、矿化度、COD_{Cr}、BOD_5、氟化物、挥发酚、苯系物、多环芳烃、有机磷、苯胺类、阴离子洗涤剂、农药等	总磷、总氮、高锰酸盐指数、TOC、挥发酚、苯系物、多环苯烃、有机磷、苯胺类、阴离子洗涤剂、农药等

2.3 资料收集

项目调查必须充分收集和利用已有资料。资料收集途径包括文献查阅以及监测站、水文站数据收集等。收集项目尽可能包括表1.1中所有测定内容,重点为水温、pH、电导率、透明度、溶解氧、高锰酸盐指数、BOD_5、氨氮、总磷、总氮、叶绿素a和重金属等。

收集的项目资料的时间频率尽可能详尽,至少要求是年平均值。若评价需要,应收集相应时段(如平水期、枯水期、丰水期)的数据。在收集资料的过程中,应注意并记录项目的分析方法(例如COD的不同测定方法,以重铬酸钾为氧化

剂和以高锰酸钾为氧化剂的数值是完全不同的),重视资料的可靠性和准确性。凡收集来的资料属下列情况的,不予采用:

(1) 不符合技术要求的资料;
(2) 填写不清、无原因涂改的资料;
(3) 凭有关人员经验估算的资料;
(4) 出自同一资料源、相互矛盾的资料;
(5) 其他无法解释其可靠性和准确性的资料等。

2.4　调查工作程序

图 1.1 是水质调查的工作程序框图。目标的确定是调查工作程序的首位,对于不同目标,其工作程序不尽相同。根据调查对象已有的资料或预调查所获的信息,可以提出较合理的调查方案。经过一定时间的现场观测和样品采集、分析,获得必要的数据,然后进行整理和分析,其结果可以用绘图方式来表示。

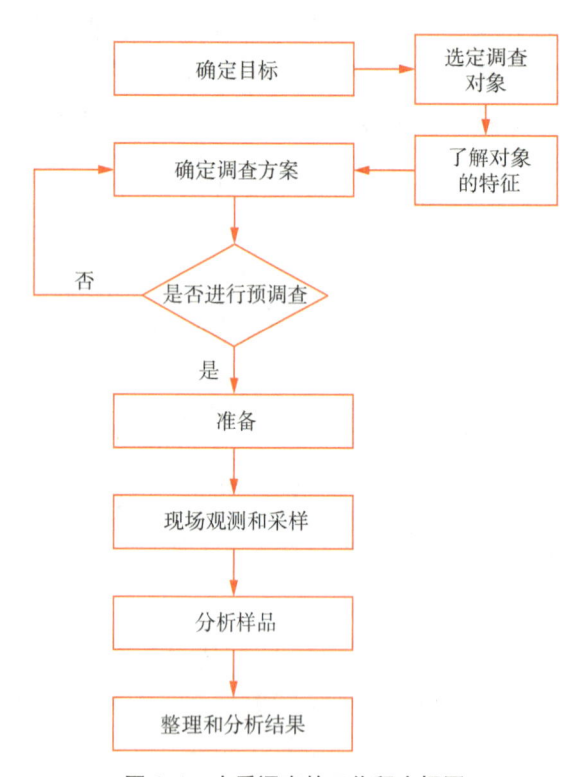

图 1.1　水质调查的工作程序框图

第三节　样品的采集与保存

为了能够真实地反映水体水质,除采用精密的仪器和准确的分析方法之外,还要注意样品的采集与保存,如:采集的样品要能够代表水体水质;采样后容易发生变化的部分需要在现场测定;带回实验室的样品要确保其在保存期间不发生变化等。

1　样品采集目标的确定

采集的样品应尽量能够反映水体水质的全部特性,即具有充分的代表性。这就需要事先考虑注意事项,如确保采样点在采样和分析间隔时间内不发生任何变化,同时考虑监测项目、精度、数据积累、原有的资料、时间和经费等,结合地方政府、管理部门提出的要求,以及生态环境科学研究要求的尺度目标和所需探明的污染源等,确定水体采集目标。

2　样品采集的需求

一般需求:对监测水体的表层乃至底层的污染物浓度等指标进行确定。

特殊需求:对水体特殊的物理要素(如冷却水的热效应)、生物物种、流速、沿岸工厂运行情况、雨水、特殊的气候事件、农业中施用的化肥、杀虫剂等化学品,污染物在沉积物中的积累和释放,污水、废水以及突发事件进行观测与监测。

3　采样点布设要求

应在较大的采样范围内进行详尽的预调查,在获得足够信息的基础上,应用统计技术合理地确定采样点位的布设。

采样点位的布设应充分考虑如下因素:

(1) 水体的水动力条件;

(2) 水体面积、湖盆/海盆/河盆的形态;

(3) 补给条件、出水及取水;

(4) 排污设施的位置和规模;

(5) 污染物在水体中的循环及迁移转化。

一个水体采样点的数量应视水体大小、自然环境变化和人类活动影响程度而定。此外,水体采样点的数量还受到器材、人员和经费的限制。采样点也可以依据近期的大比例尺水下地形图,按照比例设置。不同水体面积应设的采样点数量见表1.2。

较多水体具有复杂的岸线或由几个不同的水面组成,由于形态不规则,可能存在其水质特性在水平方向上的明显差异。需要布设若干个采样点,并对其进行初步调查,评价水质的不均匀性,从而有效地确定所需要的采样点。

表1.2 不同水体面积应设的采样点数量

面积/km²	10～100	100～500	500～1 000	1 000～2 000	＞2 000
采样点数	2～5	5～10	10～15	15～18	18～25

注:a～b,即大于a且小于等于b。

由于分层现象,水体的水质沿垂直方向可能存在很大的不均匀性,这主要受水面透光带内光合作用和水温的变化以及沉积物中物质的释放的影响。此外,悬浮物的沉降也可能造成垂直方向水质的不均匀性,在斜温层常常观察到水质有很大差异。基于上述情况,在非均匀水体采样时要把垂直方向上采样点间的距离尽可能缩短。采样层次的合理布设取决于所需要的资料和局部环境:初步调查(如测量温度、溶解氧、pH、电导率和叶绿素 a)可使用探测器检测;水深6 m以内的水体采集柱状水样,超过6 m的水体采集柱状水样以及底样;对分层水体,水深3～10 m的水体一般分五层进行采样,大于10 m的水体分七层采样,对个别很深的水体可以酌情增加采样层次;对潟湖、盐湖和半盐湖等,在选择采样点时还应注意盐度分布的影响。

采样点数量确定后,如何准确地确定采样点的定位以保证资料的可比性,也是工作的重点。现在通常采用的是GPS(全球卫星定位系统)、北斗导航系统进行准确定位,或利用水体中的航标、灯塔等永久建筑物作为定位的参照物,或由生态站设置永久浮标等作为定位标志。应将采样点位置标在大比例尺地形图上,以备工作时和日后复查用。

4 采样器材要求

4.1 采样容器

(1) 采样容器的种类

测定天然水的理化参数时应使用聚乙烯和硼硅玻璃进行常规采样,最好使用化学惰性材料。常用的有多种类型的细口、广口和带有螺旋帽的试剂瓶,也可配软木塞(外裹化学惰性金属箔片)、胶塞(不适用于有机、生物分析)和磨口玻璃塞(碱性溶液易粘住塞子)。如果样品装在箱子中送往实验室分析,则箱盖必须设计成可以防止瓶塞松动的形式,防止样品溢漏或污染。

光敏物质样品的容器:除了已提到的需要考虑的事项,为防止光的照射,一些光敏物质(包括藻类)多采用不透明材料或有色玻璃容器储存,而且在整个存放期间,应将其放置在避光的位置。

可溶气体或组分样品的容器:因采集和分析的样品中含溶解的气体,曝气会改变样品的组分,而细口生化需氧量瓶有锥形磨口玻璃塞,能使样品对空气的吸收减小到最低限度,较为适宜用于可溶气体或组分的储存。在运送过程中要求采取特别的密封措施。

微量有机污染物样品的容器:一般情况下,使用的样品瓶为玻璃瓶。所有塑料容器会干扰高灵敏度的分析,因此这类分析应采用玻璃或聚四氟乙烯瓶。

微生物样品的容器:微生物样品容器的基本要求是能够经受高温灭菌;如果是冷冻灭菌,瓶子和衬垫的材料也应该符合要求;在灭菌和样品存放期间,容器材料不应该产生和释放出抑制微生物生存能力或促进微生物繁殖的化学品;样品在运回实验室到打开前,应保持密封并包装好,以防污染。

(2) 采样容器的准备

所有的准备都应确保不发生正负干扰。尽可能使用专用容器,若不能使用专用容器,最好准备一套容器进行特定污染物的测定,以减少交叉污染。同时应注意防止采集高浓度分析物的容器因洗涤不彻底,污染随后采集的低浓度的样品。对于新容器,一般应先用洗涤剂清洗,再用纯水彻底清洗。但是用于清洁的洗涤剂和溶剂可能引起干扰,如果使用,应确保洗涤剂和溶剂的质量。如果测定硅、硼和表面活性剂,则不能使用洗涤剂。

(3) 采样容器的清洗规则

分析水体中微量化学组分时,通常要使用彻底清洗过的新容器以减少再次污染的可能。清洗的一般程序是:用水和洗涤剂洗,再用铬酸-硫酸洗液洗,最后依次用自来水、蒸馏水冲洗干净。所用的洗涤剂类型和选用的容器材质要根据待测组分确定:测磷酸盐不能使用含磷洗涤剂;测硫酸盐或铬则不能用铬酸-硫酸洗液;测重金属的玻璃容器及聚乙烯容器,通常用盐酸或硝酸洗净并浸泡一至两天,然后用蒸馏水或去离子水冲洗;贮存微生物水样的容器,除按照一般方法清洗外,还应注意用防潮硬纸将瓶塞与瓶颈包扎好,在 160 ℃ 下干热灭菌 2 h 或置于高压灭菌锅中在 120 ℃ 和 200 kPa 下灭菌 20 min,当要采集含有余氯或经过加氯处理的水样时,样品瓶应在灭菌前按每 125 mL 样品加入 0.1 mL 质量分数为10%的硫代硫酸钠以除去余氯对细菌的抑制作用。

4.2 采水器

（1）采水器的选用原则

①凡采水器直接与水样有接触的部件，其材质不应对原水样产生影响。

②采水器应有足够的强度，且启动灵活、操作简单、密封性能好，一次最大采水量不应小于1.0～5.0 L。

③采水器应具有设计简单、表面光滑、容易清洗和没有流量干扰等特点，以免样品被采水器沾污，失去真实性。

④采水器的选择应考虑水体的宽窄、深浅、急缓程度，并与所采集水样的类型及对象相适应。

（2）采水器的清洗方法

一般采水器的清洗方法应符合以下要求：

①清洗前预先用软布擦拭，去除较厚油层，再用洗涤剂清洗油污。

②用自来水冲净采水器上残存的洗涤剂。

③用质量分数为10%的硝酸或盐酸仔细刷洗采水器。

④用自来水冲净采水器上的残酸，再用纯水冲洗数次，沥干备用。

用样品瓶作为采样瓶时应按采样容器清洗方法进行清洗。特殊采水器的清洗应按说明书要求进行。

（3）常用采水器

下面介绍几种常用的适用于水体环境调查的采水器，可供选用。

①改良北原式采水器

这是我国在水体调查和监测中使用最广泛的采水器，具有结构简单、操作简便等优点，可用于浅水水体的水样采集。它有金属制和有机玻璃制两种类型，金属制的采水器不宜作为金属离子测定时的采水工具（见图1.2）。

②颠倒式采水器

这是我国海洋和深水湖泊/水库等采集水样时普遍采用的采水器，它安装有配套的颠倒温度计，可以在采样的同时测定水温，在深水湖泊/水库及分层采样时十分方便。该采水器有金属材质和塑料材质两种类型，可根据测试项目选用。

③虹吸或排气式采水器

泵压虹吸式或简易排气式采水器也是浅水水体中常用的采水器。

图 1.2　有机玻璃采水器(左)和金属采水器(右)

4.3　采样器材的准备

具体如表 1.3 所示。

表 1.3　采样器材的准备

器材	准备
采样容器	检查其是否有划痕,是否有破损和不牢固的部件
漏斗	
绳	
手柄	
过滤器和过滤系统	
箱和样品传送器	确保其数量充足;检查其是否有破损;必要情况下,用消毒剂把箱擦干净
样品瓶	检查样品瓶和盖子,有破损的要及时丢掉以防别人误用
固定剂	检查"按日期使用"的固定剂是否超期;检查点滴器和移液器是否有损坏,必要情况下进行更换;确保其与空的样品瓶分开
野外作业用具	确保其在有效的检验期内,如果已超期,要进行更换
检定试剂盒	确保作业指导书可用且有效;确保其未超期使用,必要时进行更换;与取样瓶分开存放
标签和抽样文件	如果标签是先印刷好的,检查其是否填写完整
个人安全防护用具	确保有足够的一次性手套、手机、冰锚、急救箱、手帕、护目镜
冰钻	检查发动机工作是否正常

5 采样形式及方法选择

5.1 水样采集形式

(1) 瞬时水样

对于组分较稳定的水体,或组分在相当长的时间和相当大的空间范围变化不大的水体,采集瞬时样品具有很好的代表性。当水体的组成随时间发生变化,则要在适当的时间间隔内进行瞬时采样,分别进行分析,测出水质的变化程度、频率和周期。当水体的组成发生空间变化时,就要在各个相应的部位采样。

(2) 周期水样(不连续)

周期水样采集形式包括在固定时间间隔下(取决于时间)和在固定排放量间隔下(取决于体积)采集周期样品。固定时间间隔下采集周期样品,是通过定时装置在规定的时间间隔下自动开始和停止采集样品,通常在固定的期间内抽取样品,将一定体积的样品注入一个或多个容器中,其时间间隔的大小取决于待测参数。当水质参数发生变化,采样方式不受排放流速的影响时,可采用固定排放量间隔下采集周期样品的形式,此种样品归于流量比例样品。

(3) 连续水样

连续水样采集形式包括在固定流速下(取决于时间或时间平均值)和在可变流速下(取决于流量或与流量成比例)采集连续样品。在固定流速下采集的连续样品,可测得采样期间存在的全部组分,但不能提供采样期间各参数浓度的变化。在可变流速下采集的连续样品(流量比例样品)代表水的整体质量,虽然流量和组分都在变化,但流量比例样品同样可以揭示瞬时样品所观察不到的变化。因此对于流速和待测污染物浓度都有明显变化的水样,采集流量比例样品是一种精确的采样方法。

(4) 混合水样

在大多数情况下,混合水样是指在同一采样点上于不同时间所采集的瞬时水样混合后的水样,有时用"时间混合水样"的名称与其他混合水样相区别。

时间混合水样在观察平均浓度时非常有用。当不需要测定每个水样而只需要平均值时,混合水样能节省化验的工作量和消耗的试剂量。混合水样不适用于在水样储存过程中发生明显变化的成分的测试。

(5) 综合水样

从不同采样点同时采集的各个瞬时水样混合起来所得到的样品,称作综合水样。综合水样在各点的采集虽然不能同步进行,但采样时间越接近越好,以便得到可以对比的资料。

分析时所取水样的体积视测定指标、所用分析方法及待测成分浓度而定。

（6）大体积水样

有些分析方法要求采集大体积水样，范围从 50 升到几立方米。水样可采集到容器或样品罐中，采样时应确保采样容器的清洁，或者使样品经过一个体积计量计后再通过一个吸收筒（或过滤器）。具体形式可依据监测要求选定。

5.2　水样采集方法

水样的采集方法主要取决于采样目的和要求，有些情况只需在某点瞬时采集样品，而有些情况要用复杂的采样设备进行采样。静态水体和流动水体的采样方法不同，应加以区别。瞬时采样和混合采样均适用于静态水体和流动水体，混合采样更适用于静态水体；周期采样和连续采样适用于流动水体。具体应包括以下几个基本点：

（1）在采样时应格外注意，采样地点不同和分层现象，可引起水质很大的差异。

（2）在调查水质状况时，应考虑成层期与循环期的水质明显不同。为了解循环期水质，可采集表层水样；为了解成层期水质，应按深度分层采样。

（3）在调查水域污染状况时，需进行综合分析判断，抓住基本点，以取得代表性水样。如废水流入前后充分混合的地点、用水地点、流出地点等，有些可参照开阔河流的采样情况，但不能等同而论。

（4）在可以直接汲水的场合，可用适当的容器采样，如水桶。从桥上等位置采样时，可将系着绳子的聚乙烯桶或带有坠子的采样瓶投于水中汲水。要注意不能混入漂浮于水面上的物质。

（5）在采集一定深度的水样时，可用直立式或有机玻璃采水器。在下沉的过程中，水从采水器中流过，当到达预定深度时，容器能够闭合而汲取水样。在水流动缓慢的情况下，采用上述方法时最好在采水器下系上适宜重量的坠子；当水深流急时，要系上相应重量的铅鱼并配备绞车。

对于一些特殊项目采样，还应注意有关的具体操作要求。

pH：

由于水样的 pH 不稳定，因此水样采集完后应立即灌装，灌装前每个样品瓶及瓶塞必须用水样充分洗涤。灌装时必须从底部慢慢将样品容器完全充满并且密封，以隔绝空气。

溶解氧(DO)：

采用碘量法测定水中溶解氧，水样直接采集到溶解氧瓶中。在采集水样时，注意避免水样曝气或有气泡残存在溶解氧瓶中。若样品不是用溶解氧瓶直接采集而需要从采水器(或采样瓶)分装时，溶解氧样品必须首先采集且应在采水器从水中提出后立即进行，即用乳胶管一端连接采水器的放水嘴或用虹吸法与采样瓶连接，乳胶管的另一端插入溶解氧瓶底。注入水样时先慢速注至小半瓶，然后迅速充满，在保持溢流状态下缓慢地撤出管子。在现场用电极法测定溶解氧时，可将预先处理好的电极放入水中。

五日生化需氧量(BOD_5)：

用于测定生化需氧量的水样应按测定溶解氧样品的要求进行采集。

悬浮物：

用于测定悬浮物的水样，采集后应尽快从采水器中放出，在装瓶的同时摇动采水器，防止悬浮物在采水器中沉降。

重金属、化学需氧量(COD)：

用于测定重金属和COD的水样，采集后应尽快从采水器中放出，并边摇动采水器边向样品容器灌装样品，防止待测物质在采水器内随悬浮物沉降。

5.3 采样量

采样量应满足分析的需要，并考虑重复测试所需的水样量和留作备份测试的水样用量。如果被测物的浓度很低，需要预先浓缩时，采样量就应增加。一般情况下，每种分析方法都会对相应测试项目的用水体积提出明确要求，有些监测项目的采样或分样过程还会有特殊要求，应特别注意。

6 采样的时间和频次

要充分地了解采样期间水体水质变化情况，在采样时应尽量避免样品受水质变化的影响，保证采集的样品具有足够的代表性，因此有必要严格控制采样时间和采样频次。为了获得比较稳定的观测结果，最好在上午进行观测采样，各采样点每次观测采样时间应尽可能相同。同一水体中各采样点的采样应尽量能在一天内结束，以免受风及其引起的水流作用而影响水样测定资料的可比性和准确性。若观测采样遇到特殊的天气情况，可以这一状况为中心做进一步详细的观测。

对一个水体的某些采样点来说，在一定的时期内多次观测或采集样品进行测定是必要的。原则上，水体的水质有季节性的变化时，采样频次取决于水质变化的状况及特性。在开展年度调查时,大部分水体应在丰水、枯水季节各采样一次;少量重点水体按季节进行采样。确定观测或采样次数时,还应充分考虑水体循环状况和水生生物的演替等。此外,还可以根据各采样点的实际情况增加或减少观测或采样次数。

7 样品采集质量保证

在采样期间,必须避免样品受到污染。应该考虑所有可能的污染来源,并采取适当的控制措施以避免污染。

一般来说,潜在的污染来源包括以下几方面:采样容器和采样设备中残留的前一次样品的污染;来自采样点位的污染;采样绳(或链)上残留水的污染;保存样品的容器的污染;灰尘和水对采样瓶瓶盖及瓶口的污染;手、手套和采样操作的污染;采样设备内部燃烧排放的废气的污染;固定剂中杂质的污染等。

采样质量保证应注意以下事项:

(1)彻底清洗采样容器及设备。

(2)采样时应避免剧烈搅动水体导致搅起沉积物,当水体中有漂浮杂质时应防止漂浮杂质进入采样容器。采样后应检查每个样品中是否存在巨大的颗粒物,如叶子、碎石块等,如果存在,应弃掉该样品重新采集。

(3)用采样瓶直接采集表层水样时,瓶口应面对水流方向逆采;用船只采样时,采样瓶应尽量远离船体逆流采集;在不流动的水面采样时,应握住采样瓶水平向前推,直至充满水为止。

(4)在同一采样垂线进行分层采样时,应自上而下进行,避免不同层次水体的搅扰。

(5)采样瓶必须有内外盖,装瓶时应使容器完全充满(测溶解氧、BOD_5、二氧化碳等可溶性气体除外),以保证样品不外溢。

(6)如采样现场水体很不均匀,无法采集到具有代表性的样品,则应详细记录不均匀情况和实际采样情况供数据使用者参考。

(7)测定油类、BOD_5、溶解氧、硫化物、余氯、悬浮物、放射性等项目,应单独采样。

(8)采样后应将采样绳(或链)擦拭并晾干后存放。

(9)水样采集后,应在现场根据所测项目的保存要求添加保存剂固定,颠倒、摇动采样容器数次,使保存剂在水样中均匀分散。

(10)避免用手和手套接触样品,微生物采样过程中不允许用手和手套接触采样容器及其盖子的内部和边缘。

8 采样安全注意事项

采样的安全是采样工作能顺利完成的根本保证。采样安全注意事项有以下几点:采样时必须同时有至少两人进行操作,以防意外事故发生;采样人员口、皮肤避免接触有毒有害气体和不易分解的有毒有害物质;为采样人员配备救生衣和救生绳,并经常检查其可靠性;使用化学药品时必须遵守化学药品的安全使用规则;采样船只要具有良好的稳定性,配备信号旗;避免在不安全的位置或不良天气状况下采集样品;在电厂附近采样时,应进行特殊的采样设计,以免发生触电事件。

9 样品处理

9.1 样品的分割

采集来的样品可能用于实验室内部或实验室间各项研究、比对等工作,需保留多余的样品作为参考或进行稳定性研究,因此需要将样品分割到不同的容器中。

样品分割时应注意如下事项:应将大量的样品采集到一个容器中再分割到比较小的容器里,不要从水源处直接装入较小的容器中;在分割之前充分混合包含微粒或固体的样品,以保证每份都是均一的;如果样品在分析或储藏前需要过滤,应在分割之前过滤全部的样品,测有机项目时用玻璃纤维或聚四氟乙烯滤膜过滤,测无机项目时可用 $0.45~\mu m$ 醋酸纤维滤膜过滤;使用相同类型的容器分装每份样品;如果要分析生物活性参数,尽可能在同一天或接近同一天进行分析;用相同的方法保存所有的等分样品,否则必须完整地记录该样品所采用的方法;当测试挥发性的污染物时,将样品充满容器并小心地盖上盖子,不要在容器中留下任何的顶部空间或空气。

9.2 样品的保存

用于理化分析的各种水样,从采集到分析这段时间里,由于物理、化学和生物作用,会发生各种变化。为了使这些变化降到最低程度,必须在采样时根据水样的不同情况和要测定的项目采取必要的保护措施,并尽快地进行分析,特别是当被分析的组分浓度低于 $\mu g \cdot L^{-1}$ 级时。对于那些特别容易发生变化的项目必须在采样现场进行测定。

(1) 物理作用

光照、温度、静置或震动、敞露或密封等保存条件及容器材质等都会对水样性质造成影响。如温度升高或强烈震动会使氧、氰化物及汞等逸出或挥发,长期静置会使 Al(OH)$_3$、CaCO$_3$、Mg$_3$(PO$_4$)$_2$ 等沉淀,某些容器的内壁能不可逆地吸附或吸收一些有机物或金属化合物等。

(2) 化学作用

水样及水样各组分都可能发生化学反应,从而改变某些组分的含量与性质。如空气中的氧能使二价铁、硫化物等氧化,聚合物解聚,单体化合物聚合等。

(3) 生物作用

细菌、藻类以及其他生物体的新陈代谢会消耗水样中的某些组分,产生一些新的组分,并改变一些组分的性质。生物作用会对样品中待测的一些项目如溶解氧、二氧化碳、含氮化合物、磷及硅等的质量及浓度产生影响。

此外,水样允许保存的时间还与水样的性质、分析的项目、溶液的酸度、贮存的容器、存放的温度等多种因素有关。因此在样品保存时应注意以下防范措施。

(1) 充满容器

用采得的水样把采样瓶完全充满,塞住盖子,使采样瓶中水样上方不留任何空气,从而减少运输过程中水样的晃动,避免溶解性气体的逸出、pH 的变化、低价铁被氧化及挥发性有机物的挥发损失等。但准备冷冻保存的样品不要充满容器,防止其体积膨胀而使容器破裂。

(2) 选择适当的样品瓶

一般的玻璃在贮存水样时可溶出钠、钙、镁、硅、硼等元素,在测定这些项目时应避免使用玻璃容器,以防止新的污染。一些有色瓶塞还含有大量的重金属,在保存样品时也应注意。同时注意装过高浓度污染物的样品瓶不要再装低浓度水样,以免污染低浓度水样,特别是一些含痕量污染物的水样。

(3) 控制溶液的 pH

测定金属离子的水样常用优级纯以上级别的硝酸酸化至 pH 为 1~2,这样既可以防止重金属的水解沉淀,又可以防止金属在器壁表面上的吸附,还能抑制生物的活动。用此法保存的大多数金属可稳定数周或数月。测定氰化物的水样需加氢氧化钠调至 pH>12。测定六价铬的水样应加氢氧化钠调至 pH 为 7~8,因在酸性介质中六价铬的氧化电位高,易被还原。保存用于测总铬的水样应加硝酸或硫酸至 pH 为 1~2。

(4) 抑制氧化还原反应和生物作用

加入一些化学试剂可固定水样中的某些待测组分,保存剂可事先加入空瓶中,亦可在采样后立即加入水样中。所加入的保存剂不能干扰待测成分的测定,如有疑义,应先做必要的试验。对加入液体保存剂的样品进行体积修正:测定原始样品的体积、加入的酸液或碱液的体积以及样品最后的总体积;用总体积除以原始体积;再用得到的因子乘以测试结果。但如果加入浓度足够高的保存剂,因加入体积很小可以忽略其稀释影响。固体保存剂会引起局部过热,影响样品,应该避免使用。

(5) 冷藏或冷冻

冷藏或冷冻可以降低细菌活性和化学反应速度,但分析挥发性物质不宜用冷冻程序。如果样品包含细胞、微藻类,在冷冻过程中会破裂、损失细胞组分,同样不宜冷冻。此外冷冻需要掌握冷冻和融化技术,以使样品在融化时能迅速、均匀地恢复其原始状态,用干冰快速冷冻是较为合适的方法。一般选用塑料容器,常用的为聚氯乙烯或聚乙烯等塑料容器。

各类项目水样的保存、采样体积及容器洗涤方法等一般要求见表1.4。

表1.4 水样的保存、采样体积及容器洗涤方法

序号	测试项目/参数	采样容器	保存方法及保存剂用量	可保存时间	最少采样量/mL	容器洗涤方法
1	pH*	P 或 G		12 h	250	I
2	色度*	P 或 G		12 h	250	I
3	浊度*	P 或 G		12 h	250	I
4	气味**	G	1~5 ℃冷藏	6 h	500	
5	电导率*	P 或 BG		12 h	250	I
6	悬浮物	P 或 G	1~5 ℃冷藏,避光	14 d	500	I
7	酸度	P 或 G	1~5 ℃冷藏,避光	30 d	500	
8	碱度	P 或 G	1~5 ℃冷藏,避光	12 h	500	
9	二氧化碳*	P 或 G	水样充满容器;低于取样温度	24 h	500	
10	溶解性固体(干残渣)	见"总固体(总残渣,干残渣)"				
11	总固体(总残渣,干残渣)	P 或 G	1~5 ℃冷藏	24 h	100	
12	化学需氧量	G	用 H_2SO_4 酸化,pH ≤ 2	2 d	500	I
		P	−20 ℃冷冻	30 d	100	

第一章 水质调查规范与分析方法

续表

序号	测试项目/参数	采样容器	保存方法及保存剂用量	可保存时间	最少采样量/mL	容器洗涤方法
13	高锰酸盐指数	G	1～5 ℃冷藏,避光	2 d	500	I
		P	−20 ℃冷冻	30 d	500	
14	五日生化需氧量	溶解氧瓶	1～5 ℃冷藏,避光	12 h	250	I
		P	−20 ℃冷冻	30 d	1 000	
15	总有机碳	G	用 H_2SO_4 酸化,pH≤2; 1～5 ℃冷藏,避光	7 d	250	I
		P	−20 ℃冷冻	30 d	100	
16	溶解氧*	溶解氧瓶	加入硫酸锰、碱性碘化钾-叠氮化钠溶液,现场固定	24 h	500	I
17	总磷	P 或 G	用 H_2SO_4、HCl 酸化,pH≤2	24 h	250	IV
		P	−20 ℃冷冻	30 d	250	
18	溶解性正磷酸盐		见"溶解性磷酸盐"			
19	总正磷酸盐		见"总磷"			
20	溶解性磷酸盐	P 或 G 或 BG	1～5 ℃冷藏	30 d	250	
		P	−20 ℃冷冻	30 d	250	
21	氨氮	P 或 G	用 H_2SO_4 酸化,pH≤2	24 h	250	I
22	氨类(易释放、离子化)	P 或 G	用 H_2SO_4 酸化,pH=1～2; 1～5 ℃冷藏,避光	21 d	500	
		P	−20 ℃冷冻	30 d	500	
23	亚硝酸盐氮	P 或 G	1～5 ℃冷藏,避光	24 h	250	I
24	硝酸盐氮	P 或 G	1～5 ℃冷藏	24 h	250	
		P 或 G	用 HCl 酸化,pH=1～2	7 d	250	
		P	−20 ℃冷冻	30 d	250	
25	凯氏氮	P 或 BG	用 H_2SO_4 酸化,pH=1～2; 1～5 ℃冷藏,避光	30 d	250	
26	总氮	P 或 G	用 H_2SO_4 酸化,pH=1～2	7 d	250	I
		P	−20 ℃冷冻	30 d	500	
27	硫化物	P 或 G	水样充满容器;1 L 水样加 NaOH 至 pH=9,加入 50 g·L^{-1} 抗坏血酸 5 mL,饱和乙二胺四乙酸(EDTA)3 mL,滴加饱和乙酸锌,至胶体产生,常温避光	24 h	250	I
28	硼	P	水样充满容器密封	30 d	100	

续表

序号	测试项目/参数	采样容器	保存方法及保存剂用量	可保存时间	最少采样量/mL	容器洗涤方法
29	总氰化物	P 或 G	加 NaOH 到 pH≥9;1~5 ℃冷藏	7 d;如果硫化物存在,保存 12 h	250	I
30	pH=6 时释放的氰化物	P	加 NaOH 到 pH>12;1~5 ℃冷藏,避光	24 h	500	
31	易释放氰化物	P	加 NaOH 到 pH>12;1~5 ℃冷藏,避光	7 d;如果硫化物存在,保存 24 h	500	
32	氟化物	P(聚四氟乙烯除外)		30 d	200	
33	氯化物	P 或 G		30 d	100	
34	溴化物	P 或 G	1~5 ℃冷藏	7 d	100	
35	碘化物	G	1~5 ℃冷藏	7 d	500	
36	硫酸盐	P 或 G	1~5 ℃冷藏	30 d	200	
37	溶解性硅酸盐	P	1~5 ℃冷藏	30 d	200	
38	总硅酸盐	P	1~5 ℃冷藏	30 d	100	
39	亚硫酸盐	P 或 G	水样充满容器;100 mL 加 1 mL 质量分数为 2.5% EDTA 溶液,现场固定	2 d	500	
40	阳离子表面活性剂	G	1~5 ℃冷藏	2 d	500	甲醇清洗
41	阴离子表面活性剂	P 或 G	1~5 ℃冷藏;用 H_2SO_4 酸化,pH=1~2	2 d	500	IV
42	非离子表面活性剂	G	水样充满容器;1~5 ℃冷藏,加入 37%甲醛,使样品成为含 1%的甲醛溶液(体积分数)	30 d	500	
43	溴酸盐	P 或 G	1~5 ℃冷藏,避光	30 d	100	
44	残余溴	P 或 G	1~5 ℃冷藏,避光	24 h	500	
45	氯胺	P 或 G	避光	5 min	500	
46	氯酸盐	P 或 G	1~5 ℃冷藏	7 d	500	
47	氯化溶剂	G,使用聚四氟乙烯瓶盖	水样充满容器;1~5 ℃冷藏;用 HCl 酸化,pH=1~2;如果样品加氯,250 mL 水样加 20 mg $Na_2S_2O_3 \cdot 5H_2O$	24 h	250	

第一章 水质调查规范与分析方法

续表

序号	测试项目/参数	采样容器	保存方法及保存剂用量	可保存时间	最少采样量/mL	容器洗涤方法
48	二氧化氯	P 或 G	避光	5 min	500	
49	余氯	P 或 G	避光	5 min	500	
50	亚氯酸盐	P 或 G	1～5 ℃冷藏,避光	5 min	500	
51	铍	P 或 G	1 L 水样中加浓 HNO_3 10 mL 酸化	14 d	250	酸洗Ⅲ
52	硼	P	1 L 水样中加浓 HNO_3 10 mL 酸化	14 d	250	酸洗Ⅰ
53	钠	P	1 L 水样中加浓 HNO_3 10 mL 酸化	14 d	250	Ⅱ
54	镁	P 或 G	1 L 水样中加浓 HNO_3 10 mL 酸化	14 d	250	酸洗Ⅱ
55	钾	P	1 L 水样中加浓 HNO_3 10 mL 酸化	14 d	250	酸洗Ⅱ
56	钙	P 或 G	1 L 水样中加浓 HNO_3 10 mL 酸化	14 d	250	Ⅱ
57	六价铬	P 或 G	加 NaOH 到 pH=7～8	14 d	250	酸洗Ⅲ
58	铬	P 或 G	1 L 水样中加浓 HNO_3 10 mL 酸化	30 d	100	酸洗
59	锰	P 或 G	1 L 水样中加浓 HNO_3 10 mL 酸化	14 d		Ⅲ
60	铁	P 或 G	1 L 水样中加浓 HNO_3 10 mL 酸化	14 d	250	Ⅲ
61	镍	P 或 G	1 L 水样中加浓 HNO_3 10 mL 酸化	14 d	250	Ⅲ
62	铜	P	1 L 水样中加浓 HNO_3 10 mL 酸化	14 d	250	Ⅲ
63	锌	P	1 L 水样中加浓 HNO_3 10 mL 酸化	14 d	250	Ⅲ
64	砷	P 或 G	1 L 水样中加浓 HNO_3 10 mL 酸化（二乙基二硫代氨基甲酸银分光光度法）	14 d	250	Ⅲ
65	硒	P 或 G	1 L 水样中加浓 HCl 2 mL 酸化	14 d	250	Ⅲ
66	银	P 或 G	1 L 水样中加浓 HNO_3 2 mL 酸化	14 d	250	Ⅲ
67	镉	P 或 G	1 L 水样中加浓 HNO_3 10 mL 酸化	14 d	250	Ⅲ
68	锑	P 或 G	1 L 水样中加浓 HCl 2 mL 酸化（氢化物法）	14 d	250	Ⅲ
69	汞	P 或 G	如水样为中性,1 L 水样中加浓 HCl 10 mL 酸化	14 d	250	Ⅲ
70	铅	P 或 G	如水样为中性,1 L 水样中加浓 HNO_3 10 mL 酸化	14 d	250	Ⅲ
71	铝	P 或 G 或 BG	用 HNO_3 酸化,pH=1～2	30 d	100	酸洗

续表

序号	测试项目/参数	采样容器	保存方法及保存剂用量	可保存时间	最少采样量/mL	容器洗涤方法
72	铀	P 或 BG	用 HNO₃ 酸化，pH=1～2	30 d	200	酸洗
73	钒	P 或 BG	用 HNO₃ 酸化，pH=1～2	30 d	100	酸洗

注：1）* 应尽量现场测定；** 大量测定可带离现场。
　　2）P 为聚乙烯瓶(桶)，G 为硬质玻璃瓶，BG 为硼硅酸盐玻璃瓶。
　　3）Ⅰ、Ⅱ、Ⅲ、Ⅳ表示四种洗涤方法。
　　　Ⅰ：洗涤剂洗一次，自来水洗三次，蒸馏水洗一次。
　　　Ⅱ：洗涤剂洗一次，自来水洗二次，(1+3)HNO₃①荡洗一次，自来水洗三次，蒸馏水洗一次。
　　　Ⅲ：洗涤剂洗一次，自来水洗二次，(1+3)HNO₃ 荡洗一次，自来水洗三次，去离子水洗一次。
　　　Ⅳ：铬酸洗液洗一次，自来水洗三次，蒸馏水洗一次。如果采集污水样品，可省去自来水、蒸馏水清洗步骤。

9.3 样品的运输

样品在运输过程中应注意以下问题：

（1）根据采样记录或汇总表核对清点样品，以免样品有误或丢失。

（2）样品运输过程中贮存温度不应超过采样时的温度，必要时要准备冷藏设备。

（3）运输过程中仔细保管好样品，以确保样品不丢失、不破碎、不在运输途中受到污染。避免强光照射及强烈震动，冬天时应防止冰冻而使玻璃破碎。

（4）样品运输时间越短，样品变化越小，因此应尽量迅速、准确、无误地将样品送至实验室。如果通过铁路或公路部门托运，水样瓶上应附上能清晰识别样品来源及托运目的地的装运标签。如果水样在运输途中超过了保质期，管理员应对水样进行检查。

9.4 样品的管理和接收

采样完毕后，对采集到的样品均要做好记录，在每一个样品瓶上贴上相应标签，记录详细的信息，为日后提供准确的水样鉴别资料，同时记录样品采集时间、地点、气候条件、采集者姓名等。标签应用不褪色的墨水填写，粘贴于盛装水样的容器外壁上。对于未知以及含有危险或潜在危险物质，如酸等的特殊水样，应用记号标出，并详细描述现场水样情况。

---

① 此处"1+3"指 HNO₃ 与水的体积比为 1∶3，本书中相同写法均表示类似含义。

水样送至实验室，由采样人员同实验室样品管理人员进行交接，转交人和接收人都必须当面清点和检查，并在交接单上签字，写明日期和时间。样品管理人员应对样品名称和编号、样品采集点名称和样品性状描述、测试项目及对应样品保存所用的保存剂名称、浓度和用量、样品的数量、包装、运输保管状态、采样日期和时间，以及采样人签名等进行登记核实，确认无误时签字验收。同时，样品管理人员还需检查水样是否冷藏，冷藏温度是否保持 1～5 ℃。如果不能立即进行分析，应尽快采取保存措施，防止水样被污染。

第四节　分析测试

1　数据质量保证方法

由于样品中被测组分含量较低，且样品的定量组成变幅较大，因此数据分析测试的难度较大。此外，在某一特定环境下，不同单位、不同人员取样分析往往会得到不同的结果，造成数据间的可比性较差。这就要求在数据处理中进行严格的质量控制，以保证得到的数据具有代表性、准确性、精密性、完整性和可比性，从而使整个研究顺利高效完成。

1.1　数据的代表性

数据的代表性主要取决于采集样品的代表性。样品的代表性主要通过以下环节来保证：

（1）采样布点设计的合理性。从工作任务的要求出发，根据水体的自然特征、水体的水质标准，结合经费及容许的工作量大小，确定合理的采样布点原则、布点方案及样品采集数量。

（2）考虑到采样点水质可能会随时间改变而不同，因此要确定合理的采样时间和频率，以保证采集样品的代表性。

（3）确定统一的采样容器和制定合理的采样方法，以保证采集到具有代表性的样品。

（4）保证样品在运输过程中不变质、不被沾污，符合专业的技术要求。

（5）对于一些测定项目和组分不稳定、容易转化或损失的样品，要采取特殊措施。如有些指标必须在现场测定，有些指标在现场取样的同时应进行必要的处理使被测组分稳定。

1.2 数据的准确性和精密性

应保证分析结果准确、精密,具体措施如下:

尽量选择国际、国内公认的准确方法作为各实验室统一采用的方法,并对其中主要方法进行专门的验证试验;统一对各实验室进行考核,筛选出合格的实验室,制定统一的针对各仪器的技术要求和实验室间、实验室内的质量控制措施;对主要分析项目使用统一的质量控制样品,规定严格的实验处理方法等。

1.3 数据的完整性

为保证采集样品能全面地反映水体水质情况,在采样布点设计方案和实际采样过程中,必须按质按量采集样品,避免因样品不完整而得出错误或片面的结论。

1.4 数据的可比性

不仅要保证一个水体不同区域间数据的可比性,还要保证不同水体之间数据的可比性以及在更大范围内数据的可比性。

2 样品的预处理

由于样品中成分复杂且浓度较低,存在形态各异,干扰物质较多,特别是一些有机成分,因此在样品分析测试之前,有必要进行不同程度的预处理,以得到符合对应方法要求的形态和浓度的待测组分,并与干扰性物质最大限度地分离。常用的样品预处理技术简述如下。

2.1 样品的消解

在进行水样中无机元素的测定时,要对样品进行消解处理,以破坏有机物并将各种价态的待测元素氧化成单一高价态或转换成易于分解的无机化合物。常用的消解方法为湿式消解法和干灰化法。常用的消解氧化剂有单元酸体系、多元酸体系和碱分解体系,其中最常使用的酸为硝酸。采用多元酸的目的是提高消解温度,加快氧化速度和改善消解结果。在进行水样消解时,应根据水样的类型和采用的测定方法进行消解氧化剂的选择。

2.2 样品的分离与富集

在水质分析中,由于水样中的成分复杂、干扰因素多,而待测组分的含量大多处于痕量水平,常低于分析方法的检出下限,因此在测定前必须进行水样中待测组分的分离与富集,以排除分析过程中的干扰,提高待测物的浓度,满足分析方法检出限的要求。传统的样品分离与富集方法有过滤、挥发、蒸馏、溶剂萃取、离子交换、吸附、共沉淀、层析和低温浓缩等。比较先进的方法有固相萃取、微波萃取和超临界流体萃取等,应根据具体情况选择使用。

3 分析方法

分析方法主要参照相应的规范文件(见表1.5)。国内外的标准分析方法或统一分析方法已经过多部门统一协作验证,并有较长时间的实际应用,方法准确可靠、适应面广,为广大环境分析人员所熟知,如国际标准化组织(ISO)推荐的方法、美国国家环保局(USEPA)规定的方法等。利用这些方法得到的分析结果,在国内外具有一定的可比性,因此在条件允许的情况下应优先选用国际统一方法。当选用的方法不是标准方法或统一方法,或有的标准方法、统一方法本身有较大的局限性而对水样不适用时,则需要另选方法,然后对这些方法进行检验,检验内容和要求主要包括:

(1)用选定的方法与测定该项目的标准方法进行比较分析,并对两种方法下的测定结果进行精密度一致性检验和平均值一致性检验,检验结果无显著差异后,方可选用该方法。

(2)采用选定的方法对标准物质进行分析时,其平均值应在标准物质的保证值及其不确定度范围内,且精密度也应符合要求。

(3)采用选定的方法对实际样品进行准确度、精密度实验,对实际样品进行加标回收实验,并计算其回收率。

(4)最低检出限应满足实验需求。

对于在某些情况下利用仪器现场分析的项目,如利用多参数水质监测仪分析水温、pH、电导率、溶解氧以及叶绿素a时,要熟练掌握仪器的使用方法,注意仪器测定项目的适用范围,按照要求定期对待测项目进行校准。仪器探头有一定的使用寿命,应根据探头实际使用状况进行维护或更换。

表 1.5　部分水质分析方法及规范性引用文件

序号	分析项目	分析方法	检出限/(mg·L^{-1})	规范性引用文件
1	水温	温度计法		GB 13195—1991
2	透明度	透明度圆盘法		SL 87—1994
3	pH	玻璃电极法		HJ 1147—2020
4	溶解氧	碘量法	0.2	GB 7489—1987
		电化学探头法		HJ 506—2009
5	高锰酸盐指数		0.5	GB 11892—1989
6	电导率	电导仪法		SL 78—1994
7	色度	铂钴比色法		GB 11903—1989
		稀释倍数法		HJ 1182—2021
8	矿化度	重量法		SL 79—1994
9	悬浮物	重量法		GB 11901—1989
10	氯化物	硝酸银滴定法	10	GB 11896—1989
		离子色谱法	0.007	HJ 84—2016
11	碱度	酸滴定法		SL 83—1994
12	氟化物	氟试剂分光光度法	0.02	HJ 488—2009
		离子选择电极法	0.05	GB 7484—1987
		离子色谱法	0.006	HJ 84—2016
13	化学需氧量	重铬酸盐法	16	HJ 828—2017
14	五日生化需氧量	稀释与接种法	2	HJ 505—2009
15	氨氮	纳氏试剂分光光度法	0.1	HJ 535—2009
16	亚硝酸盐氮	分光光度法	0.001	GB 7493—1987
		离子色谱法	0.016	HJ 84—2016
17	硝酸盐氮	紫外分光光度法	0.08	HJ/T 346—2007
		离子色谱法	0.016	HJ 84—2016
18	总氮	碱性过硫酸钾消解紫外分光光度法	0.05	HJ 636—2012
19	磷酸盐	离子色谱法	0.007	HJ 669—2013
20	总磷	钼酸铵分光光度法	0.01	GB 11893—1989
21	总有机碳	燃烧氧化-非分散红外吸收法	0.1	HJ 501—2009
22	铜	2,9-二甲基-1,10-菲啰啉分光光度法	0.02	HJ 486—2009
		二乙基二硫代氨基甲酸钠分光光度法	0.01	HJ 485—2009
		原子吸收分光光度法(螯合萃取法)	0.001	GB 7475—1987

续表

序号	分析项目	分析方法	检出限/(mg·L^{-1})	规范性引用文件
23	锌	原子吸收分光光度法	0.05	GB 7475—1987
24	硒	2,3-二氨基萘荧光法	0.000 25	GB 11902—1989
		石墨炉原子吸收分光光度法	0.003	GB/T 15505—1995
25	砷	二乙基二硫代氨基甲酸银分光光度法	0.007	GB 7485—1987
		原子荧光法	0.000 3	HJ 694—2014
26	汞	冷原子吸收分光光度法	0.000 01	HJ 597—2011
		冷原子荧光法	0.000 001 5	HJ/T 341—2007
27	镉	原子吸收分光光度法(螯合萃取法)	0.001	GB 7475—1987
28	铁	火焰原子吸收分光光度法	0.03	GB 11911—1989
		邻菲啰啉分光光度法	0.03	HJ/T 345—2007
29	锰	高碘酸钾分光光度法	0.02	GB 11906—1989
		火焰原子吸收分光光度法	0.01	GB 11911—1989
		甲醛肟分光光度法	0.01	HJ/T 344—2007
30	六价铬	二苯碳酰二肼分光光度法	0.004	GB 7467—1987
31	铅	原子吸收分光光度法(螯合萃取法)	0.01	GB 7475—1987

以水温、铁为例,阐述各自分析方法。

3.1 水温

(1) 适用范围

适用于湖泊、水库、潟湖、海湾、河河、井等水体的水温测定。

(2) 原理

在水样采集现场,利用专门的水银温度计,直接测量并读取水温。

(3) 仪器

水温计:适用于测量水的表层温度。水银温度计安装在特制金属套管内,套管开有可供温度计读数的窗孔,套管上端有一提环,以供系住绳索,套管下端旋紧着一只有孔的盛水金属圆筒,水温计的球部应位于金属圆筒的中央。测量范围为−6~40 ℃,分度值为0.2 ℃。

深水温度计:适用于测量水深40 m以内的水温。其结构与水温计相似。盛水圆筒较大,并有上、下活门,利用其放入水中和提升时的自动开启和关闭,使筒内装满所测水样。测量范围为−2~40 ℃,分度值为0.2 ℃。

颠倒温度计(闭式):适用于测量水深在40 m以上的各层水温。闭端(防压)式颠倒温度计由主温计和辅温计组装在厚壁玻璃套管内构成,套管两端完全封闭。主温计测量范围为—2~32 ℃,分度值为0.1 ℃;辅温计测量范围为—20~50 ℃,分度值为0.5 ℃。

主温计水银柱断裂应灵活,断点位置固定,复正温度计时接受泡水银应全部回流,主、辅温计应固定牢靠。

颠倒温度计需装在颠倒式采水器上使用(水温计或颠倒温度计应定期由计量检定部门进行校核)。

(4) 测定步骤

水温应在采样现场进行测定。

表层水温的测定:

将水温计投入水中至待测深度,感温 5 min 后,迅速上提并立即读数。从水温计离开水面至读数完毕应不超过 20 s,读数完毕后,将筒内水倒净。

水深在 40 m 以内水温的测定:

将深水温度计投入水中,按与表层水温测定的相同步骤进行测定。

水深在 40 m 以上水温的测定:

将安装有闭端式颠倒温度计的颠倒式采水器投入水中至待测深度,感温10 min 后,由"使锤"作用,打击采水器的"撞击开关",使采水器完成颠倒动作。感温时,温度计的贮泡向下,断点以上的水银柱高度取决于现场温度,当温度计颠倒时,水银在断点断开,分成上、下两部分,此时接受泡一端的水银柱示度即为所测温度。上提采水器,立即读取主温计上的温度。根据主、辅温计的读数,分别查主、辅温计的器差表(由温度计检定证中的检定值线性内插作成)得相应的校正值。颠倒温度计的还原校正值 K 的计算公式为:

$$K = \frac{(T-t)(T+V_0)}{n}\left(1+\frac{T+V_0}{n}\right) \quad (1\text{-}1)$$

式中:T——主温计经器差校正后的读数;

t——辅温计经器差校正后的读数;

V_0——主温计自接受泡至刻度 0 ℃处的水银容积,以温度度数表示;

$1 \cdot n^{-1}$——水银与温度计玻璃的相对膨胀系数,n 通常取值为 6 300。

主温计经器差校正后的读数 T 加还原校正值 K,即为实际水温。

3.2 铁(以邻菲啰啉分光光度法为例)

(1) 适用范围

本方法最低检出浓度为 0.03 mg·L^{-1},测定下限为 0.12 mg·L^{-1},测定上限为 5.00 mg·L^{-1}。对铁离子大于 5.00 mg·L^{-1} 的水样,可适当稀释后再进行测定。

(2) 原理

亚铁离子在 pH=3～9 的溶液中与邻菲啰啉生成稳定的橙红色络合物。此络合物在避光条件下可稳定保存半年。测量波长为 510 nm,其摩尔吸光系数为 $1.1×10^4$ L·mol^{-1}·cm^{-1}。若用还原剂(如盐酸羟胺)将高铁离子还原,则本法可测高铁离子及总铁含量。

(3) 试剂

所用试剂除另有注明外,均为符合国家标准的分析纯化学试剂;实验用水为新制备的去离子水。

盐酸(HCl):ρ=1.18 g·mL^{-1},优级纯。

(1+3)盐酸。

100 g·L^{-1} 盐酸羟胺溶液。

缓冲溶液:40 g 乙酸铵加 50 mL 冰乙酸,用水稀释至 100 mL。

5 g·L^{-1} 邻菲啰啉(1,10-phenanthroline)水溶液,加数滴盐酸帮助其溶解。

铁标准贮备液:准确称取 0.702 0 g 硫酸亚铁铵[(NH$_4$)$_2$Fe(SO$_4$)$_2$·6H$_2$O],溶于 50 mL(1+1)硫酸中,转移至 1 000 mL 容量瓶(A 级)中,加水至标线,摇匀。此溶液每毫升含 100 μg 铁。

铁标准使用液:准确移取铁标准贮备液 25.00 mL 置于 100 mL 容量瓶(A 级)中,加水至标线,摇匀。此溶液每毫升含 25.0 μg 铁。

(4) 仪器

分光光度计,10 mm 比色皿。

(5) 干扰的消除

强氧化剂、氰化物、亚硝酸盐、焦磷酸盐、偏聚磷酸盐及某些重金属离子会干扰测定。经过加酸煮沸可将氰化物及亚硝酸盐除去,并使焦磷酸盐、偏聚磷酸盐转化为正磷酸盐以减轻干扰。加入盐酸羟胺则可消除强氧化剂的影响。邻菲啰啉能与某些金属离子形成有色络合物而干扰测定。但在乙酸-乙酸铵的缓冲溶液中,不大于铁浓度 10 倍的铜、锌、钴、铬及小于 2 mg·L^{-1} 的镍不干扰测定,当浓度再高时可加入过量显色剂予以消除。汞、镉、银等能与邻菲啰啉形成沉淀,若浓度低时可加过量邻菲啰啉来消除,浓度高时可将沉淀过滤除去。水样有底色时,用不加邻菲啰啉的试液作参比,对水样的底色进行校正。

(6) 步骤

校准曲线的绘制:

依次移取铁标准使用液 0、2.00、4.00、6.00、8.00、10.00 mL 置于 150 mL 锥形瓶中,加入蒸馏水至 50.0 mL,再加(1+3)盐酸 1 mL、100 g·L^{-1} 盐酸羟胺 1 mL、玻璃珠 1~2 粒。加热煮沸至溶液剩 15 mL 左右,冷却至室温,定量转移至 50 mL 具塞比色管中。加一小片刚果红试纸,滴加饱和乙酸钠溶液至试纸刚刚变红,加入缓冲溶液 5 mL、5 g·L^{-1} 邻菲啰啉溶液 2 mL,加水至标线,摇匀。显色 15 min 后用 10 mm 比色皿(若水样含铁量较高,可适当稀释;浓度低时可换用 30 mm 或 50 mm 的比色皿),以水为参比在 510 nm 处测量吸光度,用经过空白校正的吸光度与对应铁的质量作图。各批试剂的铁含量如不同,每新配一次试液,都需重新绘制校准曲线。

总铁的测定:

采样后立即将样品用盐酸酸化至 pH<1(含 CN$^-$ 或 S^{2-} 的水样酸化时,必须小心进行,因为会产生有毒气体),分析时取 50.0 mL 混匀水样于 150 mL 锥形瓶中,加(1+3)盐酸 1 mL、盐酸羟胺溶液 1 mL,加热煮沸至体积减少到 15 mL 左右,以保证全部铁的溶解和还原。若仍有沉淀,应过滤除去。然后按绘制校准曲线同样操作,测量吸光度并进行空白校正。

亚铁的测定:

采样时将 2 mL 盐酸放在一个 100 mL 具塞的水样瓶内,直接将水样注满样品瓶,塞好瓶塞以防氧化,一直保存到进行显色和测量(最好现场测定或现场显色)。分析时只需取适量水样,加入缓冲溶液与邻菲啰啉溶液,显色 5~10 min,在 510 nm 处以水为参比测量吸光度并进行空白校正。

可过滤铁的测定:

在采样现场,用 0.45 μm 滤膜过滤水样,立即用盐酸酸化过滤水至 pH<1,准确吸取样品 50 mL 置于 150 mL 锥形瓶中,以下操作与标准曲线测定步骤相同。

(7) 结果的计算

铁的浓度按公式(1-2)计算:

$$c(\text{Fe, mg·L}^{-1}) = m/V \tag{1-2}$$

式中:m——根据校准曲线计算出的水样中铁的质量(μg);

V——取样体积(mL)。

4　实验室质量控制

实验室质量控制是一种保证测试数据准确可靠的方法,也是科学管理实验室和监测系统的有效措施,它可以保证数据质量,使不同操作人员、不同实验室所提供的数据建立在可靠、有用的基础上。根据范围不同,实验室质量控制分为实验室内与实验室间质量控制。前者是实验室内部对分析质量进行控制的过程,它能反映样品质量稳定性情况,以便及时发现分析中出现的异常,随时采取相应的校正措施;其内容包括空白试验、校准曲线核查、仪器设备的定期标定、平行样分析、加标样分析、密码样分析和编制质量控制图等。后者是上级机构通过发放考核样品等方式,对实验室报出合格分析结果的综合能力、数据的可比性与系统误差做出评价的过程。各实验室应采用各种有效的质量控制方式,将内部质量控制与管理贯穿于整个活动之中。实验室应符合国家计量认证或认可的要求,各实验室应采用标准物质定期检查和消除系统误差。实验室质量控制常用的方法有分析标准样品、进行实验室间的评价和分析测量系统的现场评价等。

4.1 实验室内质量控制

(1) 实验室内质量控制基础实验

空白试验:

指使用同一分析方法,以分析用纯水进行与样品测定完全相同的试验。通过对空白试验值及其分散程度的分析,判断分析人员的测试技术水平、实验室环境及仪器设备性能等是否符合检测要求。

在环境监测中,空白试验有着特殊的意义。因为分析仪器报出的响应值,不单是样品中待测组分的响应,还包括空白响应(即试剂中含有的待测组分杂质及其他能产生同样响应的杂质,以及仪器和操作仪器的过程中沾污产生的响应)。环境分析中待测组分常为微量,因而空白值的大小及其精度全面反映了一个实验室的水平。它包括试剂的纯度、仪器的洁净度、分析仪器的精度、实验室环境的清洁程度及分析人员的操作水平。

在实际样品测定结果中必须扣除空白值。一般重复测定空白值不少于6天,每天1批2个,计算批内标准差,估算分析方法最低检出限。

检出限(L):

指一特定分析方法在给定的置信水平(一般为95%)下,试样一次测定值与空白值有统计学意义的显著性差异时所对应的试样中待测物最小浓度或最小量。当 L 小于等于标准分析方法所规定的检出限,证明测试状况良好;而当 L 大于标准分析方法所规定的检出限,表明空白试验不合格,应找出原因并加以改正,直至 L 小于等于检出限后,试验才能继续进行。

精密度偏性试验:

通过对影响分析测定的各种变异因素及回收率的全面分析,确定实验室测试结果的精密度和准确度。该试验适用于分析人员上岗前的考核和新方法应用前的验证。

精密度偏性试验内容为对下列 5 种溶液每日测定一次平行样,共测 6 日。
①空白溶液(试验用纯水);
②$0.1c$ 标准溶液(c 为检测上限浓度);
③$0.9c$ 标准溶液;
④天然水样(含一定浓度待测物的代表性水样);
⑤加标天然水样,即在天然水样中加入一定量待测物,使其总浓度为 $0.5c$ 左右,临用前配制。

精密度偏性试验结果与评价包括下列内容。
①由空白试验值计算空白批内标准差,估计分析方法的检出限;
②比较各组溶液的批内变异与批间变异,检验变异差异的显著性;
③比较天然水样与标准溶液测定结果的标准差,判断天然水样中是否存在影响测定精密度的干扰因素;
④比较加标样品的回收率。

(2) 实验室内质量控制基础工作

分析测试仪器安放应符合仪器使用要求,避免阳光直射,保持清洁、干燥,防止腐蚀、震动,使用时应严格执行操作规程。测试用仪器、量器应进行定期维护与检定。分析天平应定期检定,以保证其准确性;天平的不等臂性、砝码与灵敏性应符合检定规程要求。新启用的分析仪器与玻璃量器,应按国家有关计量检定规程进行检定,合格后方可使用。分析测试仪器经维修、更换主要部件等之后应重新进行检定或校准。

根据测试工作的不同,实验室分析用纯水应符合以下要求:

制备标准水样或超痕量分析用纯水,电导率(25 ℃)小于等于 $0.1~\mu S \cdot cm^{-1}$;精密分析和研究工作用纯水,电导率(25 ℃)小于等于 $1.0~\mu S \cdot cm^{-1}$;一般分析工作用纯水,电导率(25 ℃)小于等于 $5.0~\mu S \cdot cm^{-1}$。

无氨水、无酚水、无氯水、无二氧化碳水等特殊分析用水,除电导率满足上述要求以外,还应按规定方法制备且经检验合格后方可使用。

化学试剂使用与标准溶液配制的要求:

根据测试要求确定使用化学试剂的等级,基准溶液和标准溶液应使用基准试剂或高纯试剂配制,否则应进行标定。配制标准溶液的纯水的电导率等指标应符合要求;采用精称法配制标准溶液,应至少分别称取并配制 2 份,其测定信号值的相对误差不得大于 2%;采用基准溶液标定标准溶液时,标定不得少于

3份,标定液用量应为 20~50 mL,标定结果取平均值;贮备液的配制与使用应符合分析方法的规定;标准工作溶液应在临用前配制。空白试验应使用与分析样品相同批号的试剂,试剂或试液的保存应确保其不被沾污和不失效。

对实验室环境的要求:

精密仪器室要求防震、防腐蚀,对温度和湿度有一定的要求;带计算机的仪器还要求防电磁干扰;一切产生酸雾或有害气体的操作均应在通风橱中进行,要防止有害气体对测定工作的交叉干扰,不使其影响测定结果或污染纯水及试剂;为了控制空气中悬浮微粒的含量,一些痕量或超痕量分析要求使用超净实验室或超净柜。

对基本操作的要求:

实验室内常用的测量仪器,如天平、容量瓶、移液管、滴定管等,应按照一般分析化学的基本操作规定进行洗涤、准备和使用。分析仪器如分光光度计等,应按照仪器说明书的有关规定进行检查和使用。除此之外,还应注意以下要求:

①重复测定应从样品称量(指固体)或量取(指液体)开始,应准备数份平行样品,按照同样的分析方法进行全过程的分析测定;

②由于空白试验是反映整个测定过程中因试剂、蒸馏水不纯,仪器、环境不洁净会给测定结果带来的影响,因此空白试验应是全程序空白试验,即用蒸馏水代替样品,按照与分析样品完全相同的步骤进行测定(包括溶解或消解、除干扰、测定等全过程),而不能省去其中某些步骤;

③在第一次使用分光光度计测定之前,需对已显色的待测溶液进行波长扫描,以核对分析方法规定的测定波长与使用该仪器时待测组分显色后的吸收波长是否一致,如果不一致,应使用仪器的实际吸收波长,以免降低灵敏度造成误差;

④在用分光光度计进行测定时,用蒸馏水和试剂调零,用它们作为测定时的参比溶液。

校准曲线是描述待测物质浓度或质量与检测仪器响应或指示量之间的定量关系曲线,它包括"工作曲线"(标准溶液处理程序及分析步骤与样品完全相同)和"标准曲线"(标准溶液处理程序较样品有所省略,如样品预处理)。校准曲线制作要求如下:在测量范围内配制标准溶液系列,已知浓度点不得小于6个(含空白浓度),根据浓度值与响应值绘制校准曲线,必要时还应考虑基体影响;校准曲线绘制应与批样测定同时进行;在消除系统误差之后,校准曲线可用最小二乘法对测试结果进行处理后绘制;校准曲线的相关系数绝对值一般应大于等于 0.999,否则需从分析方法、仪器、量器及操作等方面查找原因,改进后重新制作;使用校准曲线时,选用曲线的直线部分和最佳测量范围。回归校准曲线应进行以下统计检验:回归校准曲线的精密度检验,回归校准曲线的截距检验,回归校准曲线的斜率检验。

(3) 质量控制方法

①平行样的分析:反映测试的精密度,控制随机误差。

②加标回收分析:加标样的数量占样品数量的 10%～20%。该方法是实验室内常用的确定准确度的方法。

③密码样分析:随机抽取 10%～20% 的样品编为密码样。该方法是对实验重复性的检查。

④室内互检:同一实验室不同人员间的相互检查和比对。

⑤质量控制图的绘制:直观了解分析误差的动态变化情况。质量控制图的类型多样,如均值控制图(X 图)、均值-极差控制图(X-R 图)、移动均值-差值控制图、多样控制图、累计和控制图等。其中以均值控制图(X 图)、均值-极差控制图(X-R 图)较为常见。

4.2 实验室间质量控制

在大型的环境调查科研项目中,由于分析测试的样品数量大,需要多个实验室协同进行分析测试,最后对所有数据进行统一的归纳整理。实验室间质量控制就是由质控协调实验室通过发放标准物质与各实验室内的标准溶液进行对比,或发放统一配制的样品进行考核,由质控协调实验室对测试结果进行统一评定,检验各实验室的系统误差,使各实验室的监测数据准确可比。这一工作通常由某一系统的中心实验室、上级机关或权威单位负责。

实验室间分析质量考核程序如下:由质控协调实验室制订考核实施方案,分发考核样品;参加考核的实验室应在规定的期限内完成样品测试,并按考核方案要求上报有关数据和资料;质控协调实验室对各考核实验室的上报数据进行综合统计处理,对考核结果做出分析评价,将考核结果反馈给被考核单位。考核水样浓度准确已知,具有良好的稳定性和均匀性。一般可分为以下几种类型:国家级标准样品或标准物质;天然水样,即含被测组分的典型天然水样,其真值通过多个实验室用不同方法确定;天然加标水样。常用的分析方法有分析标准样品、进行实验室之间的评价和分析测量系统的现场评价等。

5 分析结果表示

(1) 待测组分的化学表示形式

分析结果通常以待测组分实际存在形式的含量表示。如测得试样中氮的含量以后,根据实际情况以 NH_4^+、NO_3^-、NO_2^- 或 NH_3 等形式的含量表示分析结果。如果待测组分的实际存在形式不清楚,则分析结果最好以氧化物或元素形式的含量表示。

(2) 待测组分含量的表示方法

根据试样质量、测量所得数据和分析过程中有关反应的计量关系,计算试样中有关组分的含量。由于水中所含的盐类、溶解气体、污染物质的量较小,因此水质分析结果一般都不用百分数表示。常用的表示方法有质量浓度、物质的量浓度等,如:

①mg·L^{-1} 表示每升水中所含被测物质的质量。质量的单位常为 mg 或 μg。

②mmol·L^{-1} 表示每升水中所含被测物质的"物质的量"。物质的量的单位为 mol 或 mmol。物质的量的数值取决于基本单元的选择。表示物质的量浓度时,必须指明基本单元。

此外,有些水质分析结果还有其特定的表示方法。如水的色度用"度"表示,水的浊度用"NTU"表示,水的透明度用"cm"或"m"表示,等等。

6 实验室误差分析

根据误差的性质和产生的原因,实验室误差可表示为下面几种类型。

6.1 系统误差

系统误差又被称为可测误差。它是由分析过程中某些经常性的原因造成的,对分析结果的影响较固定,在实验室间起支配作用。在同一条件下重复测定时,它会重复出现。因此误差的大小往往可以估计并可加以校正。通常系统误差产生的原因主要有以下几个方面。

(1) 方法误差

这种误差是由分析方法本身所造成的。如在滴定分析中反应进行不完全、干扰离子的影响、滴定终点和化学计量点不一致,以及其他副反应的发生等,都会系统地影响测定结果。

(2) 仪器误差

仪器不够精确所造成的误差,如分析天平的砝码未经过校正引起的称量误差,容量器皿未经过校正引起的读数误差等。

(3) 试剂误差

试剂和蒸馏水不纯,含有被测物质和干扰物质等杂质所产生的误差。

(4) 操作误差

主要是分析人员不正确的操作引起的误差,例如,滴定管读数偏高或偏低,判断滴定终点时的颜色偏深或偏浅等。

  为检验试验是否存在系统误差,以及它的大小、方向及其对分析结果的可比性是否有影响,可不定期地对实验室进行误差测验,以发现问题并及时纠正。测试方法大致如下:将两个浓度不同但类似的样品 X、Y 同时分发给各实验室,分别对其做单次测定,并在规定日期内给出测定结果 X_i 和 Y_i。计算其浓度的平均值 $\overline{X}$ 和 $\overline{Y}$,在方格坐标纸画出横坐标和纵坐标分别代表 X 值和 Y 值,用垂直线和水平线画出 $\overline{X}$ 和 $\overline{Y}$,将各实验室测定结果 (X_i, Y_i) 画在图中,根据该图形即可判断实验室间存在的误差。

  根据随机误差的特点,各点应分别高于或低于平均值,且随机出现。如果实验室间不存在系统误差,则各点应随机分布在四个象限,即大致呈一个以代表两均值的直线交点为中心的圆形,如图 1.3(a) 所示。反之,若各实验室间存在系统误差,则实验室测定值双双偏高或双双偏低,形成一个与纵轴方向约 45°倾斜的椭圆形,如图 1.3(b) 所示。根据此椭圆形的长轴与短轴之差及其位置,可估计实验空间系统误差的大小和方向,根据各点的离散程度来估计各实验室间的精密度及准确度。

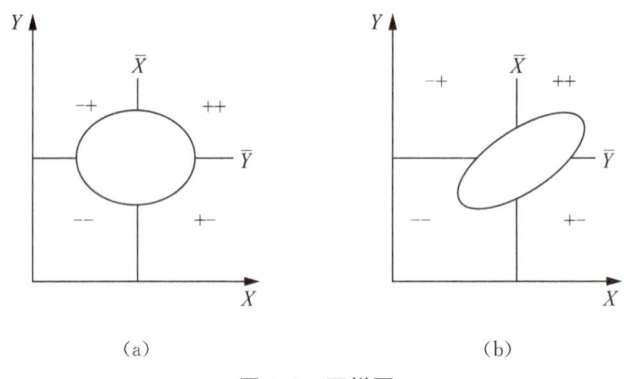

图 1.3 双样图

6.2 偶然误差

  偶然误差又称不可测误差或随机误差。它是由测量过程中某些偶然因素造成的,如测定时环境的温度、湿度和气压的微小波动,仪器性能的微小变化,分析人员操作技术的微小差异等。其影响有大有小,有正有负。偶然误差难以察觉、难以控制。但是在同样条件下进行多次测定,可减少偶然误差的影响。

6.3 过失误差

过失误差通常是操作人员工作时粗心大意、违反操作规程所产生的，如加错试剂、看错砝码、读错刻度、计算错误等。这些都属于不应有的过失误差，过失误差是可以避免的，因此在分析工作中应认真细心，严格遵守操作规程。在分析工作中只要出现较大误差时，就应查明原因。如是由过失所产生的误差，则应将该次测定结果弃去不用。

第五节　调查成果整编

1　数据记录与处理

1.1　数据记录与处理注意事项

测定值置信度。测定值的置信度是处理调查结果时首先会遇到的问题，置信度低的调查资料不可能获得正确的评价和预测，因此确保调查资料的置信度是非常重要的。一般认为置信度低主要是由在调查采样、保存和测定各阶段所产生的误差引起，它取决于操作人员的熟练程度、管理方法和使用的器材等。因此应当采取有关调查质量保证的一系列措施，从样品的代表性、样品的储存和运输、分析测试方法的选择、实验室内及实验室间质量控制等方面加以严格控制，并通过必要的质量考核、统一的数据处理方法，来确保调查数据的置信度。

数据的准确度与精密度。准确度是反映测得值与样品真实含量之间的一致程度，其大小用误差来表示，分为绝对误差和相对误差；测得值大于真值为正误差，小于真值为负误差；其评价方法常用加标回收和对照试验检验。精密度是对同一均匀稳定的样品的某一测定项目，用同一分析方法多次重复测定，所得结果相互之间的符合程度；精密度大小用偏差表示，可用绝对偏差与相对偏差及平均偏差与相对平均偏差来表示。

1.2　数据记录与处理要求

数据记录应符合以下要求：用钢笔或档案圆珠笔及时填写在原始记录表格中，不得记在纸片或其他本子上再誊抄；常用记录表格式样见本章附录A和附录 B;如另有需要,可自行设计记录表格,但记录过程中应注意表格编号的唯一性;填写记录字迹应端正,内容真实、准确、完整,不得随意涂改;改正时应在原数据上画一横线,再将正确数据填写在其上方,不得涂擦、挖补;对带数据自动记录和处理功能的仪器,将测试数据转抄在记录表上并同时附上仪器记录纸;若记录纸不能长期保存(如热敏纸),采用复印件并做必要的注解;原始记录有测试、校核等人员签名;记录内容包括检测过程中出现的问题、异常现象及处理方法等说明。

数据记录中有效位数按以下原则确定:根据计量器具的精度和仪器刻度来确定,不得任意增删;按所用分析方法最低检出浓度的有效位数确定;来自同一个正态分布的数据量多于 4 个时,其均值的有效数字位数可比原位数增加一位;精密度按所用分析方法最低检出浓度的有效位数确定,只有当测次超过 8 次时,统计值可多取一位;极差、平均偏差、标准偏差按方法最低检出浓度确定有效数字的位数;相对平均偏差、相对标准偏差、检出率、超标率等以百分数表示,视数值大小,取至小数点后 1～2 位。

数据的运算应按以下规则进行:当各数相加减时,其结果的小数点后保留位数与各数中小数点后位数最少者相同;当各数相乘除时,其结果的小数点后保留位数与各数中有效数字最少者相同;尾数的取舍按"四舍六入五单双"原则处理,当拟舍弃数字的最左一位数为五,其右的数字不全为零时则进一,其右边全部数字为零时以保留数的末位的奇偶决定进舍,奇进偶(含零)舍;数据的修约只能进行一次,计算过程中的中间结果不必修约。

在一组或多组分析测试数据中,为了判别是否存在应剔除的偏离总体的离群值,或判别两组测定数据中,其精密度和准确度是否存在显著性差异,需借助统计学的方法进行检验。凡在实验室中已觉察到有明显失误的数据,应及时查明原因,另行补做实验。实验中有失误的数据不能参与统计检验。统计检验的主要步骤如下:用给定的公式计算统计量;根据需要选定显著性水平 α(环境分析中,被测组分多为痕量,一般选用 1%);按自由度 f 和选定的显著性水平 α,从相应的统计数据表中查出统计量的临界值;比较统计量的临界值与计算的统计量,若计算值大于它的临界值,则被检验的可疑值为离群值,应予剔除,反之则保留。

曲线图、表格和各种评价图是表示调查结果的有效方法;我国湖泊水样的各种主要特征值可以用一系列表格来表示,各种特征值在时间、空间上的分布、变化规律皆可用曲线图来表示;全国范围或局部地区或某一湖泊水域的水质状况及其评价、预测可采用图册来表示,使其结果直观明了;另外,生物图谱和数据库也是两种表示调查结果的好方法,具有很大的优越性。

分析结果的数值表示应符合以下要求:使用法定计量单位及符号;水质项目中除水温(℃)、电导率[$\mu S \cdot cm^{-1}$(25 ℃)]、氧化还原电位(mV)、透明度(cm 或 m)等外,其余单位多为 $mg \cdot L^{-1}$ 或 $\mu g \cdot L^{-1}$;平行样测定结果用均值表示;当测定结果低于分析方法的最低检出浓度时,用"＜DL"表示,并按 1/2 最低检出浓度值进行统计处理;测定精密度、准确度用偏(误)差值表示;检出率、超标率用百分数表示。

2 资料整理

2.1 原始资料规范化要求

对原始资料应进行系统、规范化整理分析,按检测流程与质量管理体系对原始结果进行核查,发现问题应及时处理,以确保检测成果质量;原始资料检查内容包括样品的采集、保存、运送过程,分析方法的选用及检测过程,自控结果和各种原始记录(如试剂,基准,标准溶液,试剂配制与标定记录,样品测试记录,校准曲线等),以及资料的合理性。

2.2 原始资料的整编

采样记录、送样单、最终检测报告及有关说明等原始记录,经检查审核后装订成册,以便于保管备查。有关图表见本章附录 A。

2.3 成果资料

资料汇编以区域为单位进行。汇编单位组织对资料进行复审,一般抽审 5%～15% 的成果表和部分原始资料,如发现错误需进行全面检查。将原始测试分析的报表或者电子数据分类整理,并按照统一资料记录格式整编成电子文件。水质调查点位信息表、水质测定数据信息表等送交汇编的图表(见附录 B),应经过校(初校、复校)、审并达到项目齐全、图表完整、方法正确、资料可靠、说明完备、字迹清晰的要求,且成果表中无大错,一般错误率不得高于 1/10 000。

3 资料保存与要求

资料包括纸质文字资料及磁盘、光盘等其他介质记录的资料。
主要保存内容:各种原始记录;整汇编成果图表;整汇编情况说明书。
资料保存应符合以下要求:按管理规定对资料进行系统归档,注意安全;磁介质资料存放采取防潮、防磁措施,并按载体保存限期及时转录;除原始资料外,整汇编成果资料需备份并存放于不同地点。

原始资料保存期限为 10 年；整汇编成果资料长期保存。

4 报告编写内容与格式

4.1 文本格式

文本规格：湖泊水质调查报告的外形尺寸为 A4。

4.2 封面格式

第一行：××省（自治区或直辖市）；
第二行：××水体水质调查报告；
第三行：编制单位；
第四行：日期；
第五行：中国××（地名）。

4.3 封里内容

项目调查实施单位全称（加盖公章），项目负责人、技术总负责人、分项目负责人和主要参加人员姓名，报告书编制单位全称（加盖公章），编制人、审核人姓名，编制单位地址、通信地址、邮政编码、联系人姓名、联系电话、邮件地址等。

5 报告章节内容及编写要求

5.1 报告章节内容

依据调查内容和具体要求可以适当增减。

前言：包括调查工作任务来源、调查任务实施单位、调查时间以及合作单位的简要说明。

（1）自然环境描述

（2）国内外调查研究现状

（3）调查方法和质量保证

调查区域与范围、调查点位布设、调查时间与频率、调查内容与分析方法、仪器设备的性能和运转条件、全程的质量控制。

（4）调查结果与讨论

水质调查的数理统计分析、水质的时空变化特征。

(5) 评价

根据《地表水环境质量标准》(GB 3838—2002)，应根据实现的水域功能类别，选取相应标准，进行单因子评价，评价结果应说明水质达标情况，超标的应说明超标项目和超标倍数。丰水期、平水期、枯水期特征明显的水域，应分水期进行水质评价。但 pH 不参与评价。

$$P_i = C_i / S_i \tag{1-3}$$

式中：P_i——单项污染指数；

C_i——项目实测值；

S_i——项目的标准值。

在没有规定水质标准的情况下，可采用本水系的水质背景值作为评价标准。

(6) 水体环境保护与建议

(7) 小结

(8) 参考文献

(9) 附件

5.2 报告编写要求

水质报告是水体水环境管理决策的重要依据，因此在原始资料整编时应遵循以下原则：

(1) 准确性原则：水质报告旨在为人们提供准确的水质情况信息，因此，要求水质资料必须实事求是、准确可靠、观点翔实、观点明确。

(2) 及时性原则：水质资料是通过其成果为水环境决策和环境管理服务的，必须建立和实行切实可行的督查制度，运用先进的技术手段(如计算机等)，建立专门的综合分析机构，选用得力的技术人员，切实保证资料的时效性。

(3) 科学性原则：水质资料汇总绝不仅仅是简单的数据汇总，必须运用科学的理论、方法及手段阐释资料变化及其规律，为水环境管理提供科学指导。

(4) 可比性原则：报告的表述应统一、规范，内容、格式应遵守统一的技术规定，所选指标与精度应相对统一稳定，结论应有时间的连续性，成果的表述应有时间、空间的可比性，以便于汇总和比较分析。

(5) 社会性原则：报告的表述应使读者易于理解，容易被社会各界接受利用，使其在各个领域尽快发挥作用。

附录 A 调查登记表

A1 水样登记表

表 A1 水样登记表（含现场测定项目原始记录）

共　页　第　页

分析项目：

仪器名称、编号、测定范围、分度值的说明：

序号	水体名称及采样点	采样日期	采样体积	分析结果			其他

备注（包括仪器使用情况）：

分　析：　　　　　　　　　　　　　　　　　　　年　月　日
校　核：　　　　　　　　　　　　　　　　　　　年　月　日
审　核：　　　　　　　　　　　　　　　　　　　年　月　日

A2　水样分析测试登记表

水样分析测试登记表可自行设计，但应遵循可溯源的原则，即可根据表中记录内容得到最终数据。

以分光光度法为例的原始记录表见表 A2。

表 A2 _____ 分光光度法分析原始记录表

样品来源　　　　样品类型　　　　　　　　　　　　　　　共　页　第　页

分析项目			分析方法			检出限		mg·L^{-1}
仪器名称、编号			选用波长		nm	比色皿规格		mm

拟合的标准曲线方程：

标准液配制日期：

标准曲线绘制日期：

序号	采样日期	分析日期	水体名称	采样点编号	吸光度			空白（每批次样品不少于3个空白）	检测结果
					1	2	平均		

备注：

分　析：　　　　　　　　　　　　　　　　　　　　　　　　　年　月　日
校　核：　　　　　　　　　　　　　　　　　　　　　　　　　年　月　日
审　核：　　　　　　　　　　　　　　　　　　　　　　　　　年　月　日

A3 标(基)准溶液配制、标定登记表

分析测试过程中若涉及标(基)准溶液称量配制、标定,须进行记录(见表A3.1、A3.2)。

表 A3.1 _____ 溶液称量配制原始记录表

化学物质名称:				化学物质纯度等级:	
化学式:				分子量:	
测试项目:				标定对象:	
干燥条件:					
理论	浓度		mol·L^{-1}	称量记录	烧杯+化学物质质量	g
	体积		mL		烧杯质量	g
	质量		g		化学物质质量	g
计算:						
备注						

配　制:　　　　　　　　　　　　　　　　年　月　日
校　核:　　　　　　　　　　　　　　　　年　月　日
审　核:　　　　　　　　　　　　　　　　年　月　日

表 A3.2 _____溶液标定原始记录表

	待标定溶液	基准溶液
溶液或试剂名称		
化学物质等级		
配制日期		
浓度/mol·L^{-1}		

标定记录：

计算公式：
计算结果：

备注：

分　析：　　　　　　　　　　　　　　　　　　　　　年　月　日
校　核：　　　　　　　　　　　　　　　　　　　　　年　月　日
审　核：　　　　　　　　　　　　　　　　　　　　　年　月　日

A4 标准曲线记录表

分析测试过程中还涉及标准曲线的制作(见表 A4)。

表 A4 _____标准曲线记录表

日期:____年____月____日

序号	标准物质名称	标准物质浓度	空白	吸光值 1	吸光值 2	吸光值 平均	$\overline{A_i}-\overline{A_0}$	残差 d_i
1								
2								
3								
4								
5								
6								
7								
8								

线性回归拟合标准曲线方程:

备注:$\overline{A_i}$ 为标准物质平均吸光值;$\overline{A_0}$ 为空白平均吸光值(不少于 3 个空白)。

测 定:　　　　　　　　　　　　　　年 月 日
计 算:　　　　　　　　　　　　　　年 月 日
校 对:　　　　　　　　　　　　　　年 月 日

附录 B 信息表

表 B1 水质调查点位信息表

调查项目	调查单位	负责人	调查区域	调查水体	调查时间	经度	纬度
						度分秒	

表 B2 水质测定数据信息表

水体名称	编号	经度 纬度 度分秒	水深/m	采样时间	采样深度/m	水温/℃	透明度/m	pH	电导率/μS·cm^{-1}	溶解氧/mg·L^{-1}	色度	矿化度/mg·L^{-1}	悬浮物/mg·L^{-1}

水体名称	编号	高锰酸盐指数/mg·L^{-1}	TOC/mg·L^{-1}	BOD$_5$/mg·L^{-1}	总磷/mg·L^{-1}	总氮/mg·L^{-1}	硝酸盐氮/mg·L^{-1}	亚硝酸盐氮/mg·L^{-1}	氨氮/mg·L^{-1}	叶绿素a/mg·L^{-1}	氯离子/mg·L^{-1}	硫酸盐/mg·L^{-1}	碱度/mg·L^{-1}	钾/mg·L^{-1}

水体名称	编号	钙/mg·L^{-1}	钠/mg·L^{-1}	镁/mg·L^{-1}	铁/mg·L^{-1}	锰/mg·L^{-1}	六价铬/mg·L^{-1}	汞/μg·L^{-1}	砷/μg·L^{-1}	镉/μg·L^{-1}	铅/μg·L^{-1}	铜/μg·L^{-1}	锌/μg·L^{-1}

第二章
沉积物调查规范与分析方法

1 规范范围

本部分规程包括了海湾、潟湖、入海口、湖泊、水库、河流、池塘、湿地等自然水体沉积物调查的内容、技术要求和方法。

2 规范性引用文件

海洋监测规范　第 2 部分：数据处理与分析质量控制（GB 17378.2—2007）
海洋监测规范　第 3 部分：样品采集、贮存与运输（GB 17378.3—2007）
海洋监测规范　第 5 部分：沉积物分析（GB 17378.5—2007）
水质　湖泊和水库采样技术指导（GB/T 14581—93）
沉积物质量调查评估手册（科学出版社，2012）
湖泊富营养化调查规范（第二版）（中国环境科学出版社，1990）
湖泊生态调查观测与分析（中国标准出版社，1999）
湖泊生态系统观测方法（中国环境科学出版社，2005）
水和废水监测分析方法（第四版）（中国环境科学出版社，2002）
水环境要素观测与分析（中国标准出版社，1998）
土壤农化分析（第三版）（中国农业出版社，2000）
Handbook of Soil Analysis（Springer，2006）
Laboratory Methods of Soil Analysis（Canada-Manitoba Soil Survey，2006）

3 调查范围

我国面积大于 10 km^2 的湖泊、水库、海湾、潟湖等水体。

4 调查内容

4.1 调查的项目

沉积物调查的基本项目内容见表2.1。

表 2.1 调查项目内容

基本项目	pH值、氧化还原电位、粒度、碳（有机碳、无机碳）、氮（总氮、氨氮）、磷（有机磷、无机磷）、含水率
重金属	锌、铅、汞、砷、铬、铜、镉，重金属形态（酸可提取）
常量金属	钾、钠、钙、镁、铁、铝、硅
有机污染物	多环芳烃、有机氯农药
微体生物遗存	硅藻、摇蚊
沉积物年代	^{210}Pb，^{137}Cs
其他	酸可挥发性硫化物（AVS）

沉积物定年：

利用放射核素^{210}Pb及^{137}Cs确定沉积物近现代沉积时间以及沉积速率，为沉积物质量变化调查提供年代学基础。

在^{210}Pb及^{137}Cs等分析确定的年代学基础上，结合碳、氮、磷、重金属、有机污染物及生物遗存获取历史时期，特别是20世纪50年代以来的沉积物质量时空分布。常规项目中除pH值、氧化还原电位外，测试的钻孔样分辨率要求达到10年；重金属及常量元素达到15年分辨率；重金属形态（酸可提取）、酸可挥发性硫化物（AVS）、有机污染物和微体生物遗存测定以表层沉积物为主。

4.2 资料收集

项目调查必须充分收集和利用已有资料。在调查过程中，调查人员须充分利用研究区域的背景资料和现有资料，这不仅影响到样品采集的数量及采样点的布置，同时也将对调查结果的综合评估具有重要意义。资料收集途径包括文献查阅、监测站及相关部门数据收集等，收集项目尽可能包括表2.1中所有测定内容。

收集的项目资料的时间频率尽可能详尽，最好能收集不同时段（如平水期、枯水期、丰水期）的数据。在收集资料的过程中，应注意并记录项目的分析方法，重视资料的可靠性和准确性。

凡收集来的资料属下列情况的，不予采用：

(1) 不符合技术要求的资料；

(2) 填写不清、无原因涂改的资料；

(3) 凭有关人员经验估算的资料；

(4) 出自同一资料源、相互矛盾的资料；

(5) 其他无法解释其可靠性和准确性的资料等。

背景资料的收集包括但不限于以下方面：

(1) 水体流域地球化学背景、人类活动信息，包括流域内土地利用方式、入湖河流污染负荷等。

(2) 水体功能区划和生态系统目标，了解所调查湖泊是否具有明确的水环境功能区划目标。

5 样品采集与保存

5.1 采样点布设要求

在进行水体沉积物调查时，应根据调查水体的大小和类型选设适当数量的采样点，必须包括水体中心和其他有代表性的采样点。在主要的河流入口处和排放口周围适当增加采样点位。许多水体具有复杂的岸线或由几个不同的水面组成，由于形态不规则，可能存在沉积底质特性在水平方向上的明显差异。采样点位的选择，应在较大的采样范围内进行详尽的预调查，在获得足够信息的基础上，应用统计技术合理地确定。详细调查需在调查水体中按一定规则划分网格，设置采样点。网格大小的设置应根据沉积物差异情况及分析的目的而定，把沉积物划分成若干采样区，呈长×宽网格状。每一网格面积越小，则样品的代表性越可靠，但采样所需经费及分析工作量也将成倍增加。因此，要选择在样品代表性和经费方面都较合理的采样布点方案。方案一旦确定，就要严格地执行。如果采样过程中变动了方案，所测得的数据将会缺乏可比性。

采样点位的布设应充分考虑如下因素：

(1) 水体的水动力条件；

(2) 水体面积、水体盆地形态；

(3) 补给条件、出水及取水；

(4) 排污设施的位置和规模；

(5) 污染物在水体中的循环及迁移转化；

(6) 现有采样点。

不同水体面积应设的采样点数量见表 2.2。

表 2.2　不同水体面积应设的采样点数量

水体面积/km²	10～100	100～500	>500
表层采样点数	5～10	10～20	20～30
钻孔数	5～10	10～20	20～30

注：a～b，即大于 a 且小于等于 b。

在充分考虑上述因素的情形下，可采用以下一种方式或者结合不同方式进行布点。

（1）网格采样：针对调查区域以固定间距进行采样布点；

（2）分区采样：将调查区域分为多个不重叠的均质分区，以分区面积权重分配采样布点；

（3）多阶段采样：利用初步大范围系统调查结果，逐步向高污染区进行细密采样。

5.2　采样器材要求

（1）样品容器

选择样品容器的原则：容器不能引起新的沾污；容器不应与某些待测组分发生反应。根据分析项目的特性选择适合的盛装容器来包装样品。对于测定有机污染物的样品，选择不锈钢或棕色玻璃瓶，有条件的也可用聚四氟乙烯容器进行盛装。对于其他测试项目用聚乙烯密封袋，使用聚乙烯袋保存时应注意适当加固，以免破损。

（2）采样

沉积物样品的采集是决定分析结果是否可靠的重要环节，尤其是沉积物受到严重污染时，其理化组成差异很大，有时采样误差要比分析误差大若干倍，因此采样时必须十分重视样品的代表性。一个样品的代表性与采样方法、采样工具等均有关。

采样容器的材质（如不锈钢或塑料）应尽可能不与沉积物发生反应。制造容器的材料在化学和生物方面应具有惰性，使样品组分与容器之间的反应降到最低程度。

表层样采集：采集深度 0～1 cm。

柱状样采集：采集深度一般不少于 50 cm。若沉积速率较低，采集深度不足 50 cm 的，应保证采集到 20 世纪 50 年代以来的沉积物。

表层样采集运用改进的彼得逊采泥器，在保证不扰动沉积物的情形下采集足够的样品。柱状样采集运用重力采样器，注意沉积物水土界面必须平整。柱状样品（沉积柱）最好在野外分割，如果条件不允许，在运输过程中要防止样品受到扰动导致混合。对每根沉积柱用 1 cm 分样器分层切割，获取的 0～1 cm 样品也可作为表层沉积物。由于重力采样器一般管径较细，需要采集多管沉积柱。

(3) 采样时间的选择

如果条件允许,应选择沉积物底泥所含物质对水体的利用有最不利影响时采样。季节的变化将伴随温度的变化,虽然水温的变化较气温的变化要小,但不同季节水体中的水温会出现不同的温度层变化及大水体的潮汐作用,这都将影响沉积物的成分。

(4) 样品量

根据不同的调查分析需求,所需要的沉积物量也有所不同,如表 2.3 所示。

表 2.3 不同分析项目所需的样品量

指标	最小样品量(干重)
氧化还原电位	现场测定
pH 值	现场测定
含水率	1～2 g
粒度	1～2 g
碳	1～5 g
氮	1～2 g
磷	1～2 g
重金属	1～5 g
有机污染物	30 g
摇蚊、硅藻	5～30 g
常量金属	1～2 g
沉积物年代	5～10 g

5.3 样品保存要求

有的项目和组分不够稳定,容易转化和损失,对于这些样品要采取相应的措施。有的项目测定必须在现场进行,有的项目在现场取样的同时就应进行必要的处理。如氧化还原电位和 pH 值须在野外现场测定,有机污染物须在 －18 ℃以下的温度环境中保存,其他项目指标则要 4 ℃保存至实验室测试分析。

5.4 采样安全注意事项

采样人员应该具有水上安全知识,在作业时领队应严格要求队员遵守安全规则、谨记紧急事件联络方式。

有关水上安全知识及安全要求如下:

(1) 采样人员须穿救生衣或备有其他救生装备。

(2) 采样人员在采样时应有适当的防护设备保护。
(3) 采样时至少要有两人同行。
(4) 水体流速过快时,禁止采样。
(5) 乘坐橡皮筏采样时,应用绳索固定,以免橡皮筏流走。
(6) 暴雨或洪水暴涨或大风时,应即刻停止作业,改期再执行采样。

6 分析

6.1 分析方法

沉积物的分析项目及分析方法参见表 2.4。

表 2.4 沉积物相关项目的分析方法

分析项目	分析方法	规范性引用文件
pH	电位法	①
含水率	烘干法	①
氧化还原电位	电极法	①
粒度	激光衍射法	ISO 13320—2020
总磷	高氯酸-硫酸酸溶法	①
	碱熔-钼锑抗分光光度法	HJ 632—2011
	电感耦合等离子体发射光谱法	②
有机磷	灼烧法	③
总氮	干烧法(元素分析)	ISO 13878—1998
	凯氏法	①
氨氮	氯化钾溶液提取-分光光度法	HJ 634—2012
总碳	干烧法(元素分析)	ISO 10694—1995
有机碳	干烧法(元素分析)	ISO 10694—1995
	重铬酸钾氧化分光光度法	HJ 615—2011
铬、铜、锌	火焰原子吸收分光光度法	GB 17378.5—2007
	电感耦合等离子体质谱法	HJ 1315—2023
铅、镉	石墨炉原子吸收分光光度法	GB/T 17141—1997
	电感耦合等离子体质谱法	HJ 1315—2023
汞	冷原子吸收光度法	GB 17378.5—2007
	原子荧光法	GB 17378.5—2007
	原子吸收光度法	USEPA Method 7473

续表

分析项目	分析方法	规范性引用文件
砷	氢化物-原子吸收分光光度法	GB 17378.5—2007
	原子荧光法	GB 17378.5—2007
	电感耦合等离子体质谱法	HJ 1315—2023
酸可挥发性硫化物（AVS）	冷扩散法	④
钾、钙、镁、铁、铝、硅	电感耦合等离子体发射光谱法	HJ 974—2018
钠	电感耦合等离子体发射光谱法	②
有机氯农药	气相色谱-质谱法	HJ 835—2017
多环芳烃	气相色谱-质谱法	HJ 805—2016
硅藻	镜检法	⑤
摇蚊	镜检法	⑥
^{210}Pb、^{137}Cs	γ能谱分析法	GB/T 16145—2022

注：①湖泊富营养化调查规范（第二版）（中国环境科学出版社，1990）。
②土壤和沉积物 22 种无机元素的测定 酸溶/电感耦合等离子发射光谱法（征求意见稿）（环办标征函〔2018〕17 号）。
③土壤农化分析（第三版）（中国农业出版社，2000）。
④沉积物质量调查评估手册（科学出版社，2012）。
⑤对硅藻化石鉴定，需要合适的硅藻图版和现代标本作依据。硅藻的鉴定和统计主要在光学显微镜下完成。但对一些难以看清壳面结构的硅藻种，扫描电镜可以帮助种的鉴定。对现代硅藻样品，硅藻计数要求至少满足 500 粒以上，对化石样品，在 300 粒以上。统计时，硅藻上下壳体同时出现时计数为 2 粒，链状（如 Aulacoseira）和丝状群体（如 Fragilaria）出现时必须全部计数。破碎的壳体根据具体情况而定，如出现半个壳体，计数为半粒；如 Eunotia 的种和 Asterionella 的种，可以根据壳体两头的特征计数，出现一次计数半粒。
⑥摇蚊头壳封片后在 100～400 倍生物显微镜下进行鉴定，一般可鉴定到属级水平，在某些情况下可鉴定到种。将完整的或大部分颏的头壳计为一个，将半个颏计为半个，不足一半的不统计。沉积样品中摇蚊幼虫亚化石统计至少达 50 个壳体。摇蚊幼虫属种鉴定主要依据图谱文献。摇蚊幼虫亚化石的数据表达和数据分析与硅藻相同。

无机磷、无机碳和有机氮采用差量法计算。无机磷＝总磷－有机磷；无机碳＝总碳－有机碳；有机氮＝总氮（凯氏氮）－氨氮。金属形态（酸可提取）采用稀冷盐酸（1 mol·L^{-1}）提取后测定。氧化还原电位和 pH 值只针对表层样品在野外现场测定，按照仪器说明书进行。

6.2 分析测试

本章部分所列分析方法主要参照相应的规范文件、书籍和其他文献（见表 2.4）。国内外的标准分析方法或统一分析方法已经过多部门统一协作验证，并有较长时间的实际应用，方法准确可靠、适应面广，为广大环境分析人员所熟知，如国际标准化组织（ISO）推荐的方法、美国国家环保局（USEPA）规定的方法等。利用这些方法得到的分析结果,在国内外具有一定的可比性。

(1) 样品的预处理

由于样品中成分复杂,且多数待测组分浓度较低、存在形态各异、干扰物质较多,特别是一些有机成分。因此在样品分析测试之前有必要进行不同程度的预处理,以得到待测组分符合方法要求的形态和浓度,并与干扰性物质最大限度地分离。

在进行沉积物无机元素的测定时,常要对样品进行消解处理以破坏有机物,并将各种价态的待测元素氧化成单一高价态或转换成易于分解的无机化合物。在进行消解时,应根据实际情况选择合适的体系进行。

在有机污染物分析中,由于沉积物中的成分复杂、干扰因素多,而待测组分的含量大多处于痕量水平,常低于分析方法的检出下限。因此在测定前必须进行沉积物中待测组分的分离与富集,排除分析过程中的干扰,提高待测物的浓度,满足分析方法检出限的要求。

沉积物中多环芳烃及有机氯农药的提取:

沉积物中多环芳烃及有机氯农药采用索氏提取法或加速溶剂萃取法等提取。提取所需的沉积物质量视样品中目标污染物浓度高低而定,通常为 $0.1 \sim 10$ g(干重)。萃取溶剂为色谱纯的正己烷/二氯甲烷混合液或正己烷/丙酮混合液,各溶剂的比例具体视沉积物性质及目标污染物极性而定。索氏提取时间为 24 h,加速溶剂萃取所需时间约 30 min。在提取前需测试各提取方法对目标污染物的回收率,严格做好质量分析及质量控制。其他提取方法在满足回收率及质量分析、质量控制的情况下也可采用。

提取样品的脱水、净化与浓缩:

索氏提取样品可能会带入少量的冷凝水,需在样品提取液中加入适量经过高温烧过的无水硫酸钠去除水分。样品脱水后使用旋转蒸发仪浓缩样品提取液至 $1 \sim 2$ mL。当样品中有色素等干扰物质存在时,需采用玻璃层析柱或固相萃取柱净化样品。玻璃层析柱中使用的层析材料为活化的层析硅胶、弗罗里硅土、中性氧化铝或活性炭,具体采用何种层析材料视干扰物及目标污染物的性质而定,也可将两种或多种层析材料混合使用。洗脱液可依次选择正己烷、正己烷/二氯甲烷混合液、二氯甲烷及甲醇,洗脱液及其使用量具体视干扰物及目标污染物的性质而定。净化过程中必须严格控制回收率,达到既能分离杂质与目标污染物,又不降低目标污染物回收率的目的。在满足回收率及质量分析与质量控制的情况下,样品净化还可以采用凝胶色谱法。净化后的洗脱液先用旋转蒸发仪浓缩至 $1 \sim 2$ mL,之后转入 K-D(Kuderna-Danish)浓缩瓶中使用氮吹仪浓缩,具体浓缩体积视目标污染物浓度高低而定,保持最终的样品体积为 100～1 000 μL。样品最终的载体溶剂视使用的分析仪器而定,可以为色谱纯的正己烷、环己烷、乙腈或甲醇。

沉积物硅藻样品的实验室预处理：

首先选取沉积物样品 1～2 g,加 10% HCl 并加热去除碳酸盐矿物,再加入 30% H_2O_2 去除沉积物中以及硅藻细胞壁上的有机质,待反应完全冷却 5～8 h 后,用蒸馏水连续 3 次清洗并离心。如果沉积物中不包含碳酸盐矿物,可以直接用 H_2O_2 进行处理。如经过上述处理的沉积物样品中有大量较粗有机质或者较粗矿物颗粒残留,可以将沉积物过筛(0.5 mm 孔径),直至样品中只有细颗粒为止。若样品中的细颗粒含量过多,会影响硅藻的鉴定,可以用氨水过滤以除去部分悬浮细颗粒物质。若样品中细颗粒含量仍较高,可以考虑用重液浮选的办法提取硅藻浓缩物。至此对样品预制片进行镜下检查,观察硅藻壳体的分离情况。如果壳体尚未分离,可将样品进行超声波处理。硅藻样品在制片前加入一定数量的小球,用于硅藻浓度的计算。最后用树胶对硅藻浓缩液进行制片。

沉积物摇蚊幼虫亚化石实验室提取方法：

首先将样品加入 10% 的氢氧化钾溶液中,在 75 ℃ 下加热 15 min 后,过 212 μm 和 90 μm 的筛,然后将剩余样品转移到体视显微镜下,在 40 倍镜下用镊子将摇蚊头壳挑出。根据沉积物性状以及是否含有碳酸盐等特性,还可以使用用超声波或稀盐酸清洗等方法对样品进行处理。根据所用封片胶的性质,用不同的方法对挑出的头壳封片。如果选用封片胶做永久封片,就需要将挑出的样品在 100% 酒精中去水后封片；如果选用水溶性的胶做封片,可以将挑出的头壳直接封片。

(2) 现场分析测试

氧化还原电位：

测定前,需对氧化还原计进行校正并将校正资料记录于采样记录表中。用便携式电位测定仪测定时,将测定仪使用模式设定为 mV 模式,用蒸馏水润湿冲洗电极后,将电极直接插入现采的底泥中,待氧化还原电位读数稳定后,记录氧化还原电位值。每次使用后必须用蒸馏水将电极上的底泥冲洗干净,然后置于含有饱和氯化钾溶液的塑胶套筒中,避免电极内玻璃薄膜干裂。另外,电极插入过程不可扰动底泥样品,避免空气影响,且插入的电极棒要与底泥紧密接触。

pH 值测试步骤与氧化还原电位类似,一些仪器可同步测定。

(3) 实验室仪器分析

要熟练掌握仪器的使用,注意仪器测定项目的适用范围,按照要求定期对仪器进行校准。统一对各实验室进行考核,对主要分析项目使用统一的质量控制样品。

第三章 水生生物采集

第一节 藻类

1 相关概念

藻类:约有 5 万种,主要分布于淡水或海水中,分为淡水藻类和海洋藻类两种,包括蓝藻门、裸藻门、甲藻门、金藻门、黄藻门、硅藻门、绿藻门、红藻门、褐藻门等。

藻类的生态类群:主要有浮游藻类、底栖着生藻类、漂浮藻类,如表 3.1 所示。

浮游藻类优势种:浮游藻类群落中在数量或生物量方面占有优势地位的种类,对群落结构和群落环境的形成有明显控制作用的种类。

浮游藻类密度:单位体积中某种类或全部浮游藻类的数量。通常规定浮游藻类密度以细胞数表示,单位为 $cells \cdot L^{-1}$。

浮游藻类生物量:单位体积中某种类或全部浮游藻类的质量。通常规定浮游藻类生物量以湿重表示,单位为 $mg \cdot L^{-1}$。

藻类水华:淡水水体中藻类大量繁殖的一种自然生态现象,表观特征为悬浮在水中或水色明显变化。

表 3.1 各营养状态下的藻类优势种属

营养状态	优势种属	营养状态	优势种属
贫营养型	金藻:锥囊藻,鱼鳞藻等 绿藻:刚毛藻,双星藻等 硅藻:平板藻,根管藻等	中营养型	甲藻:角藻,多甲藻等 隐藻:蓝隐藻等 硅藻:脆杆藻,拟菱形藻等 绿藻:空星藻,鼓藻等

续表

营养状态	优势种属	营养状态	优势种属
富营养型	绿藻:栅藻,小球藻,十字藻等 蓝藻:微囊藻,鱼腥藻,颤藻,束丝藻等 硅藻:直链藻,针杆藻等 隐藻:隐藻等	重富营养型	蓝藻:平裂藻,蓝纤维藻等 绿藻:弓形藻,栅藻,衣藻等 硅藻:小环藻等 裸藻:裸藻等

2 采样方法

2.1 采样点及采样频率的确定

根据河流生境类型和着生藻类分布特征,选取适当的采样设备和采样方法,采集具有代表性的定量、定性样品,定性样品宜充分采集各类基质上的着生藻类。

根据水体的自然生态类型、人类干扰的空间特性和点位周边生态环境等确定采样点位。

监测断面的布设和采样点位的确定应符合《地表水环境质量监测技术规范》(HJ 91.2—2022)的规定。

采样点的设置及其数量可视被调查水体的形态和大小而定,关键是要有代表性,要顾及水体(或污染水体)的污染源及不同地段。在河流中,上游的采样点可作对照,在湖泊或水库中则根据深度和其他形态特征选择断面及采样点,并尽可能与水化学监测断面(点位)相一致,以利于时空同步采样。

常规监测一般按季节或水期开展,在条件允许的情况下,建议每月监测一次。专项性监测频次视具体情况确定。发生藻类水华时段可适当加密监测频次。

监测时间的确定需考虑下列事项:

(1) 若进行逐季或逐月监测,各季或各月监测的时间间隔应基本相同;
(2) 同一湖泊(水库)的监测应在水质、水文及生物采样时间上同步;
(3) 考虑到浮游藻类的日变化,监测时间尽量选择在每一天的同一时段。

采样断面(点位)环境观测样本采集前,应先对现场环境情况进行观察、记录和拍照,尽可能全面检测和记录水深、透明度、pH 值、水温、溶解氧等常规理化指标及水文信息,也可以同步采集水样进行水化学指标的实验室分析。

2.2 样品采集

2.2.1 定量样品采集

可采用天然基质或人工基质采集着生藻类定量样品。天然基质可分为硬质天然基质和软质天然基质,人工基质为硅藻计。若水流湍急、流速大,无法有效固定人工基质,宜采集天然基质上的样品。

水中的动物、植物、石块、木块都是天然基质,从中可采到大量的着生藻类。采样时需测量采样面积,做好记录。此方法方便、经济、实用,实际监测中采用较多,但采样面积不够准确。

天然基质法一般分为以下4种方法:

(1) 可在水体中选择容易刮取和测量的硬质天然基质(如粗砾和树木残干等),将采集的基质放置于漏斗中,从其表面选取至少 100 cm^2 的面积,用硬质毛刷刷取基质表面的着生藻类,以实验用水冲洗硬质毛刷、漏斗及基质表面,收集冲洗混合物于采样瓶中。

(2) 若基质过大(如巨砾和基岩),无法从水体中取出,使用硬质毛刷、刀片或镊子刮取基质表面的着生藻类,刮取面积至少 100 cm^2,小心取出毛刷、刀片或镊子,以实验用水冲洗,收集冲洗混合物于采样瓶中。

(3) 如果采样区内无硬质天然基质,可选择人工构筑物上的稳定硬质基质(如桥墩、码头、堤坝处)。

(4) 无法采集硬质基质时,可使用注射器(或吸管)吸取 100 cm^2 面积的软质细颗粒底质,将其收集至样品瓶中;也可将培养皿开口向下压入松散基质中,并在培养皿开口下边缘用抹刀截取,将采集到的软质细颗粒底质从培养皿中取出,收集于采样瓶中。

人工基质法:人工基质宜放置在隐蔽处,避开通航、观光河流的主河道,固定于距离水面 5~10 cm 处,每个采样点至少放置 3 个硅藻计,放置时间至少 14 d,定期观察着生藻类的附着生长情况。采样结束后取出硅藻计中的载玻片,用硬质毛刷对着采样瓶口刷取载玻片表面,以实验用水冲洗硬质毛刷和玻片,收集冲洗混合物于样品瓶中。

若采样河段不适宜采集着生藻类,可参照《水质 浮游植物的测定 滤膜-显微镜计数法》(HJ 1215—2021)、《水质 浮游植物的测定 0.1 mL 计数框-显微镜计数法》(HJ 1216—2021)采集浮游植物定量样品并分析。

采样应用的人工基质有:聚氨酯泡沫塑料(polyurethane foam,孔径为 100~150 μm,简称 PFU)法、硅藻计-载玻片法和聚酯薄膜等。PFU 块为

50 mm×75 mm×65 mm 的泡沫塑料(见图3.1),用来采集微型生物群落。硅藻计采样器(见图3.2)可用有机玻璃或木材制作,包括一个用以固定载玻片26 mm×76 mm 的固定架、漂浮装置(可用泡沫塑料或渔网用的浮子、木块等)、固定装置(可用绳索绑在其他物体上,或用重物固定或用棍棒插入水底),在江河流水中使用,前端需有挡水板,以分开或疏导水流和阻挡杂物。聚酯薄膜采样器(见图3.3)系用0.25 mm 厚的透明、无毒的聚酯薄膜作基质,规格为4 cm×40 cm,一端打孔,固定在钓鱼用的浮子上,浮子下端缚上重物作重锤。此采样器轻便,且不易丢失。PFU、载玻片和聚酯薄膜放置于采样点时,必须固定好,在河流中须避开急流和漩涡。采样器的深度一般为5~10 cm,以使之得到合适的光照。放置的时间为14 d 或根据测定目的确定。

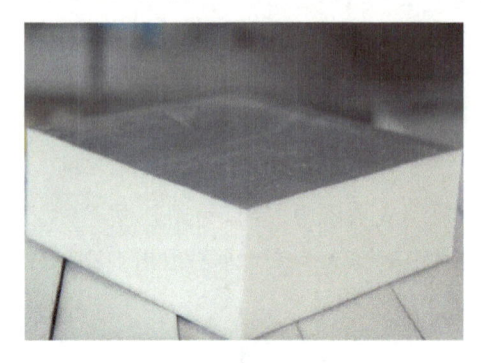

图3.1 聚氨酯泡沫塑料　　图3.2 硅藻计采样器

图3.3 聚酯薄膜

2.2.2 定性样品采集

定性样品宜在各类天然基质表面采集,将所有样品混合装入采样瓶中。在水生植物基质(如苔藓、大型藻类、维管植物及根块等)表面采集样品时,刮取表面滑腻的部分于采样瓶中,加适量实验用水。

若采样河段无适宜的天然基质,可参照 HJ 1215—2021、HJ 1216—2021 采集浮游植物定性样品并分析。

2.3 样品的保存和制作

2.3.1 着生藻类

(1) 定量样品的保存和制作

用毛刷或硬胶皮将基质上所着生的藻类及其他生物(人工基质取玻片三片或聚酯薄膜 4 cm×15 cm),全部刮到盛有蒸馏水的玻璃瓶中,并用蒸馏水将基质冲洗多次,用鲁哥氏液固定,贴上标签,带回实验室。置沉淀器内经 24 h 沉淀,弃去上清液,定容至 30 mL 备用,观察后,如需长期保存,再加入 1.2 mL 4%(质量分数)福尔马林保存。取样时,如时间不允许,可在野外将天然基质、玻片或聚酯薄膜放入带水的玻璃瓶中,带回实验室内刮取并固定和保存。

(2) 定性样品的保存和制作

按上述方法,将全部着生藻类刮到盛有蒸馏水的玻璃瓶中,用鲁哥氏液固定,带回实验室进行种类鉴定。鉴定后,再加入 4%福尔马林长期保存。

3 藻类测定指标

3.1 定性定量监测

(1) 水样的沉淀浓缩

将已固定的水样,放入 1 000 mL 沉淀器(沉淀器可用 1 000 mL 广口瓶或分液漏斗)中静置 24 h,使其充分沉淀。然后缓慢吸出上层清液,将剩下的 20 mL 左右的沉淀物转入 30 mL 定量瓶中,再用吸出的清液冲洗沉淀器 3 次,每次的冲洗液仍转入定量瓶中,并使最终容量为 30 mL。如果标本需长时间保存,应加入 2~3 mL 4%福尔马林。

(2) 定性调查

将新鲜或固定的水样,置于显微镜下进行属种鉴定。对于优势种应该鉴定到种,一般种类可鉴定到属。鉴定结束后,应将鉴定的种类列出名录。如果鉴定到种属有困难,可按蓝藻、裸藻、绿藻、金藻、黄藻、硅藻、甲藻、原生动物、轮虫、枝角类和桡足类等大类进行鉴定。

(3) 定量调查

①前处理

在无色透明采样瓶中直接进行样品的沉淀、浓缩,静置沉淀时间至少需要

48 h。使用与虹吸管连接的尖头玻璃管,以虹吸方式缓慢吸去上层的清液,不能搅动或吸出浮在表面和沉淀的藻类。最后剩余约 50~70 mL 时,将沉淀物转移至容积为 100 mL 的样品瓶中,用吸出的上清液冲洗采样瓶 2~3 次,将冲洗液合并到样品瓶中。

在计数时一般定容到 50 mL,如果首次虹吸后水样体积较大,需要沉淀 24 h 后再次虹吸;浓缩后的样品较为浑浊时,可稀释后再计数,稀释后的样品需要再补充固定剂保存。

当发生藻类水华时,可考虑原样或者原样稀释后计数。在藻类应急监测或要求快速报送数据的情况下,可采用原样固定离心后计数(准确量取 100~200 mL 混匀后的水样于离心管中,以相对离心力 $1\,000 \times g$(转速 3 000~4 000 r·min^{-1})离心 10~15 min,吸去部分上清液定容至 5~10 mL,漩涡混匀洗下黏附在管壁上的藻类细胞,超声分散处理 10~15 min。此悬浊液用于下一步镜检。

②种类鉴定和计数

将样品充分摇匀(手工或漩涡混匀器混匀),用移液器吸取 0.1 mL 样品到计数框中。移入之前用镊子将盖玻片斜盖在计数框上,在计数框的一边进样,另一边保持出气,避免产生气泡。注满后把盖玻片移正。种类鉴定要求按种计数,藻类数量较多时可使用计数器,有条件的实验室可结合软件分析技术对藻类的种类进行识别和计数。

为减少工作量,每次抽样,一般不对整个计数框内的浮游藻类全部计数,只需选取其中一部分计数。选取过程是一个次级抽样过程,要考虑抽样量的大小和代表性,正式计数前可以在显微镜下先大致判断藻类大小及其在计数框内的分布情况,以选择适宜的计数面积。计数面积的选择可参考表 3.2。

表 3.2 每 0.1 mL 样品计数参考面积

形态	描述	尺寸	举例	计数面积
球状/短丝状/不规则状	极小的	粒径<5 μm	微囊藻个体、伪鱼腥藻、色球藻、平裂藻、蓝隐藻、曲壳藻等	5 或 10 个计数小格
	中等的	粒径 5~10 μm	小环藻、小球藻、衣藻、栅藻等	5 或 10 个 1/8、1/4、1/2 计数小格
	较大的	粒径 10~20 μm	舟形藻、圆筛藻、隐藻、鼓藻等	5 或 10 个 1/4、1/2 计数小格
	大的	粒径>20 μm	微囊藻群体、新月藻、盘星藻、角甲藻等	100 个计数小格
长丝状	较大的/极大的	长度>50 μm	长孢藻、浮丝藻、柱孢藻、长藻等	根据大小计 10~100 个计数小格

行格法按照计数框上的第二、五、八行共 30 个计数小格进行藻类分类计数，计数方法见图 3.4。

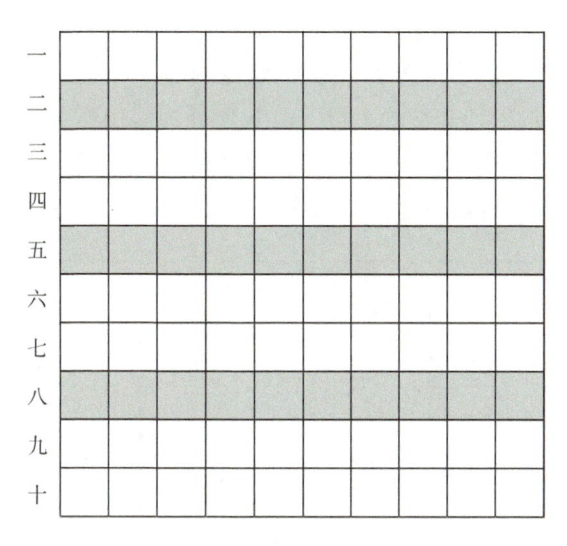

图 3.4 行格法

对角线法按照计数框对角线上的计数小格进行藻类分类计数，每 0.1 mL 样品计数 5 或 10 格，直至达到 30 个小格，计数方法见图 3.5。

图 3.5 对角线法

视野法计数的视野数量应根据样品中浮游藻类数量的多少来确定。每次抽样一般计数 100~300 个视野，可以先计数 100 个视野。如果这 100 个视野内计数的数量太少,再增加 100 个,以此类推。计数视野在计数框内尽量均匀分布。

对于个体较小或数量较多的优势种类,可采用简化对角线法。每个计数视野可规定在对角线计数小格的右下角;对角线计数面积可以选择 1 个视野面积或 1/8、1/4、1/2 的计数小格面积,计数方法见图 3.6。

在常规计数时,先计硅藻的总数。取酸化处理后的样品制成定性标本片镜检,分别计算某个种类的硅藻占硅藻总量的百分比(计数 100 个左右的硅藻),最后换算为某个种类的硅藻在单位体积中的数量。

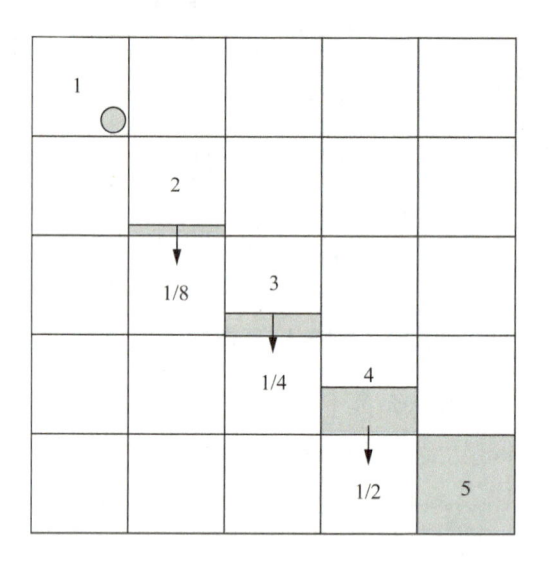

图 3.6　简化对角线法

藻类计数取 0.1 mL,在 (10×40)～(10×60) 倍显微镜下用 0.1 mL 的计数框进行计数,计数 50～300 个视野。

常规计数方法的浮游藻类计数总量应在 500 个以上,优势种类计数量在 50 个以上,藻类细胞残体不予计数,未完成细胞分裂的按一个细胞计。一个标本片应尽量快速完成鉴定,一般在 40 min 左右标本片会形成气泡,影响观察,需要再次取样分析。

3.2　结果计算与表示

藻类群落分析方法有非度量多维尺度分析、聚类分析、相似性分析、相似性百分比分析等。

藻类群落特征参数包括物种多度、密度、Shannon-Wiener 指数(多样性指数)和均匀度指数。

采样点位中着生藻类的密度按照公式(3-1)计算：

$$N_p = \frac{n_p \times V}{V_0 \times A_p} \tag{3-1}$$

式中：N_p——单位面积上着生藻类的细胞数量(cells·cm^{-2})；

n_p——试样中着生藻类的细胞数量(cells)；

V_0——镜检吸取试样的体积(mL)；

V——着生藻类样品定容体积(mL)；

A_p——采样面积(cm^2)。

根据《淡水浮游藻类监测技术规范》(DB32/T 4005—2021)中规定的藻类密度计算方法，把计数所得结果按公式(3-2)换算成每升水中浮游藻类的细胞数量：

$$N = \frac{A}{A_c} \cdot \frac{V_s}{V_a} \cdot n \tag{3-2}$$

可按标准中所列常用计数框规格简化为：

$$N = \frac{V_s}{A_c} \cdot 4\,000n \tag{3-3}$$

式中：N——每升水中浮游藻类的细胞数量(cells·L^{-1})；

A——计数框面积(mm^2)；

A_c——计数面积(即视野面积×视野数或计数格面积×计数格数)(mm^2)；

V_s——1 L 水样浓缩后的样品体积(mL)；

V_a——计数框体积(mL)；

n——计数所得的浮游藻类的细胞数。

(1) 着生藻类

依据公式(3-4)，将定量计数的各种类的个体数进行计算，并换算为 1 cm^2 基质上着生藻类个体数量。

$$N_i = \frac{C_1 \cdot L \cdot n_i}{C_2 \cdot R \cdot h \cdot S} \tag{3-4}$$

式中：N_i——单位面积 i 种藻类的个体数(个·cm^{-2})；

C_1——标本定容水量(mL)；

C_2——实际计数的标本水量(mL)；

L——藻类计数框每边的长度(μm)；

h——视野中平行线间的距离(μm);

R——计数的行数;

n_i——实际计数所得 i 种藻类个体数;

S——刮取基质的总面积(cm^2)。

(2) 着生原生动物

根据定量计数结果,依据下列公式,求出单位面积各种类的个体数,一般以个·cm^{-2} 表示。

$$N_i = \frac{n_i}{S} \tag{3-5}$$

式中:N_i——单位面积 i 种原生动物的个体数(个·cm^{-2});

n_i——在显微镜中数得种(属)的个体数;

S——观察人工基质的面积(cm^2)。

(3) 生物量分析

浮游植物生物量一般按体积来换算。这是因为浮游植物个体体积小,直接称重较困难,且其细胞相对密度多接近于1,可用形态相近似的几何体积公式计算细胞体积。其细胞体积(cm^3)相当于细胞质量(g),这样体积值(μm^3)可直接换算为质量值($10^9 \ \mu m^3 \approx 1$ mg 鲜藻)。

下列体积公式,可供计算生物量时参考。

圆锥体:$V = \frac{1}{3}\pi R^2 h$;

圆柱体:$V = \pi R^2 h$;

球体:$V = \frac{4}{3}\pi R^3$;

椭圆体:$V = \frac{4}{3}\pi ab^2$(a 为长轴半径,b 为短轴半径);

长方体或正方体:$V = abh$ 或 a^3;

硅藻细胞的计算通式:$V =$ 壳面面积×带面平均高度;

不规则藻类可分为几个部分计算。

每种藻类至少随机测量20个以上,求出这种藻类个体重的平均值,一般都制成附表以供查找。此平均值乘以1 L水中该种藻类的数量,即得到1 L水中这种藻类的生物量(mg·L^{-1})。

由于同一种类的细胞大小可能有较大的差别,同一属内的差别更大,因此必须实测每次水样中主要种类(即优势种)的细胞大小并计算平均质量。

浮游藻类优势种每个种类至少随机测定 30~50 个,然后求平均体积,根据"$10^9 \mu m^3 \approx 1\ mg$ 鲜藻"的换算关系把浮游藻类细胞体积换算为生物量($mg \cdot L^{-1}$,湿重)。其他非优势种和大型的种类可根据已有资料查得相应浮游藻类的体积,求得生物量。

在要求快速报送生物量数据的情况下,可按大、中、小三级的平均质量计算。极小的(粒径<5 μm)为 0.000 1 μg/个;中等的[粒径 5~10(不含 10)μm]为 0.002 μg/个;较大的[粒径 10~20(不含 20)μm]的为 0.005 μg/个。

多度表示藻类种群在群落的个体数量,国内多采用 Drude(德氏)的七级制多度,如表 3.3 所示。

表 3.3　Drude 七级制多度

符号	个体数量	代码
Soc.	极多	7
Cop. 3	很多	6
Cop. 2	多	5
Cop. 1	尚多	4
Sp.	少	3
Sol.	稀少	2
Un.	个别	1

4　结果报告

可按中国科学院水生生物研究所胡鸿钧等编著的《中国淡水藻类》一书中分类顺序排列,并按规定的方法进行分析,得出藻类监测和评价的结果。

第二节　鱼类

1　相关概念

鱼类分为两个总纲:

无颌总纲及有颌总纲,无颌总纲包括圆口纲、甲胄鱼纲,有颌总纲包括盾皮鱼纲、软骨鱼纲、辐鳍鱼纲。

内陆鱼类：

指终生生活在内陆江河、湖泊、水库和湿地等淡水或咸水水体的鱼类。在江海、溯河洄游鱼类，离开内陆水域无法完成其生活史的鱼类，在陆封型水体中生活的鱼类也被视为内陆鱼类。

特有种：

指分布仅局限于某一特定的地理区域，而未在其他位置出现的物种。

珍稀濒危物种：

指《国家重点保护野生动物名录》[国家林业和草原局农业农村部公告(2021年第15号)]中的一级和二级重点保护物种、各省(直辖市)发布的省级重点保护物种和在《中国生物多样性保护红色名录——脊椎动物卷(2020)》中评估为易危(VU)、濒危(EN)或极危(CR)等级的物种。

2 采样方法

2.1 采样准备

选择合适的采样江段，联系渔民。

2.2 工具准备

(1) 量鱼板(或尺)(见图3.7)；
(2) 电子天平(精确到0.1 g)；
(3) 数码照相机；
(4) 镊子、手术剪等解剖工具(见图3.8)；
(5) 解剖盘(见图3.9)；

图 3.7　量鱼尺　　　　　　　图 3.8　解剖工具

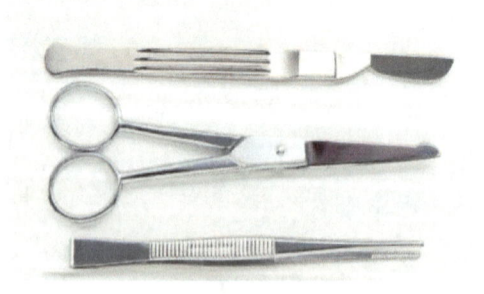

图 3.9　解剖盘

（6）塑料水桶、盆、白色毛巾；
（7）油性记号笔、中性笔、铅笔；
（8）渔获物样本信息记录表；
（9）福尔马林、量杯、带盖塑料标本桶；
（10）注射用针筒、口罩。

2.3　采样环境信息采集

在采样时间前到达采样地点，核对采样点坐标，测量采样点水温、pH 值、透明度、溶解氧等参数，并记录在信息记录表表上。对采样江段的沿岸带植被、底质（大石块、砾石、沙、淤泥）、河道弯曲度等环境信息进行拍照记录。

2.4　样本收集

（1）调查网具应以定置刺网和饵钩为主，兼顾地笼、游钓等多种渔获方式。记录网具规格、放置时间等。
（2）收集渔获物放置在塑料桶内，尽快带回驻地处理。
（3）将一次收集到的鱼类样本摆在解剖盘中，准备进行信息采集。

3　样本处理及信息采集

3.1　准备工作

（1）清洁工作台面，放置电子天平、解剖盘，解剖盘上铺上白色毛巾。
（2）在解剖盘中间偏下的位置放置量鱼板（或尺）。
（3）戴上新的一次性乳胶手套。

（4）将鱼类样本放在电子天平上，拍照记录天平读数。图片编号格式为：采样点首字母缩写＋采样日期（年月日）＋样本编号（000）＋图片编号（00）。

（5）将鱼类样本侧放在解剖盘内的量鱼板（或尺）上方，不要覆盖刻度。用镊子整理好鱼尾、鱼鳍和口须的位置，使其全部出现在视野中，拍照记录。

3.2 图像信息采集

（1）拍照应在光线较好的自然光环境中，相机镜头垂直于水平面。

（2）鱼类样本标准侧面照 1 张（包含体长信息），清晰度应满足可以从图像上读数。

（3）鱼类样本称重照 1 张，清晰度应满足可以从图像上读数。

（4）头部细节照，应包含吻部（口的位置、大小、形状及吻部的细节等）、口须（长度）、眼睛（大小、位置）等。

（5）尾部细节照，应包含尾柄、尾部分叉等细节。

（6）鳍条细节照，应可以数出鳍条分支数。

（7）其他特殊要求，如腹棱、背部等。

3.3 样本保存

（1）鱼类样本在信息采集后应当保存，以备鉴定对照使用。

（2）鱼类样本应保存在 8‰～10‰ 的福尔马林中，放置在密封的标本桶中。较大个体还需要用注射器向鱼体内注射适量相同浓度的福尔马林。

（3）用记号笔在标本桶上注明采样日期、采样地点、采样人等信息。

4 鱼类测定指标

4.1 调查方法

（1）现场捕获法

野外采样必须以现场捕获法为主要采集方法。调查团队根据采样点生境状况，选择适宜的采样方法和工具捕获鱼类。用现场捕获法调查采样时，需记录采样点的地理信息、生境状况和威胁因素，以及使用工具的类型、规格、使用时间和捕获时长。捕获时应注意适度取样，减少对物种资源的破坏。禁止使用对鱼类栖息地造成破坏的毒鱼、炸鱼等非法手段捕获鱼类。

（2）渔获物调查法

渔获物调查法应作为现场捕获法的补充。渔获物调查法应直接从渔民处收集所有鱼类样本,收集时应注意了解所获鱼类来源、记录当地名称、了解产量等情况。

(3) 补充调查法

除现场捕获鱼类制作标本之外,可从码头、市场、饭店等地的渔民、鱼贩、商家等处收集鱼类个体用于制作标本,收集时应注意了解所获鱼类来源、记录当地名称、了解产量等情况。

4.2 鱼类测定指标

鱼类测定指标主要包括:鱼类群落长度谱、目标种类和非目标种类长度谱。

(1) 鱼类群落长度谱

利用每个种类的数量和生物量数据构建长度谱,假定种类 i 和年份 j,用第 j 年的 i 种类总渔获生物量 W_{ij} 除以总渔获尾数 N_{ij},得到个体种类的平均体质量(W)。假定种类等速生长($W_{ij}=0.001 \times L^3$),将体长(L)以 8 刻度间隔划分,然后将该种类的渔获尾数分配到相应的长度组中,对体长组中值和对应的渔获总尾数进行以 10 为底的对数转换,最后对两者进行线性回归,依据体长频率分布计算斜率、截距和统计量。

(2) 目标种类和非目标种类长度谱

为分析目标种类和非目标种类在较长时间序列后的变化差异,首先将生物量正态化,即用体质量组所对应的生物量除以体质量组间隔宽度,使长度谱线性化,以获得适合的正态误差分布和方差齐次。由于体质量范围相差太大,采用横坐标为不等体质量间隔划分。然后对 $\log_2^X$(X:每一区间体质量中值)和对应的正态化后的 $\log_2^Y$(Y:平均个体体质量区间的总生物量)进行线性拟合。

非目标种类在群落中的相对重要性通常表现为数量或生物量的变化。非目标种类主要为经济价值相对较低和出现频率较少的种类,由于目标种类遭受的捕捞压力更大,其比例在数量或总生物量中降低幅度相对较大,非目标种类比例的年际变化通过 GLM 模型(General linear model,簇数形式为二项分布,连接函数为 logit)进行拟合。

4.3 结果计算与表示

具体表达式为:

$$\text{logit}\left(\frac{N_n(t)}{N(t)}\right)=a+c \times t \qquad (3-6)$$

$$\text{logit}\left(\frac{W_n(t)}{W(t)}\right) = a + c \times t \tag{3-7}$$

其中，$N_n(t)$ 和 $W_n(t)$ 分别代表第 t 年时的种类数量和生物量，时间 t 为解释变量；$N(t)$ 和 $W(t)$ 分别代表 t 年时可捕规格的鱼的数量和生物量；a 为常数；无效假设为 $c=0$，即群落没有变化；备择假设为 $c>0$，表明非目标种类比例增加，显著性检验采用自助法(Bootstrap)计算斜率分布。

鱼类群落空间采用非度量多维尺度(NMDS)法，群落优势种采用相对重要性指数对鱼类群落优势种进行度量，其计算公式如下：

$$IRI = (N+W) \times F \times 10^4 \tag{3-8}$$

式中：N——某物种的数量占总数量的百分比；

W——某物种的质量占总质量的百分比；

F——此物种在调查中出现的次数占总调查次数的百分比。

鱼类在群落中的重要性由相对重要性指数(IRI)来判定：$IRI \geqslant 1\,000$ 为优势种；$1\,000 > IRI \geqslant 100$ 为重要种；$100 > IRI \geqslant 10$ 为常见种；$10 > IRI \geqslant 1$ 为一般种；$IRI < 1$ 为少有种。

第三节 浮游动物

1 相关概念

浮游动物：在水中浮游生活的，不具备游泳能力或者游泳能力弱的一类动物类群，主要包括原生动物(Protozoa)、轮虫(Rotifer)、枝角类(Cladocera)、桡足类(Copepod)。浮游动物重要类群的主要特征如表 3.4 所示。

表 3.4 浮游动物重要类群的主要特征

类群	轮虫类	枝角类	桡足类
典型成体体长/mm	0.2~0.6	0.3~3.0	0.5~5.0
最大个体体长/mm	1.5	5.0	14.0
食物大小范围/μm	1~20	1~50	5~100
过滤率	很低	高	低
对脊椎动物的易感性	很低	高	低

分类单元：物种分类工作中的客观操作单位，有特定的名称和分类特征，主要包括门（Phylum）、纲（Class）、目（Order）、科（Family）、属（Genus）、种（Species）等。

种类数：水样中浮游动物的物种数。

密度：单位体积水样中某种（类）或全部浮游动物的个体数。

生物量：单位体积水样中浮游动物的质量。

2 采样方法

2.1 定量样品采集

（1）分层采样应满足以下要求：

①水深小于 5 m 或者混合均匀的水体，在水面下 0.5 m 处采样；

②水深 5～10 m 时，分别在水面下 0.5 m 处和透光层底部采样（透光层深度以透明度的 3 倍计），取分层样品充分混合后的混合样；

③水深大于 10 m 时，分别在水面下 0.5 m、1/2 透光层深度和透光层底部采样，取分层样品充分混合后的混合样。必要时可根据分层中各层生物种类和丰度差异，酌情调整分层数量。

浮游生物分层采样按照由浅到深的顺序进行，记录分层采样深度。其他采集要求参照 HJ 1216—2021 相关规定执行。

水深 20 m 以上深层样品的采集，宜使用专用的深水采样设备，如颠倒式采水器。

如需监测浮游生物垂直分布情况，可增加采样层，从表层到底层等间距分层。

（2）定量样品采集方法

原生动物和轮虫定量样品的采集，采水量以 1 L 为宜，或采用浮游植物的定量样品。

枝角类和桡足类定量样品的采集，采水量以 5～50 L 为宜，视浮游动物密度而定。

一般情况下，透明度较高、浮游动物密度较低时宜增加采水量。水样经 25 号浮游生物网过滤浓缩后，将浓缩样品装入 100 mL 采样瓶中，以实验用水清洗浮游生物网内侧 2～3 次，将冲洗浓缩液收集至同一采样瓶中。当浮游生物密度较低或需要采集的浮游生物量较大时，可使用浮游生物采样泵（见图 3.10）采集。

2.2 定性样品采集

（1）浮游植物、原生动物和轮虫用 25 号浮游生物网采集,枝角类和桡足类使用 13 号浮游生物网采集。

（2）深水型湖库宜在透光层进行垂直采样,采用自下而上拖动采集方式,将浮游生物网从透光层底部缓慢提升至表层,采集透光层各水层混合水样。

（3）其他采集要求参照 HJ 1216—2021 中相关规定执行。

（4）定性采集方法:定性样品应在定量样品采集结束后采集。浮游动物中原生动物和轮虫的定性采集同浮游植物(共用浮游植物定性样品进行原生动物和轮虫的鉴定)。枝角类和桡足类的定性样品用 13 号浮游生物网(见图3.11)在水面下划"∞"形捞取,收集网内保留的样品至 100 mL 标本瓶,加 10% 福尔马林固定后带回实验室进行种类鉴定。

图 3.10　浮游生物采样泵　　　　图 3.11　浮游生物网

2.3 固定与保存

（1）定性样品固定:原生动物和轮虫定性样品宜尽快开展检测;在 24 h 内开展活体检测的样品可不加固定剂;在 24 h 后检测的样品宜添加固定剂;参照 HJ 1215—2021 和 HJ 1216—2021 中相关要求执行。

（2）定量样品固定:参照 HJ 1215—2021 和 HJ 1216—2021 中相关要求执行。

3 浮游动物检测指标

3.1 浮游动物的监测

(1) 监测原则

①科学性原则:淡水浮游动物监测应客观、科学地反映监测对象的实际状况,符合生态学和环境科学的基本原理和要求。

②可操作性原则:淡水浮游动物监测应具有可操作性及实施性,要充分利用最少的监测点位和人力、物力、时间的投入获得最有效的监测结果。

③持续性原则:考虑到生物群落演替具有长期性、复杂性等特点,监测断面(点位)、方法、时间和频次等一经确定,应保持延续性,对水生态环境状况进行持续跟踪。

④保护性原则:监测以保护和恢复为最终目标,因此在监测过程中应避免对野生生物造成伤害,避免超出客观需要的采样。

⑤安全性原则:野外监测相关人员应接受专业培训,并做好安全防护措施。

(2) 监测流程

浮游动物监测流程见图 3.12。

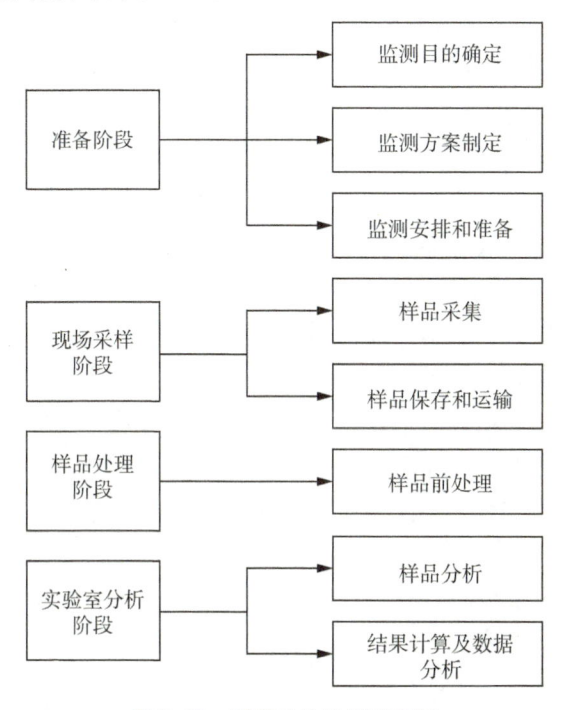

图 3.12 浮游动物监测流程图

3.2 样品前处理

原生动物、轮虫需沉淀浓缩,操作方法参照 HJ 1216—2021 中相关要求执行。

对于水华暴发、高浊度或杂质较多的样品,检测前宜将样品适当稀释或者使用市售曙红溶液染色,便于在显微镜下观察和计数浮游动物。

经过 25 号浮游生物网过滤的枝角类和桡足类样品,不能作为原生动物及轮虫的定量分析样品。

(1) 定性样品

原生动物定性样品的鉴定参照浮游植物的鉴定方法进行;轮虫定性样品鉴定时用吸管从瓶底吸取约 1 mL 样品放于 1 mL 浮游生物计数框中,在显微镜下观察鉴定;枝角类和桡足类定性样品鉴定时用吸管从瓶底吸取约 5 mL 样品放于 5 mL 浮游生物计数框中,在显微镜下观察鉴定。浮游动物优势种鉴定到种,其他种类鉴定到属。

对于不易鉴定的轮虫种类,可用市售次氯酸钠溶液将轮虫除口器外的结构溶去,通过观察口器的结构鉴定。使用体视显微镜鉴定枝角类和桡足类,利用解剖针解剖枝角类和桡足类特征部位,其中枝角类解剖后腹部,桡足类中的哲水蚤解剖雄性第五胸足,剑水蚤解剖雌性第五胸足和第四胸足。将解剖的特征部位放在载玻片上,盖上盖玻片,在显微镜20×或40×物镜下观察鉴定。

(2) 定量样品

①原生动物:将浓缩样品充分摇匀,用微量移液器准确吸取 0.1 mL 样品,置于 0.1 mL 浮游生物计数框内,在显微镜 20×物镜下全片计数(见图 3.13)。同一样品取样计数 2 次,2 次计数结果的相对偏差应在±15%以内,否则应补充取样计数,计算相对偏差在±15%以内的 2 次计数结果的平均值。

②轮虫:将浓缩样品充分摇匀,用微量移液器准确吸取 1 mL 样品,置于 1 mL 浮游生物计数框内,在显微镜 20×物镜下全片计数。同一样品取样计数 2 次,2 次计数结果的相对偏差应在±15%以内,否则应补充取样计数,计算相对偏差在±15%以内的 2 次计数结果的平均值。

③枝角类和桡足类:一般情况下,浓缩样品中的枝角类和桡足类应全部计数,残体不计数。当样品中枝角类和桡足类的密度过高时,建议稀释后再计数。每次计数用微量移液器吸取 5 mL 样品,置于 5 mL 浮游生物计数框内,在显微镜 4×或 10×物镜下计数,计算多次计数结果的总数。

3.3 浮游动物监测

浮游动物的采集及处理依据张觉民与何志辉主编的《内陆水域渔业自然资源调查手册》、章宗涉与黄祥飞编著的《淡水浮游动物研究方法》、黄祥飞主编的《湖泊生态调查观测与分析》以及《水质　湖泊和水库采样技术指导》(GB/T 14581—93)等标准进行。

（1）检测方法

浮游动物的鉴定及计数在显微镜下进行,混匀后取出 0.1 mL 样品置于计数框中进行原生动物的镜检;混匀后取出 1.0 mL 样品置于计数框中进行轮虫的镜检;枝角类和桡足类则在进行进一步浓缩后用 1.0 mL 或 5.0 mL 计数框对所有沉淀物进行镜检。

（2）检测结果

定量结果包括:浮游动物种类组成、密度、生物量、多样性指数(Shannon-Wiener 指数)和均匀度指数(Pielou 指数)。定性结果包括浮游动物种类组成。了解水体中浮游动物的群落结构和多样性,发现水体富营养化的重要指示种,以便为监测和控制工作提供依据。最典型的研究方法是将浮游动物的数量或多样性指数与水环境的物理化学指标或富营养指数进行相关分析,建立二者的数量关系式。此外,可以从浮游动物群落结构组成的角度来观察和分析浮游动物与富营养化之间的关系。浮游动物作为水生环境中食物链的重要组成部分,其种类组成与数量变化与其他水生生物(如浮游藻类、捕食性鱼类、底栖动物等)有密切的关系,同时浮游动物还受水环境本身物理化学因素的制约。

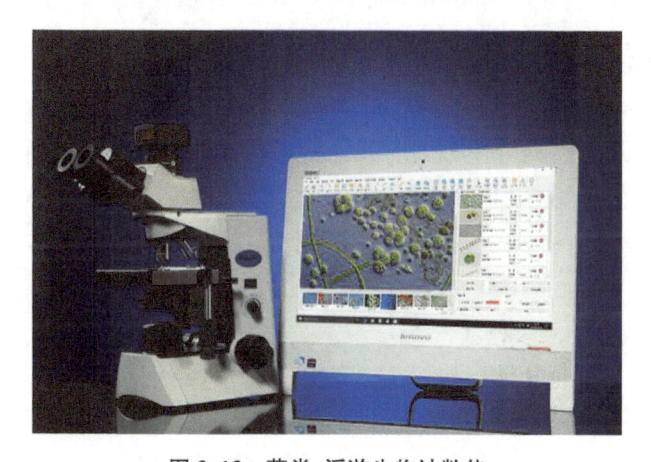

图 3.13　藻类、浮游生物计数仪

3.4 结果计算与表示

将样品带回实验室沉淀 48 h 后浓缩定容至 30 mL,然后分别吸取 0.1 mL(计数原生动物)和 1 mL(计数轮虫)的浓缩液注入 0.1 mL 和 1 mL 的计数框中,在 10×20 的放大倍数下计数 2 次取其平均值,然后按下式换算单位体积中原生动物或轮虫的个体数量:

$$N = \frac{V_s \times n}{V \times V_a} \tag{3-9}$$

式中:N——1 L 水中浮游动物的个体数(个·L^{-1});

V——采样体积(L);

V_s——沉淀体积(mL);

V_a——计数体积(mL);

n——计数所得的个体数。

Shannon-Wiener 多样性指数公式为:

$$H' = -\sum_{i=1}^{s} P_i \log_2 P_i \tag{3-10}$$

Pielou 均匀度指数公式为:

$$J = \frac{H'}{\log_2 S} \tag{3-11}$$

式中:S——浮游动物种类总数;

P_i——第 i 种的个体数与样品中总个数的比值 $\left(\frac{n_i}{N}\right)$。

浮游动物生物量的测定:

由于浮游动物大小相差极为悬殊,因此不分大小、类别而只列出一个浮游动物总数有较大的片面性,不能客观地评价水体的供饵能力。为了正确地评价浮游动物在水生态结构、功能和生物生产力中的作用,生物量的测算显得尤为必要。目前,测定浮游动物生物量的方法主要有体积法、排水容积法、沉淀体积法和直接称重法。

(1) 体积法

本方法就是把生物体当作一个近似几何图形,利用几何图形的求体积公式获得生物体积,并假定相对密度为 1,得到体重。这种方法在原生动物、轮虫的生物量测定中广为应用。轮虫的体形有圆形、椭圆形、球形、矩形、锥形等。

在活体状态下,在解剖镜下将所需的轮虫种类用毛细管吸出后放在载玻片上,加入适量的麻醉剂或苏打水,使其呈麻醉状态;或将玻片上的水徐徐吸去,吸到轮虫仅能作微小范围运动为止。然后把载玻片放在显微镜下用目镜测微尺测量其长、宽和厚度,亦可通过显微镜微调进行近似测量。

(2) 排水容积法

本方法根据水不可压缩的原理,用一根改短的滴定管(直径 1.5 cm、长 20 cm)和一管状物样品容器(由黄铜框架和孔径为 112 μm 的网衣组成)进行测定。先把样品容器放入上述改短了的已知液体体积的滴定管中以获得空容器的体积,然后把采得的浮游动物放入该容器,尽量用力甩出黏附在样品空隙中的液体量其体积,如此重复 5 次,平均后则获得浮游动物的体积。

(3) 沉淀体积法

本方法很简单,把用网具捞取的浮游动物样品放在有刻度的滴定管中,经一定时间沉淀后读出沉淀体积。

(4) 直接称重法

体积法和容积法获得的只是近似值,有时误差较大。直接称重法就是用微量天平直接称量生物体的体重,可以测定湿重或者干重。

原生动物、轮虫体重的测定方法:

先将滤膜浸湿,用真空泵抽去多余的水分,称取滤膜的湿重。将一定体积剔除杂质的样品倒入放有称重过滤膜的滤器中,用真空泵抽去多余的水分,称取其重量,两者相减为样品中原生动物或轮虫的湿重。将载有原生动物或轮虫的滤膜放在恒温干燥箱中(70 ℃左右),干燥 24 h 后称其干重。

甲壳动物体重的测定方法:

把新鲜的或用 4% 福尔马林固定的标本,通过不同孔径的铜筛作初步分级,筛选出不同的规格级。在解剖镜下挑选体型接近的个体集中在一起,根据个体的大小确定称重个体的数量,一般为 30~50 个,体长小于 0.8 mm 的个体则称重 150 个以上。用真空泵抽去多余的水分,称其湿重;在恒温干燥箱中干燥 24 h,再放在干燥器中 2 h,称其干重。

卵的质量:

枝角类的卵一般较大,可直接从孵育囊中取出,称其湿重和干重。桡足类的卵一般较小,但均为球形,用体积法就可获得较佳的结果。用目镜测微尺量出卵的平均直径(D)后,代入球体公式 $\left(V=\frac{1}{6}\pi D^3\right)$ 便可求出其体积 V,再按相对密度为 1.05 求出卵的质量。桡足类的卵重还可先根据怀卵雌体与非怀卵雌体质量之差获得卵囊的质量,再除以卵囊的卵数,则获得实际卵的质量。

第四节　着生生物

1　相关概念

着生生物即周丛生物,指生长在浸没于水中的各种基质表面上的有机体群落。

着生生物分为微型和大型两类,微型着生生物主要包括细菌、藻类、原生动物、轮虫和线虫等,大型着生生物几乎包括海洋生物各主要门类。

2　采样方法

同藻类。

3　着生生物检测指标

(1) 着生生物数量丰度

生物密度以每平方米出现的个体数(个·m^{-2})表示,生物量以每平方米生物的质量(g·m^{-2})表示,检测指标主要包括多样性指数(H')、均匀度指数(J)、丰富度指数(D)和优势度(Y)。

(2) 结果计算与表示

Shannon-Wiener 多样性指数公式为:

$$H' = -\sum_{i=1}^{s} P_i \log_2 P_i \tag{3-12}$$

Pielou 均匀度指数公式为:

$$J = \frac{H'}{\log_2 S} \tag{3-13}$$

丰富度指数公式为:

$$D = \frac{S-1}{\ln N} \tag{3-14}$$

优势种的优势度公式为:

$$Y = \frac{n_i}{N} f_i \tag{3-15}$$

根据种类优势度公式计算各种生物的优势度,将 $Y>0.006$ 的生物定为优势种。上述公式中:n_i——第 i 种的数量;

N——采集样品中的所有种类总个体数;

S——采集样品中的种类总数;

P_i——第 i 种的个体数与样品中的总个体数的比值($n_i \cdot N^{-1}$);

f_i——该种在各样品中出现的频率。

第五节　底栖生物

1　相关概念

底栖动物是指生活史的全部或大部分时间生活于水体底部的水生动物群,多为无脊椎动物,按其尺寸分大型底栖动物和小型底栖动物。

其栖息的形式多为固着于岩石等坚硬的基体上和埋没于泥沙等松软的基底中。此外,还有附着于植物或其他底栖动物体表的,以及栖息在潮间带的底栖种类。

2　采样方法

多数底栖动物长期生活在底泥中,具有区域性强、迁移能力弱等特点。它们对于环境污染及变化通常少有回避能力,其群落的破坏和重建需要相对较长的时间;多数种类个体较大,易于辨认;不同种类底栖动物对环境条件的适应性及对污染等不利因素的耐受力和敏感程度不同。根据上述特点,利用底栖动物的种群结构、优势种类、数量等参量可以确切反应水体的质量状况。

由于底栖动物生活在水体底部,底质的形态、性质(如岩石、砾石、沙或淤泥等)对其分布影响很大。因此,在确定采样点时(特别是河流)要尽量选择相似的底质类型,并注意其他水体局部特征的差异。

底栖动物不仅活动范围小,而且多半生活周期长,例如1年1个世代或2~3个世代,有的种类个体生活史持续2~3年。常年的调查结果表明:底栖动物有明显的季节变化,其群落组成在年度内有着一定程度的优势种类的更替现象,数量也有变动。因此每季度调查或测定一次是适宜的。如果考虑工作量和人力、物力方面的限制,一年调查两次是必须的,可定为春季(4~5月)和秋季(9~

10月)。

2.1 采样工具及采样方法

(1) 定量采样

定量采样可以客观地反映河流、湖泊、水库等水体底栖动物不同部位的种类组成和现存量,并以每平方米为单位进行统计和计算。目前常用的底栖动物采样设备主要有彼得逊采泥器(见图 3.14)和人工基质篮式采样器(见图 3.15)。

彼得逊采泥器也称蚌斗式采泥器。此采泥器多用于湖泊、水库及底质非砾石且较松软的河流。彼得逊采泥器质量为 8～10 kg,每次采集面积为 $\frac{1}{16}$ m² 或 $\frac{1}{40}$ m²,每个采样点至少采样 2 次。使用时将采泥器打开挂好活钩,轻轻上提,这时采泥器的两铁勺自动闭合,将所采泥样夹在勺内,多余的水自每瓣铁勺的小孔中流出,待提离水面后倾入桶(或盒)内,用 40 目分样筛分次筛选,把筛内剩余物装入塑料袋或其他无毒容器内带回实验室,倾入白色解剖盘中,用镊子将底栖动物拣出,柔软、较小的动物用移液管或者毛笔等拣出。采泥器提出水面后,如发现两铁勺未关闭,则需另行采取。

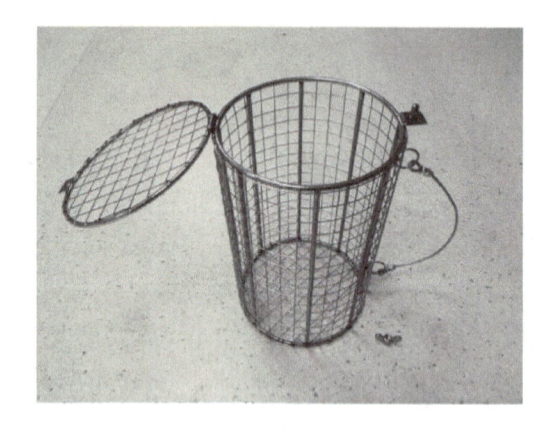

图 3.14 彼得逊采泥器   图 3.15 人工基质篮式采样器

人工基质篮式采样器主要用于河流及溪流中。这种采样器不受底质的限制。采样器是用 8 号或 14 号铁丝编成的圆柱形铁丝笼,直径 18 cm、高 20 cm(或者直径 16 cm、高 18 cm),网孔面积 4～6 cm²。使用时笼底铺一层 40 目尼龙筛绢,内装洗净的 7～9 cm² 的卵石(总质量约 6～7 kg),在每个采样点的底部放两个铁笼,用蜡棉绳或者尼龙绳固定在桥墩、航标、码头或者木柱上,14 天后取出。卵石倒入盛有少量水的桶内,用毛刷将卵石上和筛绢上的底栖动物洗下,再用 40 目分样筛筛选洗净,放入白色解剖盘内,将生物拣出。

由于基质(卵石及砾石)取自河流或溪流的岸边,同水中的底质相同,加上 14 天的收集,能恰当地反映该地区底栖动物的群落结构。

(2) 定性采样

在各种水体的岸边浅水区,可用手拣出卵石、石块等底质,用镊子取下标本,放入瓶内固定;也可用手抄网(柄长应大于 1.3 m)将底泥捞起或用铁铲铲出底泥,拣出标本。水较深的话,可用三角拖网(由铁制成的三角形带齿网口和 40 目筛绢制成)拖拉一段距离,也可以用彼得逊采泥器采集,过 40 目分样筛,将标本拣出固定。

2.2 样品的处理和保存

将采集到的底栖动物分门别类地放入标本瓶中,用不同的固定液固定。软体动物的螺、蚌可用 70% 的酒精固定,4～5 天后再更换一次酒精即可。如缺乏酒精也可以用 50% 的福尔马林固定,但务必加入少量苏打或硼砂,否则软体动物的钙质外壳会被酸性的福尔马林腐蚀。对于软体动物,也可去其内脏后将壳干燥保存。

昆虫幼虫及甲壳动物可放入小瓶中用 50% 酒精固定,再转入 70%～80% 的酒精中封存。昆虫成虫可制成干标本,放入密封的标本匣中并放入樟脑丸,以防发霉。环节动物的水蚯蚓、蛭类固定时容易收缩或断体,应先麻醉,使其呈舒展状态后再固定。麻醉可用硫酸镁或薄荷精,或者先用较低浓度的固定液,如 30% 的酒精或者 2% 的福尔马林,数小时后再逐渐过渡到正常的固定浓度。也可将动物放入玻璃容器加少量水,然后加 95% 的酒精 1～2 滴,每隔 10～20 min 再加入 1～2 滴直至虫体完全伸展,然后加入 10% 的福尔马林固定 1～2 天后移入 70% 的酒精中封存。如此固定的标本可保存很长时间。

3 底栖生物检测指标

3.1 监测方法

(1) 定性监测

软体动物须鉴定到种;水生昆虫至少鉴定到科;水生寡毛类和摇蚊幼虫至少鉴定到属。鉴定水生寡毛类和摇蚊幼虫时,应制片在解剖镜或低倍显微镜下进行,一般用甘油做透明剂。如需对小型底栖动物保留制片,可将保存在 75% 乙醇溶液中的标本取出,用85％、90％、95％、100％乙醇进行逐步脱水处理,一般每15 min更换一次,直至将标本水分脱尽再移入二甲苯溶液中透明,然后将标本置于载玻片上摆正姿势,用树胶或普氏(Puris)胶封片。

(2) 定量监测

每个采样点所采得的底栖动物应按不同种类准确地统计个体数。在标本已有损坏的情况下,一般只统计头部而不统计零散的腹部、附肢等。

(3) 生物量的监测

每个采样点采得的底栖动物按不同种类准确称重。称重前先把样品放置吸水纸上轻轻翻滚,吸去其体表水分直至吸水纸上没有水痕为止,大型双壳类应将贝壳分开去除壳内水分。软体动物可用托盘天平称重;水生昆虫和水生寡毛类应用电子天平称重。先称各采样点的总重然后再分类称重。

3.2 检测指标

(1) 底栖动物形态参数与摄食器官

底栖动物的体长、体宽(软体动物)及体高(软体动物)用游标卡尺测量(见图3.16)。摇蚊幼虫头壳的长和宽在显微镜下用目镜测微尺测量(见图3.17)。观察摄食器官的方法如下:

①在解剖镜下对寡毛类和摇蚊幼虫进行活体观察;软体动物培养于烧杯或水族箱中直接观察。

②寡毛类整体制成甘油封片;在解剖镜下切下摇蚊幼虫的头壳制成甘油封片。在显微镜下观察摄食器官并在画图仪下绘图。一些种类如蜻蜓目幼虫的摄食器官较大,在解剖镜下观察并拍照。软体动物在解剖镜下解剖,直接观察其摄食器官并绘图。

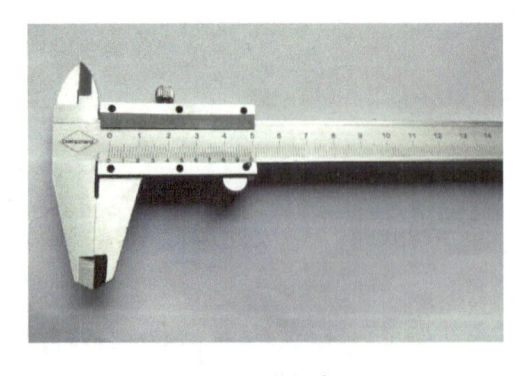

图3.16 游标卡尺　　　　图3.17 目镜测微尺

(2) 底栖动物种类与现存量

底栖动物鉴定到种或属。软体动物的鉴定参考刘月英编著的《中国经济动物志·淡水软体动物》,寡毛类的鉴定参考王洪铸编著的《中国小蚓类研究——附中国南极长城站附近地区两新种》和王业耀等编著的《中国流域常见水生生物图集》,水生昆虫的鉴定参考王业耀等编著的《中国流域常见水生生物图集》。

计数定量样品中底栖动物的数量并称重。大个体底栖动物(如双壳类)的湿重用精度为 1 g 的台秤测量;小个体底栖动物(如寡毛类)的湿重用精度为 0.0001 g 的电子天平测量;对于个体很小(体长<3 mm)而难以称量的底栖动物,其体重用体长-体重关系估算。底栖动物现存量以每平方米的量表示。

(3) 底栖动物摄食行为与食物资源种类观察

摄食行为与食物资源种类观察的目的是辅助底栖动物食性分析。个体较大的底栖动物培养于 90 mL 的玻璃杯(如腹足类、摇蚊幼虫等)或水族箱(如双壳类)中不定期观察其摄食活动;个体较小的底栖动物(如寡毛类)培养于培养皿中于解剖镜下观察其摄食活动。食物资源种类的形态在显微镜下观察。

3.3 结果计算与表示

底栖动物的密度按照如下公式计算:

$$N_b = \frac{1}{A_b} \times \frac{n_b}{r} \tag{3-16}$$

式中:N_b——单位面积中底栖动物的个体数(个·m^{-2});

A_b——采样面积(m^2);

n_b——底栖动物总个体数(个);

r——样品挑拣比例(%)。

底栖动物的生物量按照如下公式计算:

$$M_b = \frac{1}{A_b} \times \frac{m_b}{r} \tag{3-17}$$

式中:M_b——单位面积中底栖动物的生物量(g·m^{-2});

A_b——采样面积(m^2);

m_b——底栖动物总生物量(g);

r——样品挑拣比例(%)。

通常采用 TSI 指数、优势物种密度和生物量、优势度(Y)、相对重要性指数(IRI)、多样性指数和均匀度指数,以及 K-优势曲线评估各湖区大型底栖动物的生物多样性。

$$TSI(SD) = 10\left(6 - \frac{\ln SD}{\ln 2}\right) \qquad (3-18)$$

$$TSI(Chl\ a) = 10\left(6 - \frac{2.04 - 0.68\ln Chl\ a}{\ln 2}\right) \qquad (3-19)$$

$$TSI(TP) = 10\left(6 - \frac{\ln 48/TP}{\ln 2}\right) \qquad (3-20)$$

式中：TSI——卡尔森营养状态指数；

　　　SD——湖水透明度值(cm)；

　　　$Chl\ a$——湖水中叶绿素 a 浓度($mg \cdot m^{-3}$)；

　　　TP——湖水中总磷浓度($mg \cdot m^{-3}$)。

物种优势度指数(Y)表示大型底栖动物群落中某一物种在其中所占优势的程度，公式表达具体如下：

$$Y = \frac{n_i}{N} f_i \qquad (3-21)$$

式中：N——各采样点所有物种个体总数；

　　　n_i——第 i 种的个体总数；

　　　f_i——该物种在各个采样点出现的频率；

当 $Y > 0.02$ 时，该物种为群落中的优势种。

Shannon-Wiener 多样性指数 H'（H' 值与水质污染程度的关系见表 3.5）：

$$H' = -\sum_{i=1}^{s} \left(\frac{n_i}{N}\right) \ln\left(\frac{n_i}{N}\right) \qquad (3-22)$$

Pielou 均匀度指数 J：

$$J = \frac{H'}{H_{max}} = \frac{H'}{\ln S} \qquad (3-23)$$

式中：S——群落内的种类总数；

　　　n_i——第 i 个种的个体数；

　　　N——所有种类总个体数。

$$IRI = (相对生物量 + 相对丰度) \times 物种出现频率 \qquad (3-24)$$

表 3.5　H' 值与水质污染程度的关系

H' 值	污染程度
0～1.0	重污染
1.0(不含 1.0)～3.0	中度污染
>3.0	轻度污染至无污染

第六节　生态群落分析

1　非度量多维尺度分析(NMDS 分析)

NMDS 分析是一种将多维空间的研究对象简化到低维空间进行定位、分析和归类,同时又保留对象间原始关系的数据分析方法。NMDS 分析的结果应用 stress 参数进行评估:stress 小于 0.2 时,表示 NMDS 分析具有一定的可靠性;小于 0.05 则认为结果很好;小于 0.01 认为结果极好。分析过程:使用 R 语言 vegan 包进行 NMDS 分析,输入文件为样本的 OTU 丰度表格。

♯载入分析包
library(vegan)
♯载入分析数据
otu<－read.table("otu.txt",header＝T,row.names＝1,sep＝"\t")
♯对分析数据进行转置
otu<－t(otu)
♯进行 NMDS 分析
nmds<－metaMDS(otu)
♯保存 stress 结果
capture.output(nmds,file＝"Stress.txt")
♯保存 scores 结果
nmds_scores=scores(nmds,choices＝c(1,2))
write.table(nmds_scores,file＝"NMDS_scores.txt")

2　聚类分析

对于 K 均值聚类分析,输入 N 个数据样本,随机选取 K 个聚类中心,计算每个样本到 K 个聚类中心的距离并将对象分配到最近的聚类中心。重新选取 K 个聚类中心,判断与最近一次聚类中心是否一致,若是,计算每个样本到 K 个聚类中心的距离并将对象分配到最近的聚类中心直到否,最后输出 K 个聚类中心。对数据进行总和标准化处理,采用欧氏距离,使用最短距离法进行聚类分析。

总和标准化方法为:

$$X'_{ij} = \frac{X_{ij}}{\sum_{i=1}^{m} x_{ij}} (i=1,2,\cdots,m; j=1,2,\cdots,n) \tag{3-25}$$

$$\sum_{i=1}^{m} X'_{ij} = 1 (j=1,2,\cdots,n) \tag{3-26}$$

式中:X'_{ij}——总和标准化后的数据;

X_{ij}——第 i 样品的第 j 个指标。

欧氏距离计算:

$$d_{ij} = \sqrt{\sum_{k=1}^{n} (X_{ik} - X_{jk})^2} \ (i,j=1,2,\cdots,m) \tag{3-27}$$

SPSS 系统聚类分析:

在 SPSS 中打开数据,选择分析→分类→系统聚类,变量选择 f_1、f_2 得分,聚类选择个案,勾选输出统计量和绘图;设置统计量,默认选择即可,点击选择分类方法,如离差平方和法;绘制,勾选树状图,确定查看谱系图,分析聚类结果;改用不同的分类方法,得到谱系图进行综合分析;选取最为常用且更符合实际的离差平方和法进行分析。

3　典范对应分析

据 Braak 介绍,典型相关分析(CCA)基本思路是在对应分析的迭代过程中,每次得到的样方排序坐标值均与环境因子进行多元线性回归。CCA 要求两个数据矩阵,一个是植被数据矩阵,一个是环境数据矩阵。首先计算出一组样方排序值和种类排序值,然后将样方排序值与环境因子用回归分析方法结合起来,这样得到的样方排序值既反映了样方种类组成及生态重要值对群落的作用,同时也反映了环境因子的影响。再用样方排序值加权平均求种类排序值,使种类排序坐标值也间接地与环境因子相联系。其算法可由 Canoco 软件实现。CCA 排序步骤:任意给定样方排序初始值;计算种类排序值 Z_j 并用下式调试,使 Z_j 最大值为 100,最小值为 0;

$$Z_j^{(a)} = 100 \times \frac{Z_j - \min Z_j}{\max Z_j - \min Z_j} \tag{3-28}$$

再用加权平均法求样方新值:

$$y' = \frac{\sum_{j=1}^{N} X_{ij} Z_j^{(a)}}{\sum_{j=1}^{N} X_{ij}} \tag{3-29}$$

用多元回归法计算样方与环境因子之间的回归系数 b_k,这一步是普通的回归分析,用矩阵形式表示为

$$\boldsymbol{b} = (\boldsymbol{UCU}^\mathrm{T})^{-1} \boldsymbol{UC}(\boldsymbol{Z}^*)^\mathrm{T} \tag{3-30}$$

其中:$\boldsymbol{b}$ 为列向量,$\boldsymbol{b} = (b_0, b_1, \cdots, b_q)^\mathrm{T}$;$\boldsymbol{C}$ 是种类×样方原始数据矩阵列和 C_j 组成的对角矩阵;$\boldsymbol{Z}^*$ 为第三步的样方排序值;$\boldsymbol{U} = \{U_{kj}\}$。由最后一次迭代所求出的 $\boldsymbol{b}$ 被称为典范系数,它反映了各个环境因子对排序轴所起的作用的大小,是一个生态学指标。

计算样方排序新值 $Z_j (j = 1, 2, \cdots, N)$,

$$\boldsymbol{Z} = \boldsymbol{U} \boldsymbol{b} \tag{3-31}$$

对样方排序值进行标准化:

$$V = \sum_{j=1}^{N} C_j Z_j \Big/ \sum_{j=1}^{N} C_j \tag{3-32}$$

$$S = \sqrt{\sum_{j=1}^{N} C_j (Z_j - V)^2 \Big/ \sum_{j=1}^{N} C_j} \tag{3-33}$$

$$Z_j^{(a)} = \frac{Z_j - V}{S} \tag{3-34}$$

以 $Z^{(a)}$ 为基础回到第二步,重复以上过程,最后得到样方在第一排序轴上的坐标,种在第一排序轴上的坐标。第二排序轴的基本过程与第一轴一致,不同的是要进行正交化。计算环境因子的排序坐标。绘双序图,结果分析。

CCA 排序图解释：

箭头表示环境因子,箭头所处的象限表示环境因子与排序轴之间的正负相关性,箭头连线的长度代表着某个环境因子与研究对象分布相关程度的大小,连线越长,代表这个环境因子对研究对象的分布影响越大。箭头连线与排序轴的夹角代表这某个环境因子与排序轴的相关性大小,夹角越小,相关性越高。

第七节　生物多样性评价方法

1　指标体系法

遗传多样性评价标准：

在对遗传多样性进行评价时,采用数量遗传方法依据遗传基因特征表现,分为从种型情况、特有情况、古老残留情况三方面评价生物多样性的动态指标。

物种多样性评价标准：

物种多样性属群落组织水平特征包括群落中物种数、总个体数、物种多度、物种均有度等多个评价生物多样性的动态指标。

生态系统多样性评价标准：

生态系统多样性是生物群落多样性乃至整个生物多样性形成的基本条件,包括群落的组成、结构和动态等方面,具有生态类型多样性、生态稀有性、自然性、面积适宜性、生态系统稳定性、人类威胁等多个评价生物多样性的动态指标。

评价标准根据各指标在评价中的影响力差异给予不同的分值,确定满分为 100 分：遗传多样性 30 分,种型情况、特有情况、古老残留情况分别为 10 分;物种多样性 40 分,物种多度、物种相对丰度、物种濒危程度、生物种群稳定性、人类威胁分别为 8 分;生态系统多样性 30 分,生态类型多样性、生态稀有性、自然性、面积适应性、生态系统稳定性分别为 6 分。生物多样性分为 8 级：生物多样性极丰富(86～100),生物多样性丰富(76～85),生物多样性较丰富(66～75),生物多样性一般(56～65),生物多样性较贫乏(46～55),生物多样性贫乏(36～45),生物多样性极贫乏(26～35),生物多样不可逆性(＜25)。统计方法采用 SPSS 统计软件包处理数据。计量资料以 $\bar{X} \pm S$ 表示,采用 t 检验或配对 t 检验;计数资料采用卡方检验。$P < 0.05$ 为差异有统计学意义。

2 多样性指数法

传统的指标测度，传统的生物多样性主要侧重于群落多样性研究，Whittaker 提出了生物群落多样性的 3 个空间尺度，即 α、β、γ 多样性。指数法应用较为广泛的有 Simpson 多样性指数、Shannon-Wiener 指数以及 Pielou 均匀度指数等。Simpson 多样性指数也称优势度指数，对群落中常见物种的评价较为准确，但对稀有物种的贡献较小；Shannon-Wiener 指数与 Simpson 多样性指数正好相反，对常见物种的测度并不敏感。

有些评价还采用类比法，即选择保存得较好并与调查地区自然条件基本相同的地区作为参照样区，用样区的评价数据作为生物多样性指数的本底数据，对比各种不同的物种多样性特征，评价不同利用方式下植物物种组成与当地自然物种组成的差别和生物多样性的安全水平。

将研究区域内发现的物种数除以该区域内发现的任何物种的个体数量可以比较快速地得出一个数字。如果结果接近 1，那么可以认为该地区存在着非常高的生物多样性，因为每个被计数的个体都是不同的物种；如果该划分的结果接近于 0，则几乎所有被计数的个体都是同一物种，因此生物多样性非常低。此外，物种与区域面积关系也是一种用来衡量多样性的方法。

以种的数量表示多样性，D 表示种多样性指数，A 表示研究面积，S 为面积内的种数。

①Patrick 指数

$$D = S \tag{3-35}$$

②Gleason 指数

$$D = \frac{S}{\ln A} \tag{3-36}$$

③Dahl 指数

$$D = \frac{S - \overline{S}}{\ln Q} \tag{3-37}$$

式中：$\overline{S}$——样方平均数；

Q——样方数。

以种的数量和全部种的个体总数表示，S 为物种数，N 为全部种的个体总数。

①Margalef 指数

$$D = \frac{S-1}{\ln N} \qquad (3\text{-}38)$$

②Odum 指数

$$D = \frac{S}{\ln N} \qquad (3\text{-}39)$$

③Menhinick 指数

$$D = \frac{\ln S}{\ln N} \qquad (3\text{-}40)$$

以种的数量、全部种的个体总数和每个种的个体数表示。
①Simpson 多样性指数(指数值越大,说明群落多样性越高)

$$D = \sum_{i=1}^{S}\left(\frac{N_i}{N}\right)^2 \;(i=1,2,\cdots,S) \qquad (3\text{-}41)$$

②Pielou 指数

$$D = \frac{H'}{\ln S} \qquad (3\text{-}42)$$

式中:H' 为 Shannon-Wiener 指数,见公式 3-45。

③Hurlbert 指数,也叫种间机遇率

$$D = \sum_{i=1}^{S}\left(\frac{N_i}{N}\right)\left(\frac{N-N_i}{N-1}\right) \qquad (3\text{-}43)$$

④Hill 多样性指数

$$D_A = \sum_{i=1}^{S}\left(\frac{N_i}{N}\right)^{\frac{1}{1-A}} \qquad (3\text{-}44)$$

用信息公式表示的多样性指数。
Shannon-Wiener 多样性指数

$$H' = -\sum_{i=1}^{S} P_i \log_2 P_i \qquad (3\text{-}45)$$

式中:S——种数;

P_i——样品中属于第 i 种的个体比例,如样品总个体数为 N,第 i 种个体数为 n_i,则 $P_i = \frac{n_i}{N}$。

水生生态系统 Shannon-Wiener 指数评价结果对照如表 3.6 所示。

表 3.6　水生生态系统 Shannon-Wiener 指数评价结果对照

指数 H' 范围	级别	生物多样性状态	水体污染程度
$H'>3$	丰富	物种种类丰富,个体分布均匀	清洁
$2<H'\leqslant 3$	较丰富	物种丰富度较高,个体分布比较均匀	轻污染
$1<H'\leqslant 2$	一般	物种丰富度较低,个体分布比较均匀	中污染
$0<H'\leqslant 1$	贫乏	物种种类丰富度低,个体分布不均匀	重污染
$H'=0$	极贫乏	物种单一,多样性基本丧失	严重污染

3　差距分析法

差距分析法基本理论又叫 GAP 分析,是相对于濒危物种行动中精细过滤器而提出的粗略过滤器理论。这种方法试图和着眼于那些近灭绝种的局部行为的精细过滤器保护法相协调,在一个相对精过滤器更大的尺度下进行保护。GAP 分析用脊椎动物和植被群系组作为生物多样性的两个指示种。

其分析步骤如下。

第一步:为最终分析准备植被分布、动物分布和管理分布范围数据。

第二步:把植被分布和动物分布范围和管理分布范围相叠加,以确定研究对象分布范围,包括管理分布边界和属性。

第三步:从上面的叠加分析中,使用统计的方法,在每一个管理范畴内制作代表单个组分的属性表。

第四步:根据产生的结果合制作"GAP"样图。

精确度评估的内容:空间精确性、属性精确性、逻辑一致性、时间精确性。

精确度评估方法:

①对比物种名录。即对比 GAP 预测物种名录和同一地区实地考察所得到物种名录。

②用物种现有的记录比较。被用来做比较的评估数据必须是独立的,现有的记录识别以后,在 GIS 上处理,用于某些适合多边形分布的物种。用于评估的记录,一些用于制作分布图,一些用于进一步发展完善分布图。

③区域调查。区域调查为现有物种的存在性和丰富度这一完整独立的数据提供了主要来源,通过概率抽样,设计选择范围和区域,可以获得有关全部或部分资料,考虑到评估的客观性,备用资料数据的属性和基本的统计学和生物学假设必须是可行和可靠的。

第四章
仪器分析

第一节 色谱分离法

1 色谱分离法的发展史

19世纪,色谱法被化学家使用。俄国植物学家茨维特(Tswett)(见图4.1)首先对色谱法进行了详细描述。1906年茨维特在研究植物色素的组成时,把含植物色素即叶绿素(叶绿素 a 的分子结构示意图见图4.2)的石油醚提取液注入一根装有 $CaCO_3$ 颗粒的竖直玻璃管中,提取液中的色素被吸附在 $CaCO_3$ 颗粒上,再加入纯石油醚,任其自由流下,经过一段时间以后,叶绿素中的各种成分就逐渐分开,在玻璃管中形成了不同颜色的谱带,"色谱"(即有色的谱带)一词由此而得名。用机械方法将吸附色素的区带依次推出,各个区带的色素再分别用适当的溶剂洗脱下来,这种分离方法被称为色谱法,这根玻璃管被称为色谱柱。

图 4.1 茨维特(Tswett)

在研究的过程中,茨维特发现:石油醚极易溶解离析态的叶绿素和其他色素,但是却不能从植物的叶子中提取出色素;而乙醇(甚至只需要少量地添加在其他试剂中)就很容易直接从植物的叶子中提取出色素。

对此,茨维特觉得这并不是因为叶绿素"不溶于"石油醚,而"溶"于乙醇;也不是因为在使用乙醇提取叶绿素的过程中,叶绿素发生了化学变化才溶解的。

之所以发生了这样的现象,很可能是因为在溶解过程中植物组织的分子粒干扰了这一结果,植物组织的分子粒对色素也有吸附力。即因为石油醚对色素的溶解力小于植物组织的吸附力,而这种吸附力能被其他某些溶剂(乙醇)克服。因此,只需要在石油醚中添加少量无水乙醇就能将所有的色素提取出来。

上述分离方法属于吸附色谱法。茨维特用这一方法证明了叶绿素不是一种单一的物质,而是一种混合物。这一出色的工作,不仅破除了当时普遍认为叶绿素是一种单一物质的陈腐观念,而且为色谱法的创立奠定了坚实的科学基础。茨维特认为当混合物溶液流经吸附柱时,色素即被分成不同颜色的区带,复杂色素中的各个成分依次有规律地分布在色谱柱上,这样就有可能对它们进行定性和定量分析,这种分析方法被称为色谱分析法。

韦尔斯泰特曾利用当时最先进的色层分离法发现了叶绿素,并因此获得了1915年的诺贝尔化学奖。

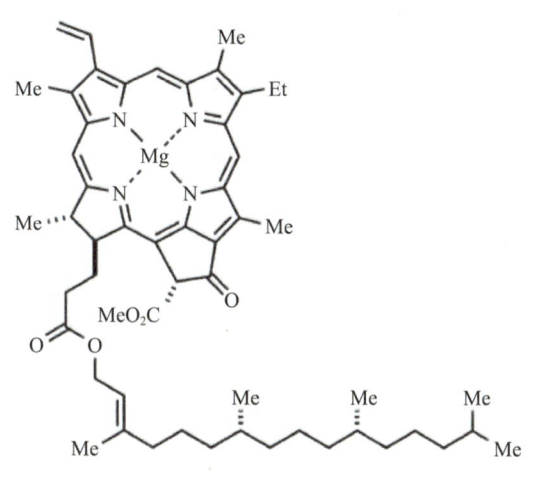

图 4.2 叶绿素 a 的分子结构示意图

色谱法(Chromatography)由希腊词颜色(Chroma)和记录(Graphein)合并而成。以后的研究和应用说明,无颜色的物质也可以用色谱法分离。

茨维特的这一发现不但引起了人们的注意,还促使人们对这种分离技术进行了不断地研究与应用。1935年,人工合成离子交换树脂的成功为离子交换色谱的广泛应用提供了物质基础。1938年,苏联 Lzmailov 等创立了薄层色谱法,并将此法用于药物分析。薄层色谱法用于无机物的分析是从20世纪50年代末开始的,而应用于稀土元素的分离则是在1964年由 Pierce 开始的。

1941年,Martin 和 Synge 把含有一定量水分的硅胶填充到色谱柱中,然后将氨基酸的混合物溶液加入柱中,再用氯仿(三氯甲烷)淋洗,结果各种氨基酸得到分离。这种实验方法与茨维特的方法虽然在形式上相同,但是其分离原理完全不同,这种分离方法被称为分配色谱法。

1944 年,Consden、Cordon 和 Martin 首先描述了纸色谱法。Martin 和 Synge 用此法成功地分离了氨基酸的各种成分。

1947 年,美国的 Boyd 和 Speding 等发表了一系列论文,报道了他们应用离子交换色谱法分离裂变产物和稀土元素混合物的情况。

1952 年,Martin 和 Synge 成功研究出气-液色谱法,并将蒸馏塔板理论应用到色谱分离中,进一步推动了色谱法的发展,目前这一方法已在科学研究和工业上得到了广泛应用,特别是在有机物的分析方面应用更加普遍。Martin 和 Synge 也因在色谱法的研究中作出的重大贡献而荣获 1952 年的诺贝尔化学奖。

1956 年,荷兰学者 van Deemter 在总结前人经验的基础上提出范第姆特方程(van Deemter Equation),使气相色谱的理论更加完善。1957 年,Golay 发明了高效能的毛细管柱,使色谱分离效能显著提高。20 世纪 50 年代末,Holme 将气相色谱与质谱联用,这是近代仪器分析发展的重要标志之一。

虽然经典的柱液色谱法能够分离性质相近的元素,但由于柱效低、分离速度慢而不能适应现代科学技术迅速发展的需要。20 世纪 60 年代末,法国的 G. Aubouin 和美国的 Scott 等,几乎同时各自创立了高效液相色谱法。高效液相色谱法是由现代高压技术与传统的液相色谱法相结合,加上高效柱填充物和高灵敏检测器所发展起来的新型分离分析技术。由于它具有高效、快速、高灵敏度以及宽的适应范围和大的工作容量等一系列特点,为分析化学中广泛应用柱液相色谱法开拓了广阔的前景。

高效液相色谱法与分光光度法、库仑法、荧光法和电导法等测定方法联用,可以使分离和检测实现自动化,现在 14 种镧系元素可以在 17 min 内达到定量分离。由于各种新色谱填充剂的研制成功以及新色谱技术的发展,高效液相色谱法已发展成为一种强有力的分离和分析手段,其发展速度已超过气相色谱,并实现了高效液相色谱-质谱联用。近年来,高效液相色谱法广泛应用于医学化学、药学、环境化学等领域,已成为极其有效的分析方法,对科学的发展作出了重大的贡献。

色谱法与其他分析方法的联用,促使分析灵敏度提高、鉴别能力增强、分析速度加快,而得到的大量数据需要电子计算机进行计算和存储,这促使色谱技术与电子计算机紧密结合起来,进一步促进了色谱与其他分析仪器联用技术的发展。

应用色谱法的目的是进行定量分析和分离单个纯物质。实际研究工作者根据分析目的,可采用气相色谱法、液相色谱法和薄层色谱法中的一种或几种相互联用。由于色谱法分析技术不断发展,这些方法所得信息的差别逐渐消失。仅从色谱峰的形状看,所得到的色谱图没有太大差别。但是,在适于分析的物质、检测方法及与其他分析仪器联用等方面,每种方法各有特点。

20世纪50年代初,我国的科技工作者就开展了气相色谱的研究与应用工作,数十年来在薄层色谱、气相色谱、毛细管色谱、高效液相色谱、联用技术、毛细管电泳色谱以及智能色谱等方面都取得了很大的成就,色谱技术在科学研究和国民经济建设中发挥了重要作用。

2 基本概念

(1) 相关定义

液相色谱法在最初的发展阶段是用直径很大的玻璃管柱,在室温和常压下,用液位差(用液位差计测量)输送流动相,被称为经典液相色谱法。但是这种方法柱效低,分离分析时间长,因此在经典液相色谱法的基础上,高效液相色谱法(High Performance Liquid Chromatography,HPLC)迅速发展起来。

HPLC与经典液相色谱法的区别是填料颗粒小并且非常均匀。小颗粒具有高柱效的优点,但同时会引起高阻力。此时为了完成分离动作,需要使用高压帮助流动相的输送。所以高效液相色谱法也被称作高压液相色谱法(High Pressure Liquid Chromatography,HPLC)。因为这种方法分析速度很快,还被称作高速液相色谱法(High Speed Liquid Chromatography,HSLP)。

组分:

混合物(包括溶液)中的各个成分。

流动相:

色谱过程中携带待测组分向前移动的液体。

固定相:

在色谱分离中固定不动、对样品产生保留的一相。

色谱峰:

物质通过色谱柱进到检测器后,记录器上出现的一个个曲线。

基线:

在色谱操作条件下,没有被测组分通过检测器时,记录器所记录的检测器噪声随时间变化的图线。

峰高与半峰宽:

由色谱峰的浓度极大点向时间坐标引垂线与基线相交点间的高度被称为峰

高,一般以 h 表示。色谱峰高一半处的宽为半峰宽,一般以 $W_{1/2}$ 表示(见图 4.3)。

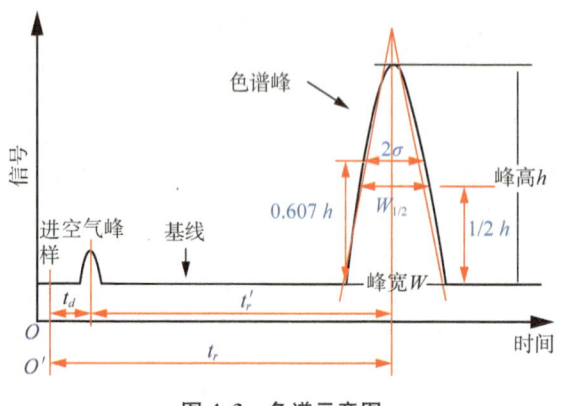

图 4.3 色谱示意图

峰面积:

流出曲线(色谱峰)与基线构成的面积被称为峰面积,用 A 表示。

死时间、保留时间及调整保留时间:

从进样到惰性气体峰出现极大值的时间被称为死时间,以 t_d 表示。从进样到出现色谱峰最高值所需的时间称保留时间,以 t_r 表示。保留时间与死时间之差被称为调整保留时间,以 t'_r 表示。

死体积、保留体积与校正保留体积:

死时间与载气平均流速的乘积被称为死体积,以 V_d 表示,载气平均流速以 F_c 表示,

$$V_d = t_d \times F_c \tag{4-1}$$

保留时间与载气平均流速的乘积被称为保留体积,以 V_r 表示,

$$V_r = t_r \times F_c \tag{4-2}$$

调整保留体积,以 V'_r 表示,

$$V'_r = V_r - V_d \tag{4-3}$$

保留值与相对保留值:

保留值是表示试样中各组分在色谱柱中的停留时间的数值,通常用时间或用将组分带出色谱柱所需载气的体积来表示。以一种物质作为标准,而求出其他物质的保留值对此标准物质的比值,被称为相对保留值。

仪器噪声：

基线的不稳定程度。

基线：

在没有进样时，只有纯流动相或载气通过色谱检测器时所得到的信号-时间曲线。

保留因子(k)：

样品组分停留在固定相中相对其驻留在流动相中的时间之比，过去被称为容量因子或k'（k值）。用保留时间(t_r)除以峰的不保留时间(t_d)进行计算。

$$k = \frac{t_r - t_d}{t_d} \tag{4-4}$$

选择因子或分离因子（α）：

对两个色谱峰之间时间或距离的最大测量值。如果$\alpha = 1$，则两个色谱峰具有相同的保留时间并共洗脱。

$$\alpha = \frac{k_2}{k_1} \tag{4-5}$$

分离度(R_s)：

代表色谱柱分离目标峰的能力。分离度越高，两峰之间越容易达到基线分离。

$$R_s = \frac{\sqrt{n}}{4} \frac{(\alpha - 1)}{\alpha} \frac{k}{(k+1)} \tag{4-6}$$

由于分离度与柱效、选择性和保留值相关，可以通过改善这些因素来提高分离度。每个参数在分离过程中的作用不同，但都呈边际效应递减规律，即取值越大，对分离度的影响就越小。

如果将柱长加倍，将得到更多的理论塔板数，但分离时间也将延长2倍，而分离度只能得到2的平方根即1.4倍的提高。如果要对色谱峰进行定量，那么分离度最小应等于1。分离度要达到0.6，才能分辨两个等高峰间的峰谷。

范第姆特方程是将柱效作为线速度(u)或流速的函数对柱效进行评价。

$$H = A + \frac{B}{u} + Cu \tag{4-7}$$

式中，A、B、C为常数，分别代表涡流扩散项系数、分子扩散项系数、传质阻力项系数。

$$H=\frac{L}{n} \tag{4-8}$$

式中，H 为塔板高度或理论塔板高度，用柱长（L）除以理论塔板数进行计算，目标是得到小塔板高度。可以通过使用较小填料色谱柱、优化线速度，以及使用低黏度流动相，更有效地实现这一目标。随着粒径减小，优化线速度将增大。

(2) 塔板理论

①塔板理论

塔板理论是 Martin 和 Synger 首先提出的色谱热力学平衡理论。它把色谱柱看作分馏塔，把组分在色谱柱内的分离过程看成在分馏塔中的分馏过程，即组分在塔板间隔内的分配平衡过程。

理论假设色谱柱内存在较多塔板，组分在塔板间隔（即塔板高度）内完全服从分配定律，并很快达到分配平衡；样品加在第 0 号塔板上，样品沿色谱柱轴方向的扩散可以忽略；流动相在色谱柱内间歇式流动，每次进入一个塔板体积；在所有塔板上分配系数相等，与组分的量无关。虽然以上假设与实际色谱过程不符，如色谱过程是一个动态过程，很难达到分配平衡，组分沿色谱柱轴方向的扩散是不可避免的。但是塔板理论导出了色谱流出曲线方程，成功地解释了流出曲线的形状、浓度极大点的位置，能够评价色谱柱的柱效。

理论塔板高度就是指被测组分在两相间达到分配平衡时的塔板高度间隔，以 n 表示。

这个理论还假设：

在色谱柱中，各段塔板高度间隔都是一样的，如果色谱柱的高度为 L，则一根色谱柱的塔板数量应为：

$$n=\frac{L}{H} \tag{4-9}$$

式中，n 为理论塔板数，塔板数的多少是分馏塔分离效率高低的标志。对色谱柱而言，柱效用于比较不同色谱柱的性能。柱效可能是描述色谱柱性能引用频率最高的参数之一，塔板数越多，柱效越高。

柱效能反映分离峰的宽窄。柱效高，分离峰窄，才可能有好的分离度。柱效高是高分离度的前提。柱效受柱参数（内径、柱长、粒度）、洗脱液类型（特别是黏度）、流速或平均线速度的影响。柱效还受化合物及其保留的影响。

常使用每米理论塔板数进行色谱柱的比较，但需要在相同的色谱温度条件和峰保留下进行。对于较小的固定相，柱效对分离更为重要。

②色谱流出曲线方程及定量参数(峰高 h 和峰面积 A)

根据塔板理论,流出曲线可用 Gauss 正态分布函数描述:

$$C = \frac{C_0}{\sigma\sqrt{2\pi}} \times \exp\left[-\frac{1}{2}\left(\frac{t-t_r}{\sigma}\right)^2\right] \qquad (4-10)$$

由色谱流出曲线方程可知:

当 $t=t_r$ 时,浓度 C 有极大值,$C_{\max}$ 就是色谱峰的峰高。当实验条件一定时(即 σ 一定),峰高 h 与组分的量 C_0(进样量)成正比,所以正常峰的峰高可用于定量分析;当进样量一定时,σ 越小(柱效越高),峰高越高。因此,提高柱效可以提高色谱分析的灵敏度。

由流出曲线方程对 $V(0\sim\infty)$ 求积分,即得出色谱峰面积

$$A = 2.507\sigma C_{\max} = C_0 \qquad (4-11)$$

可见 A 相当于组分进样量 C_0,因此是常用的定量参数。把 $C_{\max}=h$ 和 $W_{h/2}=2.355\sigma$ 代入上式,即得:

$$A = 1.064 W_{h/2} h \qquad (4-12)$$

此为正常峰的峰面积计算公式。

(3) 速率理论(随机模型理论)

①液相色谱速率方程

1956 年,荷兰学者 van Deemter 等人吸收了塔板理论的概念,并把影响塔板高度的动力学因素结合起来,提出了色谱过程的动力学理论——速率理论。它把色谱过程看作一个动态非平衡过程,研究过程中的动力学因素对峰展宽(即柱效)的影响。后来 Giddings 和 Snyder 等人在范第姆特方程的基础上,根据液体与气体的性质差异,提出了液相色谱速率方程,即 Giddings 方程。

②影响柱效的因素

涡流扩散(Eddy Diffusion):

由于色谱柱内填充剂的几何结构不同,分子在色谱柱中的流速不同而引起的峰展宽。涡流扩散项

$$A = 2\lambda d_p \qquad (4-13)$$

式中,d_p 为填料直径;λ 为填充不规则因子,填充越不均匀 λ 越大。

HPLC 常用填料的粒度一般为 $3\sim10~\mu m$,最好为 $3\sim5~\mu m$,粒度分布 RSD≤5%。但粒度太小难以填充均匀(λ 大),且会使柱压过高。大而均匀(球

形或近球形)的颗粒容易填充规则均匀,λ 越小。总的说来,应采用细而均匀的载体,这样有助于提高柱效。毛细管无填料,$A=0$。

分子扩散(Molecular Diffusion):

又称纵向扩散,由于进样后溶质分子在柱内存在浓度梯度,导致轴向扩散而引起的峰展宽。分子扩散项公式:

$$B/u = 2\gamma D_m/u \tag{4-14}$$

式中,u 为流动相线速率,分子在柱内的滞留时间越长(u 越小),展宽越严重;D_m 为分子在流动相中的扩散系数,由于液相的 D_m 很小,通常仅为气相的 $10^{-4} \sim 10^{-5}$,因此在 HPLC 中流速不太低的情况下,这一项可以忽略不计;γ 是考虑到填料的存在使溶质分子不能自由地轴向扩散而引入的柱参数,用以对 D_m 进行校正,γ 一般在 $0.6 \sim 0.7$,毛细管柱的 $\gamma = 1$。

传质阻抗(Mass Transfer Resistance):

由于溶质分子在流动相、静态流动相和固定相中的传质过程而导致的峰展宽。溶质分子在流动相和固定相中的扩散、分配、转移的过程并不是瞬间达到平衡,实际传质速率是有限的,这一时间上的滞后使色谱柱总是在非平衡状态下工作,从而产生峰展宽。

从速率方程式可以看出,要获得高效能的色谱分析,一般可采用以下措施:进样时间要短;填料粒度要小;改善传质过程,过高的吸附作用力可导致严重的峰展宽和拖尾,甚至不可逆吸附;适当的流速,以 H 对 u 作图,则有一最佳线速率 u_{opt},在此线速率时,H 最小。一般在液相色谱中,u_{opt} 很小($0.03 \sim 0.1 \text{ mm} \cdot \text{s}^{-1}$),在这样的线速率下分析样品需要很长时间,一般来说都选在 $1 \text{ mm} \cdot \text{s}^{-1}$ 的条件下操作,能有较小的检测器死体积。

③柱外效应

速率理论研究的是柱内峰展宽因素,实际上在柱外还存在引起峰展宽的因素,即柱外效应(色谱峰在柱外死空间里的扩展效应)。色谱峰展宽的总方差等于各方差之和。

其他柱外效应主要由低劣的进样技术以及从进样点到检测池之间除柱子本身以外的所有死体积引起。为了减少柱外效应,首先应尽可能减少柱外死体积,如使用"零死体积接头"连接各部件,管道对接宜呈流线型,检测器的内腔体积应尽可能小。其次希望将样品直接进在柱头的中心部位,但是由于进样阀与柱间有接头,柱外效应总是存在的。此外要求进样体积 $\leqslant V_{r/2}$。

柱外效应的直观标志是保留因子 k 小的组分(如 $k < 2$)峰形拖尾和峰宽增

加得更为明显；k 大的组分影响不显著。由于 HPLC 的特殊条件,当柱子本身效率越高(n 越大),柱尺寸越小时,柱外效应越突出。

3　色谱法的分离原理

溶于流动相或载气中的各组分经过固定相时,由于与固定相发生作用(吸附、分配、离子吸引、排阻、亲和)的大小、强弱不同,在固定相中的滞留时间不同,从而先后从固定相中流出。又被称为色层法、层析法。

4　色谱填料

色谱填料通常是指具有纳米孔道结构的微球材料,粒径在微米尺度,而填料上的纳米孔道孔径大小在 5～200 nm 范围内。色谱填料的性能取决于其形貌、结构、粒径大小和分布、孔径大小和分布、材质组成及表面功能基团。根据色谱分离模式可将填料分为正相色谱填料、反相色谱填料、亲水色谱填料、疏水层析介质、离子交换层析介质、亲和层析介质、体积排阻层析介质。色谱填料的基质主要可分为无机介质与有机聚合物,其中有机聚合物又包括天然聚合物和合成聚合物。

4.1　气相色谱填料

气相色谱柱填料是一种热稳定性较好的填料,通常用于分析挥发性或半挥发性的物质。

常见的气相色谱填料有：

聚硅氧烷(常用于分析脂肪酸、三醇类和水溶性有机物)、聚酰亚胺(常用于分析杂环化合物)以及交联聚苯乙烯(常用于分析挥发性有机物)等。

气相色谱仪填充柱在实际分析工作中的应用非常普遍,填充色谱柱在分离效能和分析速度方面比毛细管柱差,但填充柱的制备方法比较简单。以下详细介绍气相色谱柱的填料极性及其适用范围以及选择标准。

(1) 极性分类

①非极性

100%Dimethyl Polysiloxane,100% 二甲基聚硅氧烷。商品名：AC1、OV-101、OV-1、DB-1、SE-30、HP-1、RTX-1、BP-1。

②弱极性

5%Phenyl Dimethyl Polysiloxane,5% 二苯基(95%)二甲基聚硅氧烷。商品名：AC5、SE-52。

5％Phenyl，1％ Vinyl Dimethyl Polysiloxane，5％二苯基 1％乙烯基(94％)二甲基聚硅氧烷。商品名：OV-5、DB-5、SE-54、HP-5、RTX-5、BP-5。

③中等级性

50％Phenyl Dimethyl Polysiloxane，50％二苯基(50％)二甲基聚硅氧烷。商品名：OV-17、HP-50、RTX-50。

14％Cyanopropyl Phenyl Polysiloxane，14％氰丙基苯基(其中 7％氰丙基、7％苯基)(86％)二甲基聚硅氧烷。商品名：AC10、OV-1701、DB-1701、RTX-1701。

50％Cyanopropyl Phenyl Polysiloxane，50％氰丙基苯基(其中 25％氰丙基 25％苯基)(50％)二甲基聚硅氧烷。商品名：AC225、OV-225、BP-225、DB-225、HP-225、RTX-225。

④强极性

Polyethylene Glycol，聚乙二醇。商品名：AC20、PBG20M、HP-TNNOWAX(FFAP 是其与 2-硝基对苯二甲酸的反应产物)。

(2) 常用毛细管色谱柱

SE-30、OV-1,化学组成：100％甲基聚硅氧烷(胶体)。所属极性：非极性。适用范围：碳氢化合物、农药、酚、胺。商品名：DB-1、BP-1、007-1、SPB-1、RSL-150、CPSRL-5、HP-1。

OV-101,化学组成：100％甲基聚硅氧烷(流体)。所属极性：非极性。适用范围：氨基酸、碳氢化合物、药物胺。商品名：HP-100、SP-2100。

SE-52、SE-54,化学组成：5％苯基聚硅氧烷或 1％乙烯基、5％苯基甲基聚硅氧烷。所属极性：弱极性。适用范围：多核芳烃、酚、酯、碳氢化合物、药物胺。商品名：DB-5、BP-5、SPB-5、007-2、OV-73、CPSIL-8、RSL-120、HP-5。

OV-1701,化学组成：7％氰丙基、7％苯基甲基聚硅氧烷。所属极性：中等极性。适用范围：药物、醇、酯、硝基苯类、除莠剂。商品名：BP-10、RSL-1701、DB-1701、HP-1701、CPISL-19。

OV-17,化学组成：50％苯基、50％甲基聚硅氧烷。所属极性：中等极性。适用范围：药物、农药。商品名：DB-17、HP-17、007-17、SP-2250、RSL-300。

OV35,化学组成：35％苯基、65％二甲基聚硅氧烷。所属极性：中等极性。

OV-225,化学组成：25％氰丙基、25％苯基甲基聚硅氧烷。所属极性：中等极性。适用范围：脂肪酸甲酯、碳水化合物、中性固醇。商品名：DB-225、HP-225、BP-225、CPSIL-43、RSL-500。

OV-275,化学组成：100％氰丙基聚硅氧烷。所属极性：强极性。

XE-60,化学组成：25％氰乙基、75％二甲基聚硅氧烷。所属极性：中等极性。适用范围：酯、硝基化合物。商品名：DB-225、HP-225、CPSIL-43、RSL-500。

FFAP，化学组成：聚乙二醇硝基苯改性。所属极性：极性。适用范围：酸、醇、醛、酯、酮、腈。商品名：SP-1000、OV-351、BP-21、HP-FFAP。

PEG-20M，化学组成：聚乙二醇-20M。所属极性：极性。适用范围：酸、醇、醛、酯、甘醇。商品名：HP-20M、DB-WAX、007-20M、BP-20。

LZP-930，化学组成：LZP。所属极性：极性。适用范围：白酒。

Al_2O_3，化学组成：γ-Al_2O_3。所属极性：极性。适用范围：C_1～C_6低碳烃。商品名：Alumina。

5A，化学组成：5A分子筛。所属极性：极性。适用范围：惰性气体及同位素。

C-2000，化学组成：碳分子筛。所属极性：极性。适用范围：He、H_2、O_2、CO、CO_2、C_1～C_2。商品名：CarboPLOT P7。

13X，化学组成：13X分子筛。所属极性：极性。适用范围：石脑油、C_3～C_{12}环烷烃、链烷烃。

4.2 液相色谱填料

（1）硅胶填料

硅胶填料（见图4.4）主要应用于正相色谱及反相色谱柱中，正相色谱用的固定相通常为硅胶（Silica）以及其他具有极性官能团，如胺基团（NH_2，APS）和氰基团（CN，CPS）的键合相填料。

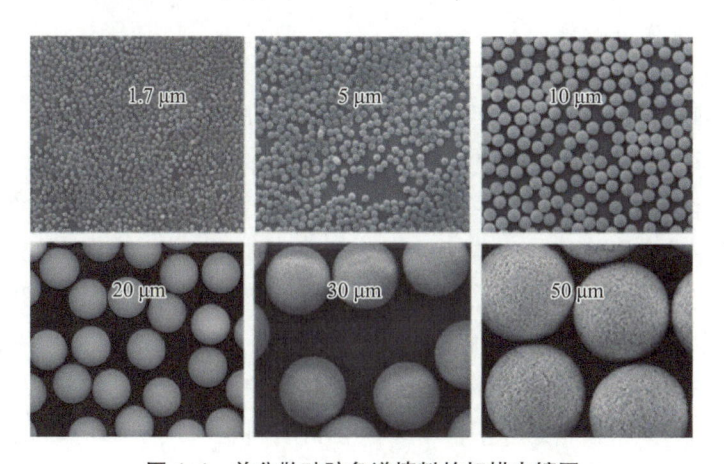

图4.4 单分散硅胶色谱填料的扫描电镜图

由于硅胶表面的硅羟基(Si—OH)或其他基团的极性较强,因此分离的次序是依据样品中的各组分的极性大小,即极性强的组分先被冲洗出色谱柱。正相色谱使用的流动相极性相对比固定相低,如正己烷(Hexane)、氯仿(Chloroform)、二氯甲烷(Dichloromethane)等。

反相色谱填料常是以硅胶为基础,表面键合有极性相对较弱的官能团的键合相。反相色谱所使用的流动相极性较强,通常为水、缓冲液、甲醇及乙腈等的混合物。样品流出色谱柱的顺序是极性较强组分先被冲出,而极性弱的组分会在色谱柱上有更强的保留。常用的反相填料有 C_{18}(ODS)、C_8(MOS)、C_4(Butyl)、C_6H_5(Phenyl)等。

(2) 聚合物填料

聚合物填料多为聚苯乙烯-二乙烯基苯或聚甲基丙烯酸酯等,其主要优点是在 pH 值为 1～14 均可使用。相对于硅胶基质的 C_{18} 填料(见图 4.5),这类填料具有更强的疏水性,而且孔的聚合物填料对蛋白质等样品的分离非常有效。现在的聚合物填料的缺点是相对硅胶基质填料,色谱柱柱效较低。

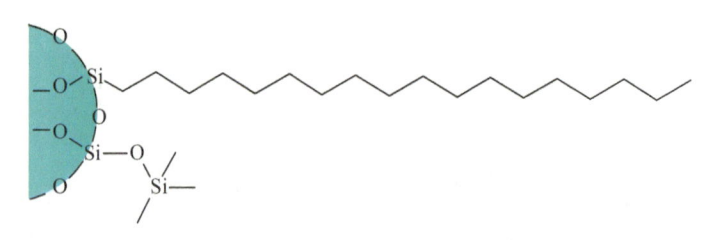

图 4.5 C_{18} 填料的结构示意图

(3) 其他无机填料

HPLC 的其他无机填料色谱柱已经商品化。由于其特殊的性质,一般仅限于特殊的用途。如石墨化碳黑(见图 4.6)正逐渐成为反相色谱填料。这种填料的分离不同于硅胶基质烷基键合相,石墨化碳黑的表面即是保留的基础,不再需其他的表面改性。该柱填料一般比烷基键合硅胶或多孔聚合物填料的保留能力更强。石墨化碳黑可用于分离某些几何异构体,又由于其在 HPLC 流动相中不会被溶解,这类柱可在任何 pH 及温度下使用。氧化铝也可用于 HPLC 的色谱柱填料,氧化铝微粒刚性强,可制成稳定的色谱柱柱床,其优点是可在 pH 高达 12 的流动相中使用。但由于氧化铝与碱性化合物作用很强,其应用范围受到一定的限制,所以未能广泛应用。新型氧化锆填料也可用于 HPLC 的色谱柱填料,商品化的仅有聚合物涂层的多孔氧化锆微球色谱柱,应用 pH 范围为 1～14,温度可达 100 ℃。

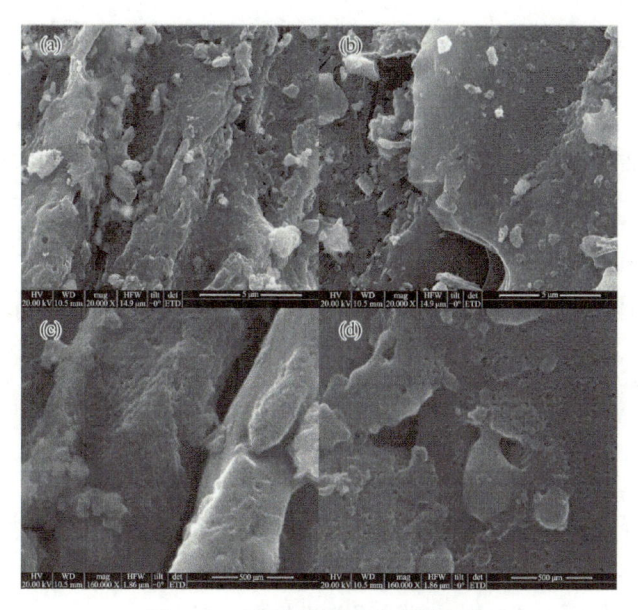

图 4.6　石墨化碳黑的扫描电镜图

4.3　填料粒度的选择

目前商品化的色谱填料粒度从 1 μm 到超过 30 μm 均有销售,而目前分析分离主要用 3 μm、5 μm 和 10 μm 填料。填料的粒度主要影响填充柱的两个参数,即柱效和柱压。粒度越小,填充柱的柱效越高;应用小于 3 μm 的填料可以在相同选择性条件下提高柱效、提高分离度。如果固定相选择正确但是分离度不够,那么选择更小粒度的填料是很有用的,3 μm 填料填充柱的柱数比相同条件下的 5 μm 填料的柱效提高近 30%;然而,3 μm 的色相谱的柱压却是 5 μm 的 2 倍。与此同时,柱效提高意味着在相同条件下可以选择更短的色谱柱,以缩短分析时间。另外,可以采用低黏度的溶剂做流动相或增加色谱柱的使用温度,比如用乙腈代替甲醇,以降低色谱柱的压力。

4.4　色谱柱的保存

认真阅读色谱柱使用说明书;
使用填充良好的色谱柱;
尽量减少压力波动,避免机械及热冲击;
使用保护柱及在线过滤器;
经常以强溶剂冲洗色谱柱;

充分过滤样品及流动相,尽量避免杂质微粒与强保留成分;

用稳定的固定相(C_{18}最稳定);

在中等 pH 值(6~8)下操作,用有机缓冲溶液;

色谱柱使用温度小于 40 ℃;

硅胶基质的色谱柱应保持流动相的 pH 值范围在 3~8;

在水流动相与缓冲溶液中加 200 mg·L^{-1} 的叠氮化钠;

流动相中含有缓冲溶液,应注意用 95∶5 的水及有机溶剂过渡,有机溶剂不能低于 5%;

过夜或贮存时冲洗掉盐和缓冲液,用纯有机溶剂流动相保存(如乙腈)。

4.5 固定液的选择

一般是根据试样的性质(极性和官能团),按照"相似相溶"的原则选择适当的固定液。具体可从以下几个方面考虑:

(1) 分离非极性混合物一般选用非极性固定液

组分和固定液分子间的作用力主要是色散力。试样中各组分按沸点由低到高的顺序出峰。常用的固定液有角鲨烷(异三十烷)、十六烷、硅油等。

(2) 分离中等极性混合物一般选用中等极性固定液

组分和固定液分子间的作用力主要是色散力和诱导力。试样中各组分按沸点由低到高的顺序出峰。

(3) 分离极性组分选用极性固定液

组分和固定液分子间的作用力主要是定向力。待测试样中各组分按极性由小到大的顺序出峰。例如,用极性固定液聚乙二醇-20000(PEG-20M)分析乙醛和丙烯醛时,极性较小的乙醛先出峰。

(4) 分离非极性和极性(易极化)组分的混合物选用极性固定液

非极性组分先出峰,极性(或易被极化)的组分后出峰。例如,采用中等极性的邻苯二甲酸二壬酯作固定液,沸点相差极小的苯和环己烷可以分离,环己烷先出峰;若采用非极性固定液,则很难使二者分离。

(5) 对于能形成氢键的组分选用强极性或氢键型的固定液

例如,多元醇、酰胺、酚和胺等的分离,不易形成氢键的先出峰。

4.6 固定相和流动相

(1) 固定相

液-液色谱的固定相由载体和固定液组成。

常用的载体有下列几类：

表面多孔型载体(薄壳型微珠载体)，由直径为 30～40 μm 的实心玻璃球和厚度约为 1～2 μm 的多孔型外层所组成；

全多孔型载体，由硅胶、硅藻土等材料制成，直径 30～50 μm 的多孔型颗粒；

全多孔型微粒载体，由纳米级的硅胶微粒堆积而成，又称堆积硅珠；这种载体粒度为 5～10 μm，由于颗粒小，所以柱效高。

由于液相色谱中，流动相参与选择作用，因此流动相极性的微小变化，都会使组分的保留值出现较大的差异。液相色谱中只需几种不同极性的固定液即可，如一氧二丙腈(ODPN)、聚乙二醇(PEG)、十八烷(ODS)和角鲨烷固定液等。

离子交换色谱法的固定相为离子交换剂。常用的有离子交换树脂和化学键合离子交换剂。经典离子交换色谱法的固定相为离子交换树脂，其缺点是易于膨胀、传质较慢、柱效低、不耐高压。HPLC 中的固定相是键合在薄壳型和多孔微粒硅胶上的离子交换剂，其机械强度高、不溶胀、耐高压、传质快、柱效高。

pH 值可改变化合物的解离程度，进而影响其与固定相的作用。流动相的盐浓度大，则离子强度高，不但不利于样品的解离，甚至还会导致样品以更快的速度流出，无法实现分离效果。离子交换色谱法一般主要用于分析有机酸、氨基酸、多肽及核酸。

高效液相色谱固定相按承受高压能力可分为刚性固体和硬胶两类。刚性固体以二氧化硅为基质，可承受 7.0×10^8～1.0×10^9 Pa 的高压，可制成直径、形状、孔隙度不同的颗粒。如果在二氧化硅表面键合各种官能团，可扩大应用范围。硬胶主要用于离子交换和尺寸排阻色谱中，它由聚苯乙烯与二乙烯苯基交联而成。可承受压力上限为 3.5×10^8 Pa。固定相按孔隙深度可分为表面多孔型和全多孔型两类。

①表面多孔型固定相

它的基体是实心玻璃球，在玻璃球外面覆盖一层多孔活性材料，如硅胶(见图 4.7)、氧化硅、离子交换剂、分子筛、聚酰胺等。这类固定相的多孔层厚度小、孔浅、相对死体积小、出峰迅速，柱效亦高；颗粒较大，渗透性好，装柱容易，梯度淋洗时能迅速达到平衡，较适合做常规分析。由于多孔层厚度薄，其最大允许量受到限制。

②全多孔型固定相

由直径为 10 nm 的硅胶微粒凝聚而成。这类固定相由于颗粒很细(5～10 μm)，孔较浅，传质速率快，易实现高效、高速，特别适合复杂混合物分离及痕量分析。

图 4.7　表面多孔型核壳结构硅胶微球

(2) 流动相

在液-液色谱中除一般要求外,还要求流动相对固定相的溶解度尽可能小。因此固定液和流动相的性质往往处于两个极端,例如,当选择的固定液是极性物质时,所选用的流动相通常是极性很小的溶剂或非极性溶剂。

以极性物质作为固定相,非极性溶剂作流动相的液-液色谱,被称为正相分配色谱,适合于分离极性化合物;选用非极性物质为固定相,极性溶剂为流动相的液-液色谱被称为反相分配色谱,这种色谱方法适合于分离芳烃、稠环芳烃及烷烃等非极性化合物。

离子交换色谱法的流动相是具有一定 pH 值和离子强度的缓冲溶剂或含有少量有机溶剂,如乙醇、四氢呋喃、乙腈等,以提高色谱选择性。被分离组分在离子交换柱中的保留时间除了跟组分离子与树脂上的离子交换基团作用强弱有关外,还受流动相的 pH 值和离子强度影响。

由于高效液相色谱中流动相是液体,它对组分有一定的溶解能力,并参与固定相对组分的竞争。因此,正确选择流动相直接影响组分的分离度。

对流动相溶剂的要求是:

①溶剂对于待测样品必须具有合适的极性和良好的选择性。

②溶剂与检测器匹配。对于紫外吸收检测器,应注意选用检测器波长比溶剂的紫外截止波长要长。溶剂的紫外截止波长是指当小于此波长的辐射通过溶剂时,溶剂对此辐射产生强烈吸收,此时溶剂被看作是光学不透明的,它严重干扰组分的吸收测量。对于折光率检测器,要求选择与组分折光率有较大差别的溶剂作流动相,以达到最高灵敏度。

③高纯度。由于高效液相色谱灵敏度高,对流动相溶剂的纯度要求也高。不纯的溶剂会引起基线不稳或产生"伪峰"。

④化学稳定性好。

⑤低黏度(黏度适中)。若使用高黏度溶剂,势必增高压力,不利于分离,常用的低黏度溶剂有丙酮、甲醇和乙腈等;但黏度过低的溶剂也不宜采用,例如戊烷和乙醚等,它们容易在色谱柱或检测器内形成气泡,影响分离。

(3) 影响保留行为的因素

离子交换色谱法的保留行为和选择性与被分离的离子、离子交换剂以及流动相的性质等有关。离子交换剂对不同离子的交换选择性不同,一般来说,离子的价数越高,原子量越大,水合离子半径越小,则该离子在离子交换剂上的选择性系数就越大。例如,强酸型阳离子交换树脂对阳离子的选择性系数顺序为:
$Fe^{3+} > Al^{3+} > Ba^{2+} \gg Pb^{2+} > Sr^{2+} > Ca^{2+} > Ni^{2+} > Cd^{2+} \gg Cu^{2+} \gg Co^{2+} \gg Mg^{2+} \gg Zn^{2+} \gg Mn^{2+} \gg Ag^+ > Cs^+ > Rb^+ > K^+ \gg NH_4^+ > Na^+ > H^+ > Li^+$。

弱酸型阳离子交换树脂的基团(如 COOH)的解离受溶液中 H^+ 抑制,所以 H^+ 在该类树脂上的保留能力很强,甚至大于二价、三价阳离子。

强碱型阴离子交换树脂对阴离子的选择性系数高低顺序为:柠檬酸根 > PO_4^{3-} > SO_4^{2-} > I^- > NO_3^- > SCN^- > NO_2^- > Cl^- > HCO_3^- > CH_3COO^- > OH^- > F^-。

离子的保留还受流动相的组成和pH值的影响,交换能力强、选择性系数大的离子组成的流动相具有强的洗脱能力。流动相的离子强度增大,其洗脱能力增强,使组分的保留值降低。强离子交换树脂的交换容量在很宽的范围内不随流动相的 pH 值变化。pH 值的调节主要体现其对弱电解质解离的控制,溶质的解离受到抑制,其保留时间变短。因此,pH 值的变化对弱离子交换树脂的交换能力影响较大。

4.7 气-液色谱固定相

气-液色谱的固定相是由高沸点物质固定液和惰性担体组成。

(1) 担体(或载体)

是一种化学惰性的多孔固体颗粒,支撑固定液,表面积大,化学稳定性好,热稳定性好,颗径和孔径分布均匀,有一定的机械强度,不易破碎。

①担体的种类和性能

硅藻土型:

红色硅藻土担体强度好,但表面存在活性中心,分离极性物质时色谱峰易拖尾；常用于分离非极性、弱极性物质。白色硅藻土担体表面吸附性小但强度差，常用于分离极性物（见图4.8）。

非硅藻土型担体：

有机氟担体，适用于强极性和腐蚀性气体的分析；玻璃微球，适合于高沸点物质的分析；高分子多孔微球，既可以用作气-固色谱的吸附剂，又可以用作气-液色谱的担体。

图 4.8 硅藻土

② 担体的预处理

预处理的目的是除去其表面的活性中心，使之钝化。

处理方法有：

酸洗法（除去碱性活性基团）；碱洗法（除去酸性活性的基团）；硅烷化（消除氢键结合力）；釉化处理（使表面玻璃化、堵住微孔）等。

(2) 固定液

① 对固定液的要求

化学稳定性好：不与担体、载气和待测组分发生反应；

热稳定性好：在操作温度下呈液体状态，蒸气压低，不易流失；

选择性高：分配系数（K）差别大；

溶解性好：固定液对待测组分应有一定的溶解度。

② 组分与固定液分子间的相互作用

组分与固定液分子间的相互作用力通常包括色散力和氢键作用力、静电力、诱导力。在气-液色谱中，只有当组分与固定液分子间的作用力大于组分分子间的作用力,组分才能在固定液中进行分配。选择适宜的固定液,使待测各组分与固定液之间的作用力有差异,才能达到彼此分离的目的。

③固定液的分类

固定液有四百余种,常用相对极性分类。

规定强极性的氧二丙腈的相对极性 $P=100$;规定非极性的角鲨烷(异三十烷)的相对极性 $P=0$;其他固定液与它们比较,测相对极性,即选一对物质如正丁烷-丁二烯,分别测得它们在这两种固定液及被测柱上的相对保留值。

4.8 气-固色谱固定相——固体吸附剂

石墨化碳黑：

非极性吸附剂,分析低碳烃、气体及短链极性化合物。

氧化铝：

弱(中等)极性吸附剂,主要用于分析异构体。

硅胶：

强极性吸附剂,常用于分析硫化物 H_2S、SO_2 等。

分子筛：

强极性吸附剂,用于在室温条件下使 O_2、N_2、CH_4、CO 得到良好分离。

高分子多孔微球：

极性和非极性吸附剂,可分析极性的一多元醇、脂肪酸、腈类、胺类或非极性烃、酮等。

5 色谱分离方法分类

按分离机制的不同可以分为液-固色谱法、液-液色谱法(正相液-液色谱法、反相液-液色谱法)、离子交换色谱法、离子对色谱法和分子排阻色谱法共5种分离方法。

5.1 液-固色谱法

液-固色谱法使用固体吸附剂进行分离。被分离的组分在色谱柱上的分离原理是根据固定相对组分吸附力的大小不同进行分离。这种分离过程是一个吸附-解吸附的平衡过程。在液-固色谱法中,常用的吸附剂是粒度 $5\sim10~\mu m$ 的硅胶或氧化铝。这种分离方法适用于分离分子量 $200\sim1\,000$ 的组分,大多时候用于分离非离子型化合物,分离离子型化合物容易产生拖尾,常用于分离同分异构体。

在液-固色谱法中固定相是固相吸附剂，它们是一些多孔性的微粒物质，如氧化铝、硅胶等。它们的表面存在着分散的吸附中心，溶质分子和流动相分子在吸附剂表面呈现的吸附活性中心上进行竞争吸附，便形成不同溶质在吸附剂表面的吸附、解吸平衡，这就是液-固吸附色谱具有选择性分离能力的基础。

当溶质分子在吸附剂表面被吸附时，必然会置换已吸附在吸附剂表面的流动相分子。当达到吸附平衡时，其吸附系数（Adsorption Coefficient）为 K_a。K_a 值的大小由溶质与吸附剂分子间相互作用力的强弱决定。当用流动相洗脱时，随流动相分子吸附量的相对增加会将溶质从吸附剂上置换下来，即从色谱柱上洗脱下来。

在液-固色谱中使用的固体吸附剂，如全多孔球形或无定形微粒硅胶、全多孔氧化铝等都可以作为惰性载体。要求其比表面积为 $50\sim250 \text{ m}^2 \cdot \text{g}^{-1}$、平均孔径为 $10\sim50 \text{ nm}$。载体的比表面积太大，会引起不可忽视的吸附效应，从而引起色谱峰峰形拖尾。

液-固色谱的固定相是固体吸附剂。吸附剂是一些多孔的固体颗粒物质，位于其表面的原子、离子或分子的性质不同于在内部的原子、离子或分子的性质。表层的键因缺乏覆盖层结构而受到扰动，导致表层一般处于较高的能级，存在一些分散的具有表面活性的吸附中心。因此，液-固色谱法是根据各组分在固定相上的吸附能力的差异进行分离，故也被称为液-固吸附色谱。吸附剂吸附试样的能力主要取决于吸附剂的比表面积和理化性质、试样的组成和结构以及洗脱液的性质等。组分与吸附剂的性质相似时，易被吸附，呈现高的保留值；当组分分子结构与吸附剂表面活性中心的刚性几何结构相适应时，易于吸附，从而使液-固吸附色谱成为分离几何异构体的有效手段。不同的官能团具有不同的吸附能力，因此液-固吸附色谱可按族分离化合物。液-固吸附色谱对同系物没有选择性（即对分子量的选择性小），不能用该法分离分子量不同的化合物。

液-固色谱法采用的固体吸附剂按其性质可分为极性和非极性两种类型：极性吸附剂包括硅胶、氧化铝、氧化镁、硅酸镁、分子筛及聚酰胺等；非极性吸附剂最常见的是活性炭。极性吸附剂可进一步分为酸性吸附剂和碱性吸附剂：酸性吸附剂包括硅胶和硅酸镁等，适于分离碱，如脂肪胺和芳香胺；碱性吸附剂有氧化铝、氧化镁和聚酰胺等，适用于分离酸性溶质，如酚、羧酸和吡咯衍生物等。

各种吸附剂中最常用的吸附剂是硅胶，其次是氧化铝。在现代液相色谱中，硅胶不仅作为液-固吸附色谱固定相，还可作为液-液分配色谱的载体和键合相色谱填料的基体。

液-固色谱的流动相必须符合下列要求：

①能溶解样品但不能与样品发生反应。
②与固定相不互溶,也不发生不可逆反应。
③黏度要尽可能小,这样才能有较高的渗透性和柱效。
④应与所用检测器相匹配。例如利用紫外检测器时溶剂要不吸收紫外光。
⑤容易精制、纯化,毒性小,不易着火,价格尽量便宜等。

在液-固色谱中,选择流动相的基本原则是:极性大的试样用极性较强的流动相,极性小的试样用低极性流动相。为了获得合适的溶剂极性,常采用两种、三种或更多种不同极性的溶剂混合起来使用,如果样品组分的分配比值范围很广,则使用梯度洗脱。

5.2 液-液色谱法

液-液色谱又称液-液分配色谱。在液-液色谱中,一个液相作为流动相,而另一个液相则涂在细的惰性载体或硅胶上作为固定相。流动相与固定相应互不相溶,两者之间应有一明显的分界面。其分配色谱过程与两种互不相溶的液体在一个分液漏斗中进行的溶剂萃取相类似。与气-液分配色谱法一样,这种分配平衡的总结果导致各组分的差速迁移,从而实现分离。分配系数(K)或分配比(k)小的组分,保留值小,先流出柱。然而与气相色谱法不同的是,液-液色谱法流动相的种类对分配系数有较大的影响。

液-液色谱法的分离原理是:被分离的组分在流动相和固定相中的溶解度不同,使得被分离组分分离。这个分离过程是一个分配平衡过程。这种分离的操作方法是使用特定的液态物质涂在担体表面或者用化学键合于担体表面,形成固定相。涂布式固定相现在已很少采用,现在多采用的是化学键合固定相,比如C_{18}、C_8、氨基柱、氰基柱和苯基柱。

液-液色谱法按固定相和流动相的极性不同可分为正相液-液色谱法(NPC)和反相液-液色谱法(RPC)。其中正相液-液色谱法常用于分离中等极性和极性较强的化合物(如酚类、胺类、羰基类及氨基酸类等);而反相液-液色谱法在现代液相色谱中应用最为广泛,约占 HPLC 应用的 80%。

随着柱填料的快速发展,反相液-液色谱法的应用范围逐渐扩大,已经应用于某些无机样品或易解离样品的分析过程中。

5.3 离子交换色谱法

离子交换利用的是一种不溶性高分子化合物,它的分子中具有解离性基团(交换基),在水溶液中能与其他阳离子或阴离子起交换作用。此种交换反应都是可逆的,一般都遵循化学平衡的规律。

虽然交换反应都是平衡反应,但在色谱柱上进行时,由于连续添加新的交换溶液,平衡不断按正反应方向进行,直至完全,因此可以把离子交换剂上的原有离子全部洗脱下来。当一定量的溶液通过交换柱时,由于溶液中的离子不断被交换而浓度逐渐减少,因此也可以全部被交换而吸着在交换剂上。根据这一原理可以用离子交换法直接从植物提取液中交换含游离离子基团的酸、碱及两性成分,使其与糖类等无游离离子基团的中性物质分开,而被吸着的物质也可用另一洗脱液洗脱下来。这就是常用的离子交换法。

如有两种以上的成分被吸着在离子交换剂上,用另一洗脱液洗脱时,它们的被洗脱能力取决于各物质洗脱反应的平衡常数,利用物质"吸附"及"解吸附"能力的不同进行分离即为离子交换色谱。

离子交换色谱法大部分采用合成离子交换剂。一种是单体在聚合前本身就含有交换基团;另一种是首先形成聚合物,然后引进交换基团。其中用途最广的是离子交换树脂。另外也有在纤维素或多聚糖上人工引入交换基团制成的离子交换剂,大多用于植物大分子蛋白质、核酸、酶及多糖体的分离纯化。

5.4　离子对色谱法

离子对色谱法又称偶离子色谱法,是液-液色谱法的分支。离子对色谱法是将一种(或多种)与溶质分子电荷相反的离子(被称为对离子或反离子)加到流动相或固定相中,使其与溶质离子结合形成疏水型离子对化合物,从而控制溶质离子的保留行为。这种方法主要用于分离离子强度大的酸碱物质。离子对色谱法常用的色谱柱为ODS柱(即C_{18})。流动相为甲醇-水或乙腈-水两种组合溶液。被测组分保留时间与离子对性质、浓度、流动相组成及其pH值、离子强度有关。

其原理可用下式表示:

$$X^+_{水相} + Y^-_{水相} = [X^+ Y^-]_{有机相} \tag{4-15}$$

式中:$X^+_{水相}$——流动相中待分离的有机离子(也可是阳离子);$Y^-_{水相}$——流动相中带相反电荷的离子对(如氢氧化四丁基铵、氢氧化十六烷基三甲铵等);$[X^+Y^-]$——形成的离子对化合物。

当达平衡时,平衡常数被称为提取常数(E):

$$E_{XY} = [X^+ Y^-]_{有机相} / [X^+]_{水相} [Y^-]_{水相} \tag{4-16}$$

根据定义,分配系数(K)为:

$$K = [X^+Y^-]_{有机相} / [X^+]_{水相} = K_{XY}[Y^-]_{水相} \tag{4-17}$$

5.5 排阻色谱法

分子排阻色谱法是根据分子大小进行分离的一种液相色谱技术。

分子排阻色谱法的分离原理为凝胶色谱柱的分子筛机制。

色谱柱多以亲水硅胶、凝胶或经修饰凝胶如葡聚糖凝胶和聚丙烯酰胺凝胶等为填充剂,这些填充剂表面分布着不同尺寸的孔径。样品进入色谱柱后,它们中的不同组分按其尺寸大小进入相应的孔径内。尺寸大于所有孔径的分子不能进入填充剂颗粒内部,在色谱过程中不被保留,最早被流动相洗脱至柱外,表现为保留时间较短;尺寸小于所有孔径的分子能自由进入填充剂表面的所有孔径,在柱子中滞留时间较长,表现为保留时间较长;其余分子则按分子大小依次被洗脱。

排阻色谱法常用于分离高分子化合物,如组织提取物、多肽、蛋白质和核酸等。

6 定性与定量分析

6.1 定性分析

色谱定性分析就是要确定各色谱峰所代表的化合物。由于各种物质在一定的色谱条件下均有确定的保留时间,因此保留时间可作为一种定性指标。目前各种色谱定性方法都是基于保留时间的。但是不同物质在同一色谱条件下,可能具有相似或相同的保留时间,即保留时间并非专属的。因此,仅根据保留时间对一个完全未知的样品定性是困难的。如果在了解样品的来源、性质、分析目的的基础上,对样品组成作初步的判断,再结合下列的方法则可确定色谱峰所代表的化合物。

(1) 利用纯物质对照定性

在一定的色谱条件下,一个未知物只有一个确定的保留时间。因此,将已知纯物质在相同的色谱条件下的保留时间与未知物的保留时间进行比较就可以定性鉴定未知物。若二者相同,则未知物可能是已知的纯物质;若二者不同,则未知物就不是该纯物质。

纯物质对照法定性只适用于组分性质已有所了解、组成比较简单且有纯物质的未知物。

(2) 相对保留值法

相对保留值 a_{is} 是指组分 i 与标准物质 s 调整保留值的比值:

$$a_{is} = \frac{t'_{ri}}{t'_{rs}} = \frac{V'_{ri}}{V'_{rs}} \tag{4-18}$$

它仅随固定液及柱温的变化而变化,与其他操作条件无关。在某一固定相及柱温下,分别测出组分 i 和基准物质 s 的调整保留值,再按上式计算即可。用已求出的相对保留值与文献相应值比较即可定性。

(3) 加入已知物增加峰高法

当未知样品中组分较多,所得色谱峰过密,用上述方法不易辨认时或仅作未知样品指定项目分析时均可用此法。首先作出未知样品的色谱图,然后在未知样品加入某已知物,又得到一个色谱图。峰高增加的组分即可能为这种已知物。

(4) 保留指数定性法

保留指数表示物质在固定液上的保留行为,是气相色谱中使用最广泛并被国际上公认的定性指标。它具有重现性好、标准统一及温度系数小等优点。

保留指数仅与固定相的性质、柱温有关,与其他实验条件无关,其准确度和重现性都很好。只要柱温与固定相相同就可应用文献值进行鉴定,而不必用纯物质相对照。

6.2 定量分析

(1) 色谱定量的方法

常用的色谱定量方法包括:外标法、内标法和归一化法。

①外标法

外标法是色谱定量分析中较简易的方法。该法是将欲测组分的纯物质配制成不同浓度的标准溶液,使浓度与待测组分相近。然后取固定量的上述溶液进行色谱分析,得到标准样品的对应色谱图,以峰高或峰面积对浓度作图。分析样品时,在上述完全相同的色谱条件下,取制作标准曲线时同样量的试样分析,测得该试样的响应信号后,由标准曲线即可计算出其浓度。此法的优点是操作简单,因而适用于工厂控制分析和自动分析;但其结果的准确度取决于进样量的重现性和操作条件的稳定性。

②内标法

试样中所有组分不能全部出峰或只要求测定试样中某个或某几个组分时,可采用此法。

具体方法如下:

在准确称取一定量的试样中,加入一定量的内标物,根据内标物和试样的质量以及色谱图上的相应峰面积,计算待测组分的浓度。内标法是通过测量内标物与欲测组分的峰面积的相对值进行计算的,因此可以在一定程度上消除操作条件变化所引起的误差。

内标法的关键是选择合适的内标物。内标物应是试样中不存在的纯物质,与被测物质相近,能溶于样品但不能于样品发生反应。内标物的峰应能够与试样峰分开。

内标法的优点是受操作条件的影响较小,定量结果较准确,使用上不像归一化法那样受到限制,此法适合于微量物质的分析。其缺点是在试样中增加了一个内标物,常常会对分离造成一定的困难。该法一般不适用于快速分析。

③归一化法

归一化法是把试样中所有组分的含量之和按 100% 计算,以它们相应的色谱峰面积或峰高为定量参数。

应用范围:

当试样中各组分都能流出色谱柱,且在检测器上均有响应,各组分峰没有重叠时,可用此法。

该法的主要优点是简便、准确,当操作条件(如进样量、流速)变化时,对分析结果影响较小。宜用于分析多组分试样中各组分的含量,但是试样中所有组分必须全部出峰。该法适合于常量物质的定量,但该法的苛刻要求限制了它的使用。

(2) 色谱定量的依据

定量分析的任务是求出混合样品中各组分的质量。

当操作条件一致时,被测组分的质量(或浓度)与检测器给出的响应信号成正比。即

$$m_i = f_i \cdot A_i \tag{4-19}$$

式中:m_i——被测组分的质量;

A_i——被测组分的峰面积;

f_i——被测组分 i 的定量校正因子,即单位峰面积的组分的质量。

可见,进行色谱定量分析时需要:

准确测量检测器的响应信号、峰面积或峰高;

准确求得定量校正因子;

正确选择合适的定量计算方法,将测得的峰面积或峰高换算为组分的质量。

①峰面积测量方法

峰面积是色谱图提供的基本定量数据,峰面积测量的准确与否直接影响定

量结果。对于不同峰形的色谱峰采用不同的测量方法。

对称峰：
$$A = 1.065 \cdot h \cdot W_{\frac{1}{2}} \tag{4-20}$$

不对称峰：
$$A = 1.065 h \frac{W_{0.15} + W_{0.85}}{2} \tag{4-21}$$

色谱工作站软件可给出：t_r、A、h、$W_{\frac{1}{2}}$、R_s、f_s（标准物质的定量校正因子）等。

$$A = \int_{t_1}^{t_2} f_i \mathrm{d}t \tag{4-22}$$

②定量校正因子

a. 定量校正因子的定义

进入检测器的组分的量（m_i）与其色谱峰面积（A_i）或峰高（h）之比为比例常数 f_i，该比例常数 f_i 也被称为该组分的定量校正因子。

$$f_i = \frac{m_i}{A_i} \tag{4-23}$$

在定量分析时要精确求出 f 值是比较困难的。一方面由于精确测量绝对进样量困难；另一方面峰面积与色谱条件有关，要保持测定 f_i 值时的色谱条件相同，既不可能又不方便。另外，即便能够得到准确的 f_i 值，也由于没有统一的标准而无法直接应用。

相对校正因子定义：

$$f_i' = \frac{f_i}{f_s} \tag{4-24}$$

即某组分 i 的相对校正因子 f_i' 为组分 i 与标准物质 s 的绝对校正因子之比。

$$f_i' = \frac{f_i}{f_s} = \frac{\frac{m_i}{A_i}}{\frac{m_s}{A_s}} = \frac{m_i}{m_s} \cdot \frac{A_s}{A_i} \tag{4-25}$$

可见，相对校正因子 f_i' 就是当组分 i 的质量与标准物质 s 相等时，标准物质的峰面积是组分 i 峰面积的倍数。若某组分质量为 m_i，峰面积 A_i，则 f_i' 的数值

与质量为 m_i 的标准物质的峰面积相等。通过相对校正因子，可以把各个组分的峰面积分别换算成与其质量相等的标准物质的峰面积，这是归一法求算各组分质量分数的基础。

相对校正因子也分为两类：相对质量校正因子与相对摩尔校正因子。

相对质量校正因子：

$$f'_{wi} = \frac{f_{wi}}{f_w} = \frac{\dfrac{w_i}{w_s}}{\dfrac{A_i}{A_s}} = \frac{w_i}{w_s} \cdot \frac{A_s}{A_i} \tag{4-26}$$

相对摩尔校正因子：

$$f'_{ni} = \frac{f_{ni}}{f_{ns}} = \frac{\dfrac{n_i}{n_s}}{\dfrac{A_i}{A_s}} = \frac{n_i}{n_s} \cdot \frac{A_s}{A_i} \tag{4-27}$$

由上述公式可知：测定相对校正因子时，首先要配制一系列已知质量分数（或摩尔分数）的待测物与标准物的混合溶液（或混合气体）；所配待测物组分的浓度要与样品中待测物的浓度相当；在一定的操作条件下，进行色谱分析；然后以质量分数（或摩尔分数）W_i/W_s（或 n_i/n_s）对峰面积的比值 A_i/A_s 作图得到通过原点的直线，直线的斜率即为待测组分的相对校正因子。

b. 获得相对校正因子的方法

相对校正因子值只与被测物、标准物以及检测器的类型有关，而与操作条件无关。因此，f'_i 值可从文献中查出引用。若文献中查不到所需的 f'_i 值，也可以自己测定。

测定方法：

一定量的待测物＋选定的基准物→制成一定浓度的混合溶液进样，测得两组分色谱峰面积 A_i 和 A_s，由公式(4-25)求得。

c. 定量校正因子与检测器相对响应值的关系

为了衡量所用检测器的灵敏程度，可用灵敏度或绝对响应值来表示。

当采用瞬时进样法时，将一定量样品（质量或体积）准确地注入色谱仪中。由色谱峰的面积(A_i)、载气流速(F_c)、记录纸移动速度(U_1)、记录仪的灵敏度(U_2)就可计算出所用检测器的灵敏度。

如将检测器对某组分 i 测得的绝对响应值(S_i)与对标准物(s)测得的绝对响应值(S_s)相比，就引入了相对响应值(S'_i)的概念：

$$S'_i = \frac{S_i}{S_s} = \frac{\dfrac{A_i F_c U_2}{m_i U_1}}{\dfrac{A_s F_c U_2}{m_s U_1}} = \frac{\dfrac{A_i}{m_i}}{\dfrac{A_s}{m_s}} = \frac{A_i}{A_s} \times \frac{m_s}{m_i} = \frac{\dfrac{A_i}{A_s}}{\dfrac{m_i}{m_s}} \tag{4-28}$$

由公式(4-25)推到可得到：

$$S'_i = \frac{1}{f'_i} \tag{4-29}$$

由此可知检测器的相对响应值 S'_i 与定量计算使用的相对校正因子 f'_i 互为倒数关系。由于相对响应值也分为两类，因此相对质量响应值与相对质量校正因子互为倒数；相对摩尔响应值与相对摩尔校正因子互为倒数。

③定量计算方法

a. 面积归一化法

把所有出峰组分的含量之和按 100% 计的定量方法被称为归一化法，其计算公式如下：

$$p_i(\%) = \frac{m_i}{m} \times 100\% = \frac{A_i f'_i}{A_1 f'_1 + A_2 f'_2 + \cdots + A_n f'_n} \times 100\% = \frac{A_i f'_i}{\sum A_i f'_i} \times 100\% \tag{4-30}$$

式中：p_i——被测组分 i 的质量分数；

$A_1, A_2, \cdots, A_n$——组分 $1 \sim n$ 的峰面积；

$f'_1, f'_2, \cdots, f'_n$——组分 $1 \sim n$ 的相对校正因子。

b. 外标法

以待测组分纯品为对照物，与试样中待测组分的响应信号相比较进行定量的方法。

$$w_i = W_i \times \frac{w_s}{W_s} = A_i g_{wi} \times \frac{w_s}{A_s g_{ws}} = A_i \times \frac{g_{wi}}{g_{ws}} \times \frac{w_s}{A_s} = A_i G_{\frac{wi}{s}} K \tag{4-31}$$

式中：W_i, W_s——待测组分和外标物的质量；

w_i, w_s——待测组分和外标物的质量分数；

A_i, A_s——待测组分和外标物的峰面积；

$G_{\frac{wi}{s}}$——待测组分对外标物的相对质量校正因子；

K——与外标物单位峰面积对应的外标物的质量分数。

$$K = \frac{w_s}{A_s} \times 100\% \tag{4-32}$$

c. 内标法

内标法是将一定量的纯物质作为内标物加入待测物的标准溶液和样品溶液中,再进行分析测定的方法。

$$w_i = \frac{W_i}{W} \times 100\% = \frac{W_i}{W_s} \times \frac{W_s}{W} \times 100\%$$

$$= \frac{A_i g_{wi}}{A_s g_{us}} \times \frac{W_s}{W} \times 100\% = \frac{A_i}{A_s} G_{\frac{wi}{s}} \times \frac{W_s}{W} \times 100\% \tag{4-33}$$

式中:A_i,A_s——待测组分和内标物的峰面积;

W_i,W_s,W——待测组分、内标物和样品的质量;

$G_{\frac{wi}{s}}$——待测组分对于内标物的相对质量校正因子,其可自行测定或由文献中 i 组分和内标物 s 对苯的相对质量校正因子换算求出。

d. 标准加入法

标准加入法又称内加法,是将一定量(ΔC)待测物的对照品加至待测样品溶液中,测定添加待测物对照品后的样品溶液比原来样品溶液中待测物峰面积的增量(ΔA),以求算待测物在样品溶液中的量(C_x)。

$$C_x = \frac{\Delta C}{\Delta A} \times A_x \tag{4-34}$$

式中:A_x——原样品中待测物的峰面积。

第二节　气相色谱仪

1　定义

以气体为流动相的色谱法被称为气相色谱法(Gas Chromatography,GC)。气相色谱法适合分离、分析易气化、稳定、不易分解、不易反应的样品,特别适合用于同系物、同分异构体的分离。气相色谱仪如图 4.9 所示。

2　原理

气相色谱法是利用气体作为流动相的色层分离分析方法。气化的试样被载气(流动相)带入色谱柱中,柱中的固定相与试样中各组分分子作用力不同,各组分

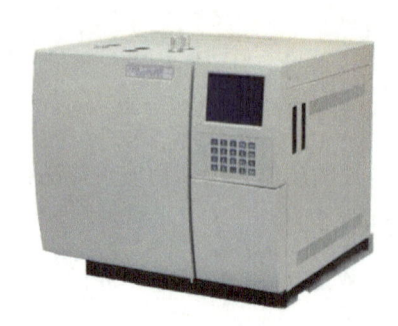

图 4.9　气相色谱仪

从色谱柱中流出时间不同，组分彼此分离。采用适当的鉴别和记录系统，制作标出各组分流出色谱柱的时间和浓度的色谱图。根据图中标明的出峰时间和顺序，可对化合物进行定性分析；根据峰的高低和面积大小，可对化合物进行定量分析。

3　分类

3.1　按固定相聚集态分类

（1）气-固色谱
固定相是固体吸附剂。
（2）气-液色谱
固定相是涂在担体表面的液体。

3.2　按过程物理化学原理分类

（1）吸附色谱
利用固体吸附表面对不同组分物理吸附性能的差异达到分离的色谱。
（2）分配色谱
利用不同的组分在两相中有不同的分配系数以达到分离的色谱。
（3）其他
利用离子交换原理的离子交换色谱；利用胶体的电动效应建立的电色谱；利用温度变化发展而来的热色谱，等等。

3.3　按固定相类型分类

（1）柱色谱
固定相装于色谱柱内，填充柱、空心柱、毛细管柱均属此类。

（2）纸色谱
以滤纸为载体。
（3）薄膜色谱
固定相为粉末压成的薄膜。

3.4 按动力学过程原理分类

可分为冲洗法、取代法及迎头法三种。

4 组成

气相色谱仪一般由气路系统、进样系统、分离系统（色谱柱系统）、检测及温控系统、记录系统组成（见图4.10）。

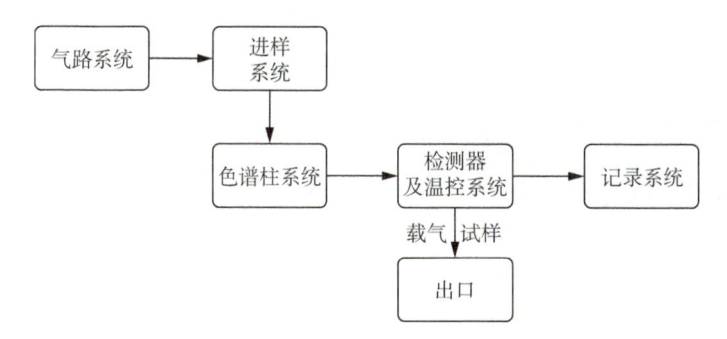

图4.10 气相色谱仪基本组成

（1）气路系统
气路系统包括气源、净化干燥管和载气流速控制及气体化装置（见图4.11），是一个载气连续运行的密闭管路系统。通过该系统可以获得纯净的、流速稳定的载气。它的气密性、流量测量的准确性及载气流速的稳定性，都是影响气相色谱仪性能的重要因素。

气相色谱中常用的载气有氮气、氦气，要求纯度99.9%以上，化学惰性好，不与有关物质反应。载气的选择除了要求考虑对柱效的影响外，还要与分析对象和所用的检测器相配。

（2）进样系统
①进样器
根据试样的状态不同，采用不同的进样器。液体样品的进样一般采用平头微量注射器（见图4.12、4.13）。气体样品的进样常用色谱仪本身配置的推拉式六通阀或旋转式六通阀。固体试样一般先溶解于适当试剂中，然后用微量注射器进样。

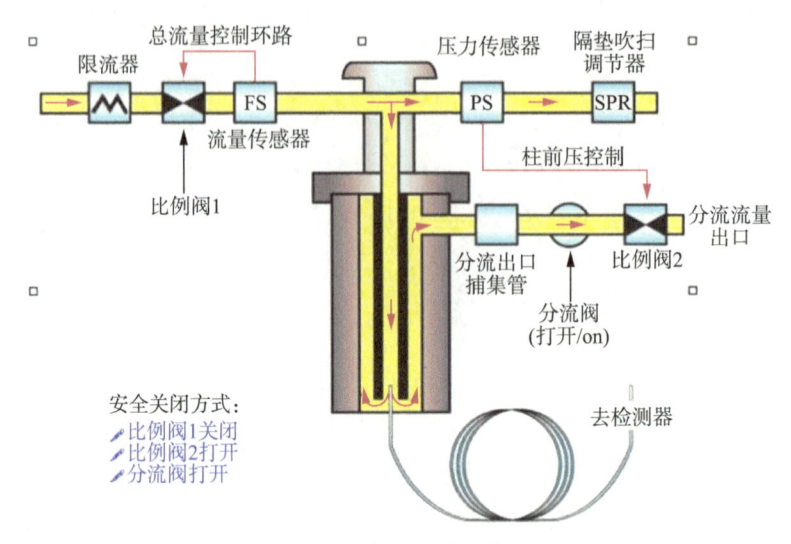

图 4.11　气路系统示意图

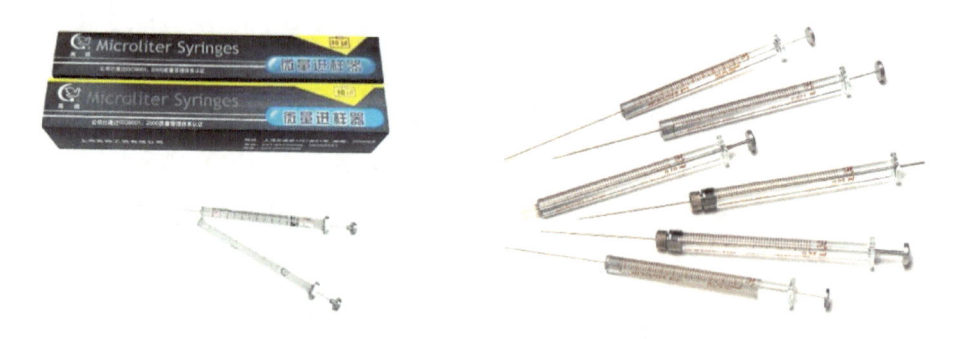

图 4.12　10 μL 微量注射器

图 4.13　气相色谱仪的平头微量进样器

②气化室

气化室一般由一根不锈钢管制成,管外绕有加热丝,其作用是将液体或固体试样瞬间气化。为了让样品在气化室中瞬间气化而不分解,因此要求气化室热容量大、无催化效应。

③加热系统

用以保证试样气化,其作用是将液体或固体试样在进入色谱柱之前瞬间气化,然后快速定量地转入色谱柱中。

(3) 分离系统

分离系统是色谱仪的心脏部分,其作用是把样品中的各个组分分离开。分离系统由柱室、色谱柱(见图 4.14)、温控部件组成。其中色谱柱是色谱仪的核心部件。

色谱柱主要有两类：填充柱和毛细管柱。柱材料包括金属、玻璃、熔融石英、聚四氟等。色谱柱的分离效果除与柱长、柱径和柱形有关外，还与所选用的固定相和柱填料的制备技术以及操作条件等许多因素有关。

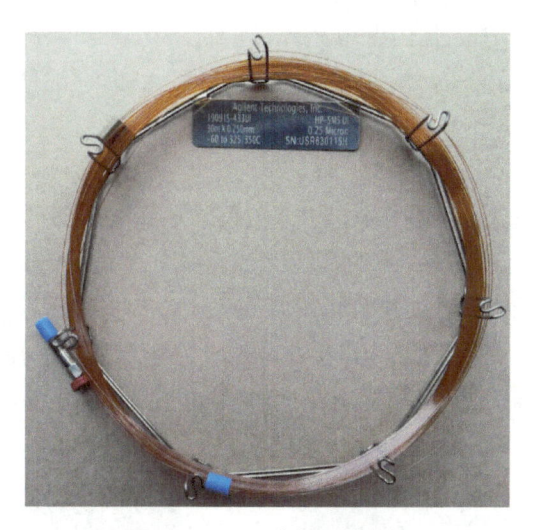

图 4.14　毛细管气相色谱柱

① 填充柱

填充柱的柱形：

U 形或螺旋形，使用后者易获得较高的柱效（见图 4.15、4.16）。

图 4.15　色谱填充柱　　　　　图 4.16　毛细管色谱柱

填充柱的柱管：

填充柱可以使用任何类型的柱管，只要它对样品是清洁、惰性的，以及能够承受 GC 的柱箱温度,如不锈钢管、玻璃管、铜管、铝管、铜镀镍管、聚四氟乙烯管、聚合物管等。铜管和铝管由于催化活性太强且易变形已不太常用。目前最常使用的是不锈钢管,它最大的优点是不破碎、传热性能好、柱寿命长,能满足常见样品分析的要求,缺点是内壁较粗糙、有活性、比较难清洗干净。分析用的填充柱内径一般采用 2～4 mm;制备用的柱内径可大些,一般使用 5～10 mm。长度可选择 0.5～10 m。

②固定相

气-固色谱填充柱常采用固体物质作固定相,通常包括具有吸附活性的无机吸附剂、高分子多孔微球和表面被化学键合的固体物质等。

无机吸附剂包括具有强极性的硅胶(见图 4.17)、中等极性的氧化铝(见图 4.18)、非极性的碳素(见图 4.19)及有特殊吸附作用的分子筛(见图 4.20)。它们大多数能在高温下使用,吸附容量大、热稳定性好,是分析永久性气体及气态烃类混合物理想的固定相。

图 4.17 硅胶填料

图 4.18 氧化铝粉末

图 4.19 活性炭

图 4.20 蜂窝状沸石分子筛

高分子多孔微球(GDX)是以苯乙烯等为单体与交联剂二乙烯苯交联共聚的小球(见图 4.21)。这种聚合物在一些方面具有类似吸附剂的性能,而在另外一些方面又显示出固定液的性能。因此它本身既可以作为吸附剂在气-固色谱中直接使用,也可以作为载体涂上固定液后用于分离。在烷烃、芳烃、卤代烃、醇、酮、醛、醚、酯、酸、胺、腈以及各种气体的气相色谱分析中得到广泛应用。

图 4.21 高分子多孔微球

化学键合固定相又称化学键合多孔微球固定相,是一种以表面孔径度可人为控制的球形多孔硅胶固定相,是利用化学反应方法把固定液键合于载体表面上制成的键合固定相。其大致可分为硅氧烷型、硅酸酯型、硅碳型、硅氮型四种类型。常用于分析 $C_1 \sim C_3$ 烷烃、烯烃、炔烃、CO_2、卤代烃及有机含氧化合物。

③固定液

气-液色谱填充柱中所用的填料是液体固定相,由惰性的固体支撑物(即载体)和其表面上涂的高沸点有机物(即固定液)所构成。气-液色谱毛细管柱的固定相就是涂布在毛细管内壁的固定液。

固定液是气-液色谱柱的关键部分,它的种类很多,应用极其广泛。一般为高沸点有机化合物,如脂肪烃及其聚合物类、聚硅氧烷类、聚醇聚醚类、二酸酯及其相应聚酯类、无机酸酯与聚酯类固定液等。

固定液要求挥发性小、热稳定性好、在操作温度下呈液态、对各组分有足够的溶解度、高选择性(相对保留值要大)、化学稳定性好。

固定相和固定液根据"相似相溶"原则或同极性相互作用进行选择:

a. 分析非极性组分选非极性固定液,按沸点从低到高的顺序出峰。

b. 分析中等极性组分选中等极性固定液,基本按沸点顺序出峰。若沸点相同,则按极性从小到大的顺序出峰。

c. 分析极性组分选极性固定液,按极性从小到大的顺序出峰。

d. 易分离物质选用极性小的色谱柱更佳;分析氢键型组分选氢键型固定液更佳;醇、酚、胺、水等的分离用PEG(聚乙二醇)柱更佳,组分按形成氢键的能力从小到大出峰;轻烃或永久气体用Plot柱(多孔层开管柱)更佳;高苯基固定相对芳香族物质保留能力更强,但是分析二甲苯等芳烃异构体首选Wax类强极性色谱柱(见图4.22)。

图4.22 Wax类强极性色谱柱

④载体

载体又称担体,是一种化学惰性物质,大部分为多孔性的固体颗粒,用于承载固定液体,其细小、均匀、多孔,增加了与样品接触的表面积。其种类有很多,如硅藻土类(见图4.23)、玻璃微球(见图4.24)、氟化物类等。

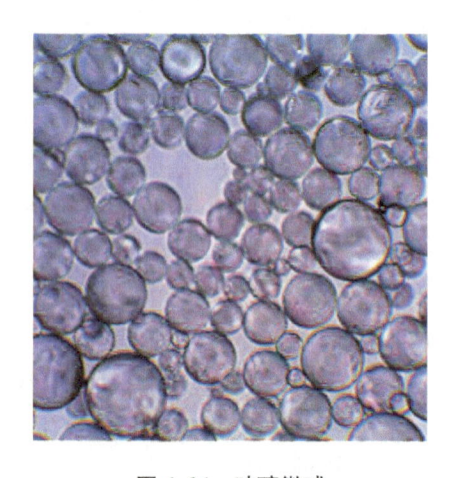

图4.23 硅藻土　　　　图4.24 玻璃微球

固体载体有不同大小的粒度。一般根据柱径选择固体载体的粒度(见表 4.1),保持载体的直径为柱内径的 1/20 为宜,常用 60～80 及 80～100 目。

表 4.1 粒度大小与平均直径的对应关系

粒度大小(目)	平均直径范围(μm)
60～80	177～260
80(不含)～100	149～177
100(不含)～120	125～149
120 不含～140	105～125

(4) 温度控制系统

在气相色谱测定中,温度是重要的指标,直接影响柱的分离效能、检测器的灵敏度和稳定性。温度控制系统主要指对气化室、色谱柱、检测器三处的温度控制。在气化室要保证液体试样瞬间气化,在色谱柱室要准确控制分离需要的温度。当试样复杂时,分离室的温度需要一定的程序来控制温度变化,使各组分在最佳温度下分离。检测器的温度要使被分离后的组分通过检测器时不在此冷凝。控温模式分恒温模式和程序升温模式。

①恒温模式

对于简单样品,可采用恒温模式。一般的气体样品和简单液体样品的分析都采用恒温模式。

②程序升温模式

程序升温是指在一个分析周期里设置色谱柱的温度随时间由低温到高温呈线性或非线性的变化,使沸点不同的组分分别在其最佳柱温下流出,从而改善分离效果、缩短分析时间。对于复杂样品,如果在恒温模式下分离很难达到好的分离效果,则使用程序升温模式。

(5) 检测系统

检测器是将经色谱柱分离出的各组分的浓度或质量(含量)转变成易被测量的电信号(如电压、电流等),并进行信号处理的一种装置,是色谱仪的眼睛。通常由检测元件、放大器、数模转换器三部分组成。被色谱柱分离后的组分依次进检测器,按其浓度或质量随时间的变化,转化成相应电信号,经放大后记录和显示,绘出色谱图。检测器性能的好坏将直接影响到色谱仪器最终分析结果的准确性。

根据检测器的响应原理,可将其分为浓度型检测器和质量型检测器。

浓度型检测器测量的是载气中组分的瞬间变化,即检测器的响应值正比于组分的浓度。如热导检测器、电子捕获检测器。

质量型检测器测量的是载气中所带的样品进入检测器的速度变化，即检测器的响应信号正比于单位时间内组分进入检测器的质量。如氢火焰离子化检测器和火焰光度检测器。

气相色谱仪常用的检测器有以下几种。

①火焰离子化检测器(FID)

火焰离子化检测器(Flame Ionization Detector,FID)一般都用的是氢气，所以一般也叫氢火焰离子化检测器(见图4.25、4.26)。它的原理(见图4.27)是氢气和空气燃烧生成火焰，当有机化合物进入火焰时，由于离子化反应，在火焰那里会生成比基流高几个数量级的离子。在极化电压的作用下，喷嘴和收集极之间的电流会增大。这些带正电荷的离子和电子分别向负极和正极移动，形成离子流，此离子流经放大器放大

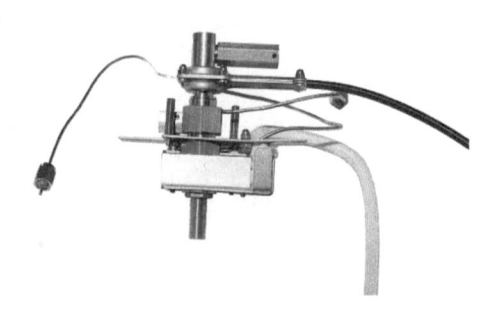

图4.25　氢火焰离子化检测器(FID)

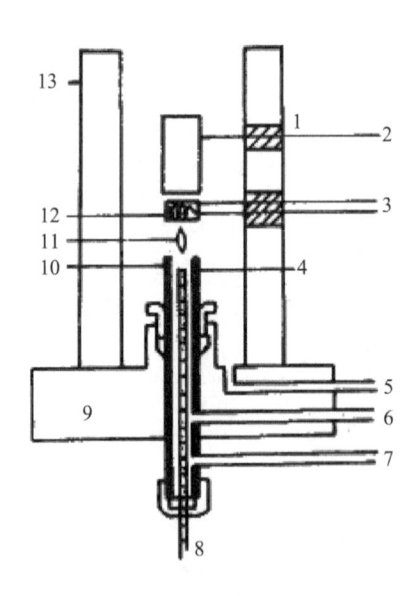

图4.26　氢火焰离子化检测器(FID)示意图

1—绝缘体；2—信号收集极；3—碱金属加热极；4—毛细管柱末端；5—空气；6—氢气；7—尾吹气；8—毛细管柱；9—检测气加热块；10—火焰喷嘴；11—微焰；12—玻璃/陶瓷珠加热线圈；13—检测器筒体

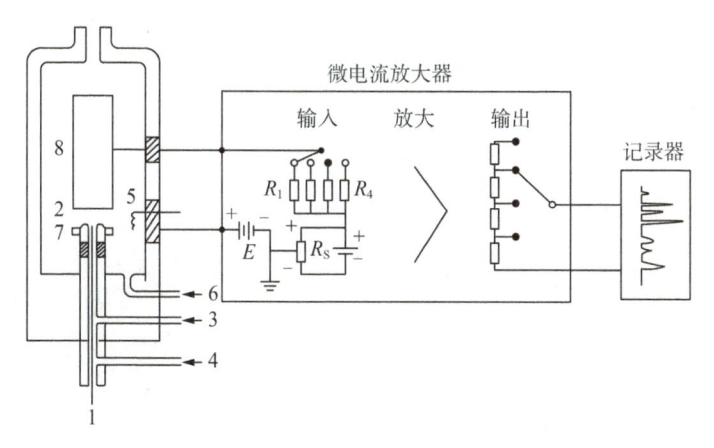

图 4.27　氢火焰离子化检测器(FID)系统示意图

1—毛细管柱；2—喷嘴；3—氢气入口；4—尾吹气入口；5—点火灯丝；6—空气入口；7—极化极；8—收集极

后,可被检测。产生的离子流与进入火焰的有机物含量成正比,利用此原理可进行有机物的定量分析。有机化合物在 FID 上都有响应,分子量越大,灵敏度越高。FID 是气相色谱仪通用型检测器。

②电子捕获检测器(ECD)

电子捕获检测器(Electron Capture Detector,ECD)是一种灵敏度高、选择性强的检测器(见图 4.28、4.29)。它有一个放射源会不间断地发射电子,这个电子流在通常的时间尺度下,可认为是恒定的,被称为基流。利用镍源发生 α 射线轰击物质组分,使物质离子逃逸再被检测。当含有强电负性元素如卤素、O 以

图 4.28　电子捕获检测器(ECD) 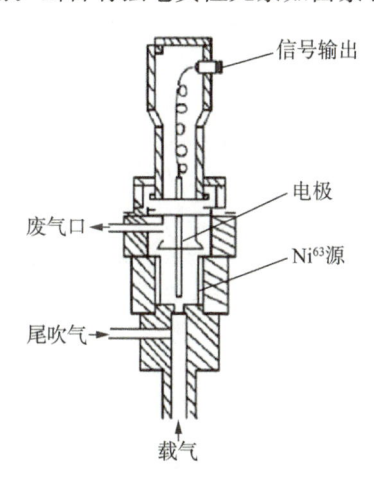　　**图 4.29　电子捕获检测器(ECD)示意图**

及 N 等元素的化合物经过检测器时,它们会捕获并带走一部分电子而使基流下降,检测并记录基流信号的变化就可以得到谱图。电子捕获检测器是分析痕量电负性化合物较有效的检测器,也是放射性离子化检测器中应用较广的一种,被广泛用于生物、医药、环保、金属螯合物及气象追踪等领域。

ECD 是一个选择性的检测器,仅对含强电负性元素的化合物有高响应。它的灵敏度很高,比 FID 高出 2～3 个数量级。

③热导检测器(TCD)

热导检测器(Thermal Conductivity Detector,TCD)是根据组分和载气有不同的导热系数研制而成的(见图 4.30、4.31)。组分通过热导池且浓度有变化时,就会从热敏元件上带走不同热量,从而引起热敏元件阻值变化,此变化可用电桥来测量。几乎所有物质的电阻率都随其本身温度的变化而变化,这一现象被称为热电阻效应。

图 4.30 热导检测器(TCD)

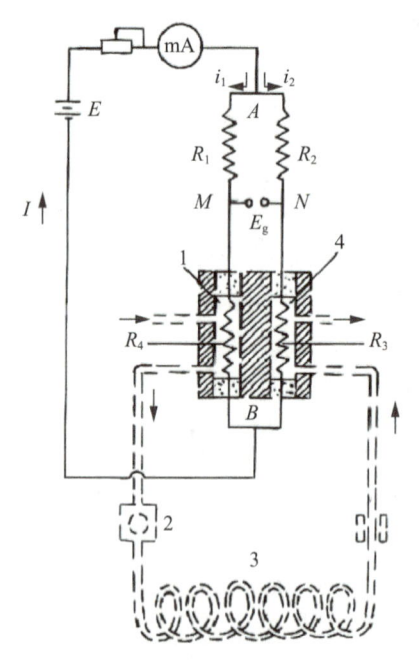

图 4.31 热导检测器(TCD)工作原理图

1—参考池腔;2—进样器;3—色谱柱;4—测量池腔

热导检测器是基于气体热传导和热电阻效应的一种检测装置,它检测气体浓度的过程是通过热电阻(钨铼丝元件)与被测气体之间热交换和热平衡来实现的。热导池在结构上就是将电阻率较大的钨铼丝元件置于一个有气体可进出流过的金属块体的气室中,一般多用四个元件,在电路上组成典型的惠斯顿电桥电路。当被测气体组分被载气带入气室时就发生了一系列的变化:气室中气体组成变化、气体导热率变化、热电阻温度变化、电阻阻值变化,电桥平衡被破坏就输出相应的电讯号。这个电讯号与被测气体浓度成一定的线性函数关系。

④氮磷检测器(NPD)

氮磷检测器(Nitrogen and Phosphorus Detector,NPD)(见图4.32)对含N、P的有机物的检测灵敏度高、选择性强、线性范围宽。NPD已成为目前测定含N有机物理想的气相色谱仪检测器;对含P的有机物,其灵敏度也高于火焰光度检测器(FPD),而且结构简单,使用方便。NPD广泛用于环境、临床、食品、药物、香料、刑事法医等分析领域,成为常用的气相色谱仪检测器。

图 4.32　氮磷检测器(NPD)

⑤火焰光度(FPD)检测器

火焰光度检测器(Flame Photometric Detector,FPD)是分析含S、P元素的化合物的高灵敏度、高选择性的气相色谱仪检测器(见图4.33),广泛用于环境、食品中含S、P元素的农药残留物的检测。当含S、P的化合物进入检测器,在富氢焰(H_2与O_2体积比≥3)中燃烧时,从基态到激发态发出特征光谱,分别发射出350~480 nm和480~600 nm的一系列特征波长光,其中394 nm和526 nm分别为含S和含P化合物的特征波长。其特征光透过特征光单色滤光片直接投射在光电倍增管上,通过光电倍增管将光信号转换成电信号,经微电流放大器放大传输给色谱工作站的数据采集卡,数据采集卡将其模拟信号转换成数字信号,便可得到相应的谱峰。

以前一直将 FPD 作为 S 和 P 化合物的检测器,后由于氮磷检测对 P 的灵敏度高于 FPD,而且更可靠,因此 FPD 现今多只作为含 S 化合物的检测器。

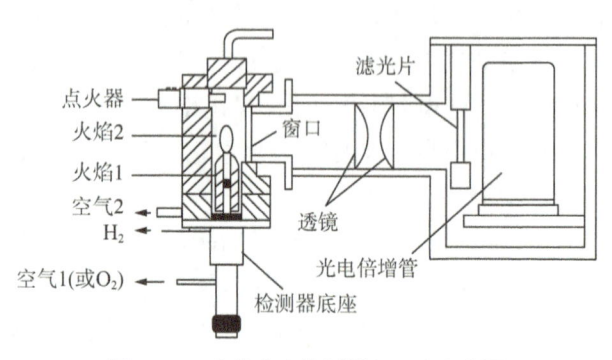

图 4.33　火焰光度检测器(FPD)示意图

(6) 记录系统

记录系统记录检测器的检测信号,进行定量数据处理。一般采用自动平衡式电子电位差计进行记录,绘制出色谱图。一些色谱仪配备有积分仪,可测量色谱峰的面积,直接提供定量分析的准确数据。现代的气相色谱仪配有电子计算机及工作站软件,通过工作站软件可以实现自动及手动处理色谱数据。

第三节　液相色谱仪

1　定义

以液体为流动相的色谱法被称为液相色谱法(Liquid Chromatography, LC)。液相色谱法适合分离分析难挥发、半挥发、热不稳定的样品。

高效液相色谱法(High Performance Liquid Chromatography, HPLC)又称"高压液相色谱"(见图 4.34)。高效液相色谱法是色谱法的一个重要分支,以液体为流动相,采用高压输液系统,将具有不同极性的单一溶剂或不同比例的混合溶剂、缓冲液等流动相泵入装有固定相的色谱柱,在柱内各成分被分离后,进入检测器进行检测,从而实现对试样的分析。

图 4.34 液相色谱仪

2 原理

液相色谱法是利用混合物中各组分物理化学性质的差异(如吸附力、分子形状及大小、分子亲和力、分配系数等)使各组分在两相(相为固定的,被称为固定相;另一相流过固定相,被称为流动相)中的分配程度不同,从而使各组分以不同的速度通过色谱柱,达到分离的目的。

3 组成

液相色谱仪根据固定相是液体或固体,分为液-液色谱(LLC)及液-固色谱(LSC)。高效液相色谱仪(HPLC)由高压输液泵、进样系统、温度控制系统、色谱柱、检测器、信号记录系统等部分组成(见图 4.35)。与经典液相柱色谱装置相比,高效液相色谱仪具有高效、快速、灵敏等特点。

(1) 进样系统

一般采用阀进样或自动进样器完成进样操作,进样量是恒定的,这有利于提高分析样品的重复性。

(2) 输液系统

该系统包括高压泵(见图 4.36)、流动相贮存器梯度洗脱装置、脱气装置四部分。高压泵的压强一般为 $1.47 \times 10^7 \sim 4.4 \times 10^7$ Pa,流速可调且稳定。当高压流动相通过层析柱时可降低样品在柱中的扩散效应,可加快其在柱中的移动

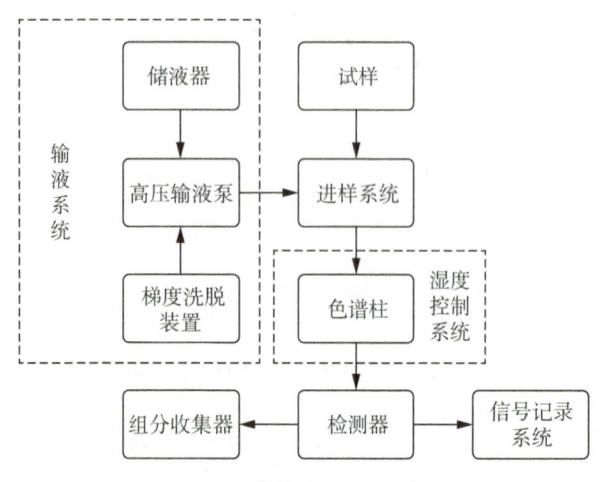

图 4.35　高效液相色谱流程图

速度,这对提高分辨率、回收样品、保持样品的生物活性等都是有利的。流动相贮存器和梯度仪可使流动相随固定相和样品的性质改变,包括改变洗脱液的极性、离子强度、pH 值或改用竞争性抑制剂或变性剂等,这就可使各种物质(即使仅有一个基团的差别或是同分异构体)都能获得有效分离。

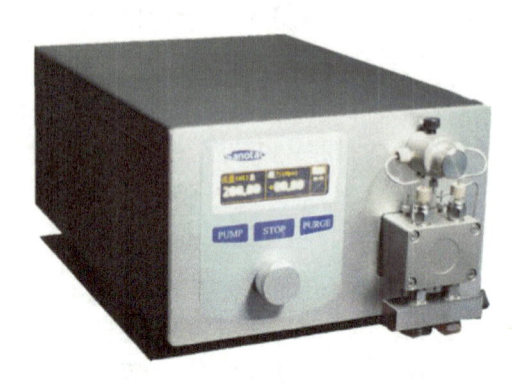

图 4.36　液相色谱仪的高压泵

(3) 分离系统

该系统包括色谱柱、连接管和恒温器等。液相色谱仪的色谱柱长度一般为 10~50 cm(需要两根连用时,可在二者之间加一连接管),内径为 2~5 mm。液相色谱仪的色谱柱是由优质不锈钢或厚壁玻璃管或钛合金等材料制成,柱内装有直径为 5~10 μm 粒度的固定相(由基质和固定液构成)。固定相中的基质是由机械强度高的树脂或硅胶构成,它们都有惰性(如硅胶表面的硅酸基团基本已除去)、多孔性和比表面积大的特点,加之其表面经过机械涂渍(与气相色谱仪中固定相的制备一样),或者用化学法偶联各种基团(如磷酸基、季胺基、羟甲基、苯基、氨基或各种长度碳链的烷基等)或配体的有机化合物。因此固定相对结构不同的物质有良好的选择性。例如,在多孔性硅胶表面偶联豌豆凝集素(PSA)后,就可以把成纤维细胞中的一种糖蛋白分离出来。

另外,固定相基质粒小,柱床极易达到均匀、致密状态,极易降低涡流扩散效应。基质粒度小,微孔浅,样品在微孔区内传质短。这些对缩小谱带宽度、提高分辨率是有益的。根据柱效理论分析,基质粒度越小,理论塔板数 N 就越大。这也进一步证明基质粒度小会提高分辨率。

再者,高效液相色谱仪的恒温器可使温度从室温调到 60 ℃,只要改善传质速度、缩短分析时间就可增加色谱柱的效率。

(4) 检测器

检测器的作用是将柱流出物中样品组成和含量的变化转化为可供检测的信号。常用的液相色谱仪检测器包括:紫外吸收检测器(UVD)、光电二极管阵列检测器(PDA 或 PDAD)、荧光检测器(FLD)、示差折光检测器(RID)、化学发光检测器(CLD)等。

①紫外-可见吸收检测器(Ultraviolet-visible Detector,UVD)

紫外-可见吸收检测器(UVD)是 HPLC 中应用最广泛的检测器之一,特点是灵敏度较高、线性范围宽、噪声低,适用于梯度洗脱。对强吸收物质检出限可达 1 ng,检测后不破坏样品,可用于制备,并能与任何检测器串联使用。紫外-可见检测器的工作原理与结构同一般分光光度计相似,实际上就是装有流动相和固定相的紫外-可见光度计(见图 4.37)。

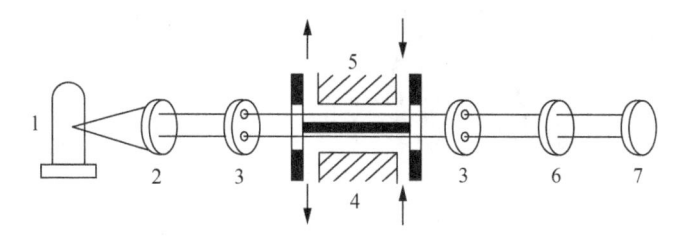

图 4.37 紫外-可见吸收检测器(UVD)示意图

1—低压汞灯;2—透镜;3—遮光板;4—测量池;5—参比池;6—紫外滤光片;7—双紫外光敏电阻

紫外-可见吸收检测器(UVD)通常用氘灯作光源,其氘灯可以发射出紫外-可见区范围的连续波长。紫外吸收检测器还安装了一个光栅型单色器,其波长选择范围为 190～800 nm。它有两个流通池,一个作参比,一个作测量用。光源发出的紫外光照射到流通池上,若两流通池都通过纯的均匀溶剂,则它们在紫外波长下几乎无吸收,光电管上接收到的辐射强度相等,无信号输出。当组分进入测量池时吸收一定的紫外光,使两光电管接收到的辐射强度不等,这时有信号输出,输出信号大小与组分浓度有关。

紫外-可见吸收检测器的局限:

流动相的选择受到一定限制,即具有一定紫外吸收的溶剂不能做流动相。每种溶剂都有截止波长,当小于该截止波长的紫外光通过溶剂时,溶剂的透光率降至10%以下。因此紫外-吸收检测器的工作波长不能小于溶剂的截止波长。

②光电二极管阵列检测器(Photodiode Array Detector,PDAD)

光电二极管阵列检测器也称快速扫描紫外-可见分光检测器,是一种新型的光吸收式检测器(见图4.38、4.39)。它采用光电二极管阵列作为检测元件,构成多通道并行工作,同时检测由光栅分光,再入射到阵列式接收器上的全部波长的光信号,然后对二极管阵列快速扫描采集数据,得到吸收值(A)、保留时间(t_r)和波长(l)函数的三维色谱光谱图。由此可及时观察每一组分的色谱图相应的光谱数据,从而迅速决定具有最佳选择性和灵敏度的波长。

单光束二极管阵列检测器光源发出的光先通过检测池,透射光由全息光栅色散成多色光,射到阵列元件上,使所有波长的光在接收器上同时被检测。阵列式接收器上的光信号可用电子学的方法快速扫描提取出来,每幅图仅需要10 ms,远远超过色谱流出峰的速度,因此可随峰扫描。

图4.38 二极管阵列检测器(PDAD)　　图4.39 二极管阵列检测器(PDAD)示意图

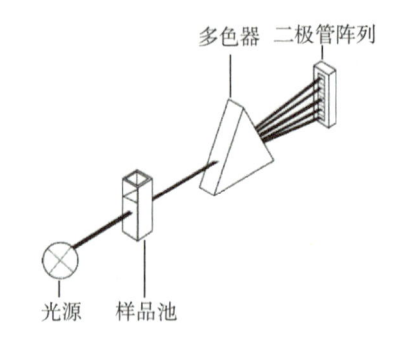

③荧光检测器(Fluorescence Detector,FLD)

荧光检测器是一种高灵敏度、有选择性的检测器(见图4.40),可检测能产生荧光的化合物。某些不发荧光的物质可通过化学衍生化生成荧光衍生物,再进行荧光检测。其最小检测浓度可达 $0.1\ ng \cdot mL^{-1}$,适用于痕量分析。

一般情况下荧光检测器的灵敏度比紫外检测器约高2个数量级,但其线性范围不如紫外检测器宽。近年来,采用激光作为荧光检测器的光源而产生的激光诱导荧光检测器极大地增强了荧光检测的信噪比,因而具有很高的灵敏度,在痕量和超痕量分析中得到广泛应用。

图 4.40　荧光检测器(FLD)

④示差折光检测器(Differential Refractive Index Detector,RID)

示差折光检测器是一种浓度型通用检测器(见图 4.41、4.42),对所有溶质都有响应。某些不能用选择性检测器检测的组分,如高分子化合物、糖类、脂肪烷烃等,可用示差检测器检测。示差检测器是基于连续测定样品流路和参比流路之间折射率的变化来测定样品含量的。光从一种介质进入另一种介质时,由于两种物质的折射率不同就会产生折射。只要样品组分与流动相的折射率不同,就可被检测,二者相差愈大,灵敏度愈高,在一定浓度范围内检测器的输出与溶质浓度成正比。

图 4.41　示差折光检测器(RID)

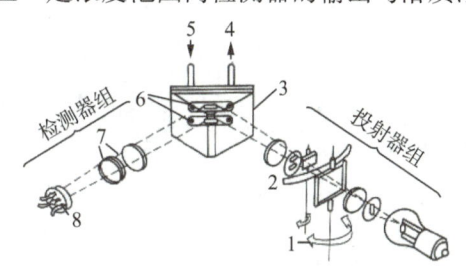

图 4.42　示差折光检测器(RID)示意图

1—细调节;2—粗调节;3—池棱镜;4—参考溶液;5—样品;6—检测池;7—透镜;8—检测器

⑤电化学检测器(Electrochemical Detector, ECD)

电化学检测器是根据电化学原理和物质的电化学性质进行检测的(见图4.43)。那些没有紫外吸收或不能发出荧光但具有电活性的物质，可采用电化学法检测。若在分离柱后采用衍生技术，还可将它扩展到非电活性物质的检测。它具有高选择性、高灵敏度和低造价等优点，在液相色谱检测中发挥着不可替代的作用。

电化学检测器主要有安培、极谱、库仑和电导检测器等。前三种统被称为伏安检测器，以测量电解电流的大小为基础；后者则以测量液体的电阻变化为根据。其中以安培检测器的应用最为广泛。属于电化学检测器的还有依据测量流出物电容量变化的电容检测器，以及依据测量锂电池电动势大小的电位检测器。

按照测量参数的不同，电化学检测器又可分为两类，第一类为测量溶液整体性质的检测器，包括电导检测器和电容检测器；第二类为测量溶质组分性质的检测器，包括安培、极谱、库仑和电位检测器。一般来说，前者通用性强，而后者具有较高的灵敏度和选择性。

电化学检测器的优点是：

灵敏度高，最小检测量一般为 ng 级，有的可达 pg 级；选择性好，可测定大量非电活性物质中极痕量的电活性物质；线性范围宽，一般为 4~5 个数量级；设备简单，成本较低；易于自动操作。

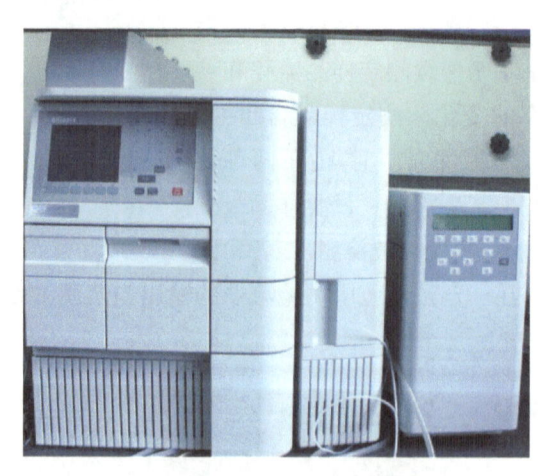

图 4.43 电化学检测器(ECD)

⑥化学发光检测器(Chemiluminescence Detector, CLD)

化学发光检测器是近年来发展起来的一种快速、灵敏的新型检测器(见图4.44)，具有设备简单、价廉、线性范围宽等优点。其原理是基于某些物质在常温

图 4.44　化学发光检测器(CLD)

下进行化学反应,生成处于激发态的反应中反应产物,当它们从激发态返回基态时,就发射出光子。由于物质激发态的能量是来自化学反应,故叫化学发光。当分离组分从色谱柱中洗脱出来后,立即与适当的化学发光试剂混合,引起化学反应,导致发光物质产生辐射,其光强度与该物质的浓度成正比。

这种检测器不需要光源,也不需要复杂的光学系统,只要有恒流泵将化学发光试剂以一定的流速泵入混合器中,使之与柱流出物迅速而又均匀地混合产生化学发光,通过光电倍增管将光信号变成电信号就可进行检测。这种检测器的最小检出量可达 10^{-12} g。

第四节　质谱法

1　质谱法的发展史

1912 年,J. J. Thomson 研制出第一台质谱仪的原型机。

1918 年,F. L. Arnot 和 J. C. Milligan 发明了磁扇面方向聚焦质谱。

1946 年,W. E. Stephens 发明了飞行时间(TOF)质谱。

1953—1958 年,W. Paul 等发明了四极杆质谱分析仪。

1966年,F. H. Field等发明了化学电离。

1968年,C. R. Blackley团队发现了"电喷雾"方法。

R. Gohlke和F. McLafferty共同发明了气相色谱-质谱联用,后者于1973年进一步引入液相色谱质谱联用。

威廉·维恩(Wilhelm Wien)在研究戈尔德斯坦发现的阳极射线时制造了一台仪器测量氢原子核的质荷比,这台小仪器仅有5 cm,其原理如图4.45所示,阴极A与阳极a产生阳极射线,射线经过平行的电极缝与外加磁场,只有速度达到指定要求的粒子可以抵达终点。这种简单的速度选择器可谓是质谱仪原型机的雏形。

汤姆森改进了维恩所做的仪器,他将电场与磁场平行放置,离子束偏转后可以打在后面的荧光屏上,使硫酸锌感光,便于观察。他用这种方法制成了质谱仪的原型机(见图4.46)。

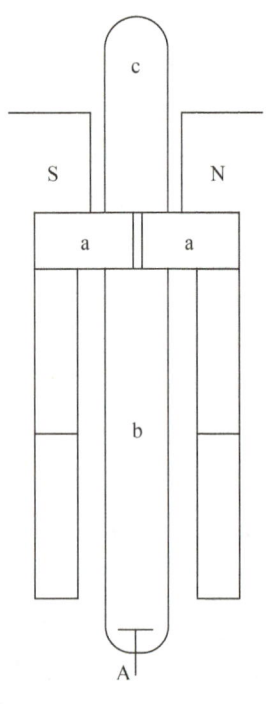

图 4.45　质荷比原理图

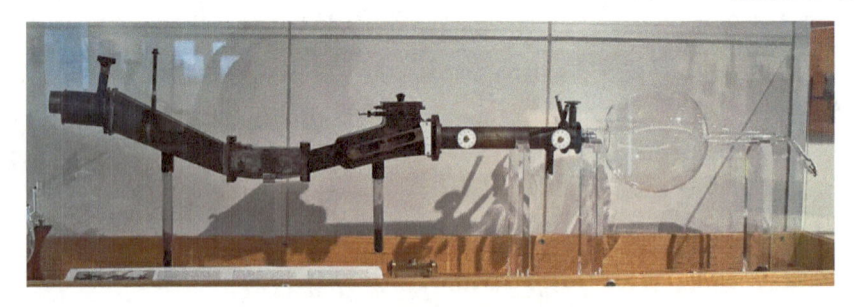

图 4.46　汤姆森制成的质谱仪

为了更好地定量研究同位素,弗朗西斯·阿斯顿(Francis William Aston)动手改进了自维恩和汤姆森以来的初期质谱仪,制造了世界第一台高精密度质谱仪,原理如图4.47所示。

将气体电离后产生离子束,离子束首先经过S_1、S_2两个准直孔,之后被一个具有倾角的平行电极板加速,通过挡板D,最后在圆形的匀强磁场中发生偏转从而打在荧光屏上。比起前人的成果,阿斯顿设计的质谱仪制作更为巧妙,离子束在电场和磁场中发生了两次偏转,从而消除掉了离子束速度对其偏离轨迹的影响,使得最后的影响因素只剩下唯一的一点——质荷比。这一原理已经与现

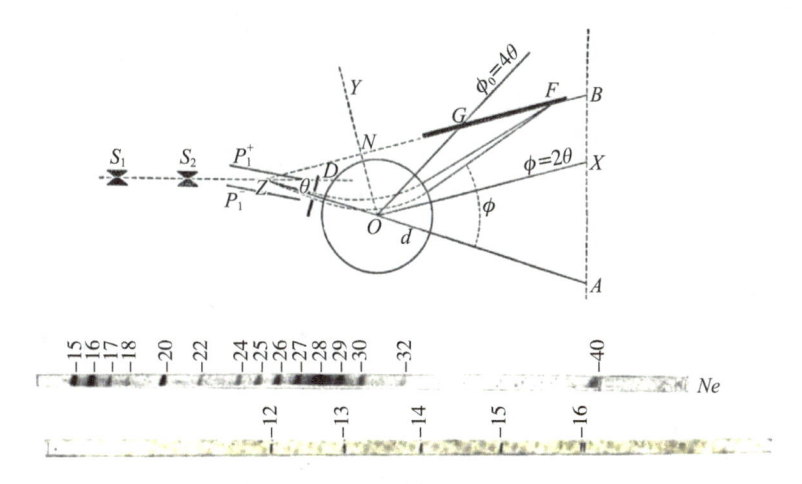

图 4.47　第一台高精密度质谱仪原理图

在的质谱仪一致。

1934 年,马陶赫(Mattauch)和赫佐格(R. Herzog)提出完整的离子束能量和方向的双聚焦理论,可以在同一张底片上得到很大范围的质量谱。

二战中为了提纯制作原子弹所需的铀-235,美国物理学家欧内斯特·劳伦斯(Ernest Orlando Lawrence)改进了扇形质谱仪电磁型同位素分离器。

1950 年与 1960 年,汉斯·德莫尔特(Hans Dehmelt)与沃尔夫冈·保罗(Wolfgang Paul)开发离子阱技术。

2　基本概念

质谱法(Mass Spectrometry,MS):

将样品分子置于高真空中($<10^{-3}$ Pa),并使其受到高速电子流或强电场等作用,失去外层电子而生成分子离子或化学键断裂生成各种碎片离子,然后加以收集和记录,从所得到的质谱图推断出化合物结构。

质谱图(亦称质谱,Mass Spectrum):

不同质荷比的离子经质量分析器分离和聚集,而后被检测并记录下来的谱图叫作质谱图。质谱图的横坐标是质荷比(m/z),纵坐标是离子强度。根据质谱图提供的信息可以进行多种有机物及无机物的定性和定量分析、复杂化合物的结构分析、样品中各种同位素比的测定及固体表面的结构和组成分析等。

质谱计(Mass Spectrometer):

采用顺次记录各种质荷比离子的强度的方式测量化合物质谱的仪器。

质谱仪(Mass Spectrograph):

采用干板记录方式,同时记录下所有离子的质谱仪器。

常用的质量单位:

Da=Dalton(道尔顿),质量单位,等于一个碳原子(^{12}C)质量的十二分之一,约为 $1.66×10^{-24}$ g;1 g 约为 $6×10^{23}$ Da。uamu= unified atomic mass unit,统一原子质量单位,1 amu≈1 Da。

质荷比(Mass Charge Ratio):

离子的质量(以相对原子量单位计)与它所带电荷(以电子电量为单位计)的比值,叫作质荷比,简写为 m/z。质荷比是质谱图的横坐标,是质谱定性分析的基础。

离子丰度(Abundance of Ions):

检测器检测到的离子信号强度。谱峰的离子丰度与物质的含量相关,因此是质谱定量的基础。

离子相对丰度(Relative Abundance of Ions):

以质谱图中指定质荷比范围内最强峰为 100%,其他离子峰对其归一化所得的强度。标准质谱图均以离子相对丰度值为纵坐标。

基峰(Base Peak):

在质谱图中,指定质荷比范围内强度最大的离子峰叫作基峰。基峰的相对丰度为 100%。

本底(Background):

在与分析样品的相同条件下,不送入样品时所检测到的质谱信号,包括化学噪声和电噪声。

总离子流图(Total Ions Current,TIC):

在选定的质量范围内,所有离子强度的总和对时间或扫描次数所作的图。色质联用时,TIC 即色谱图。

质量色谱图(Mass Chromatograph):

通过重建全扫描总离子流色谱图的局部,从而生成特定质量离子强度随分析时间变化的离子流图。

二维数据(2D Data):

液质联用中,只包含色谱图的数据(没有质谱信息)。

三维数据(3D Data):

液质联用中,同时包含色谱图和质谱图的数据(有质谱信息)。

分子离子(Molecular Ion):

分子失去一个电子生成的离子,其质荷比等于分子。

准分子离子(Quasi-molecular Ion)：

与分子存在简单关系的离子,通过它可以确定分子量。

碎片离子(Fragment Ion)：

分子离子裂解所生成的产物离子。

母离子与子离子(Darent Ion and Daughter Ion)：

任何离子进一步裂解产生了其他离子,前者被称为母离子,后者被称为子离子。

单电荷离子与多电荷离子(Single Charged Ion and Multiple Charged Ion)：

只带一个电荷的离子叫单电荷离子,带两个或两个以上电荷的离子叫多电荷离子,它们通常具有非整数质荷比。

同位素离子(Isotope Ion)：

由元素的重同位素构成的离子叫作同位素离子,它们在质谱图中总是出现在相应的分子离子或碎片离子的右侧。

氮规则(Nitrogen Rule)：

当化合物不含氮或含偶数个氮原子时,该化合物的分子量为偶数;当化合物含奇数个氮原子时,该化合物的分子量为奇数。大气压电离方式(API)使用氮规则,要将准分子离子还原成分子量后再使用。

全扫描模式(Full Scan Model)：

检测一段质荷比范围离子的采集模式,由每个采样点提取一张质谱图。

扫描时间(Scan Time)：

Full Scan 模式采集数据的参数,单位为秒,表示质谱扫描某一范围质荷比离子的时间。

扫描延迟时间(Scan Delay Time)：

Full Scan 模式采集数据的参数,单位为秒,表示两次扫描之间的间隔。

选择离子监测模式(Selected Ion Monitoring,SIM)：

选择能够表征某物质的一个质谱峰进行检测。

驻留时间(Dwell Time)：

SIM 模式采集数据时的一个参数,单位为秒,表示质谱放行该离子的时间。

多反应监测模式(Multiple Reaction Monitoring,MRM)：

串联质谱的一种采集模式,同时以 SIM 模式检测母离子与子离子的模式,特点是高选择性和高灵敏度相结合,适用于痕量目标监测物的定量分析。

3 质谱法的原理

质谱仪是利用电磁学原理,使带电的样品离子按质荷比进行分离的装置。离子电离后经加速进入磁场中,其动能与加速电压及电荷有关,即

$$zeU = \frac{1}{2}mv^2 \qquad (4-35)$$

式中:z——电荷数;

e——元电荷($e = 1.60 \times 10^{-19}$ C);

U——加速电压;

m——离子的质量;

v——离子被加速后的运动速度。

具有速度 v 的带电粒子进入质谱分析器的电磁场中,根据所选择的分离方式,最终实现各种离子按 m/z 进行分离,其示意图如图 4.48。

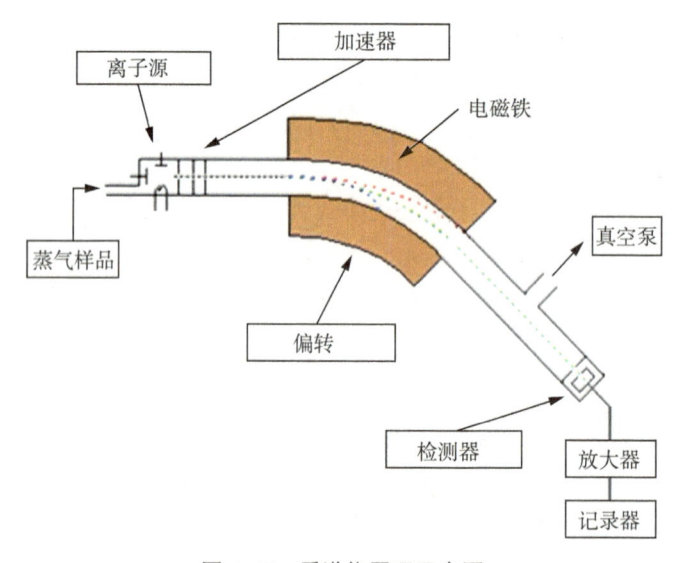

图 4.48 质谱仪原理示意图

4 质谱仪的基本结构

质谱仪是通过对样品电离后产生的具有不同 m/z 的离子来进行分离分析的。质谱仪需有进样系统、电离系统、质量分析器和检测系统等系统(见图 4.49、4.50)。为了获得离子的良好分析,必须避免离子损失,因此凡有样品分子

及离子存在和通过的位置,必须处于真空状态。

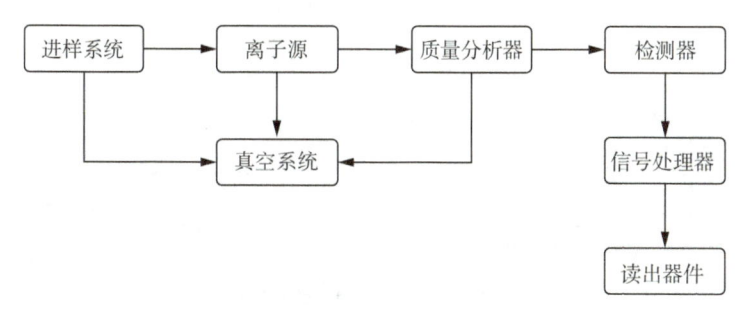

图 4.49　质谱仪基本组成图

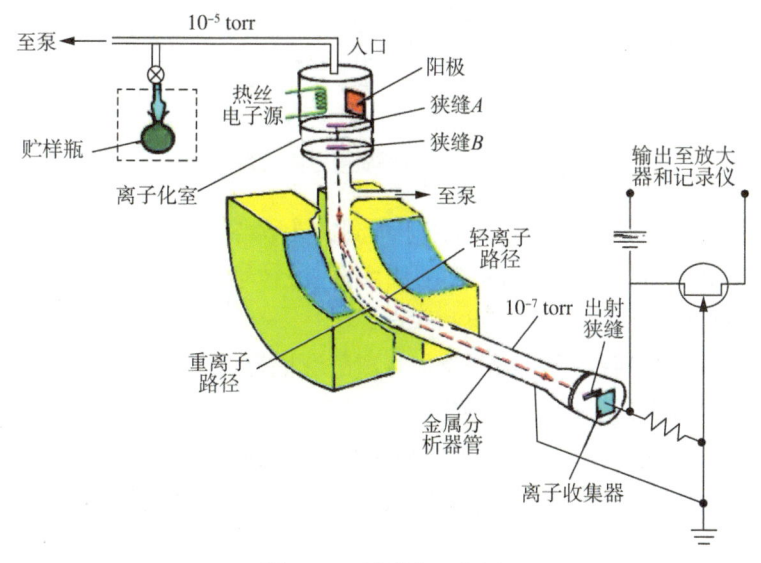

图 4.50　质谱仪示意图

注:1 torr≐133.322 Pa

质谱仪有许多不同的类型,但是它们皆有三个共同的部件:

第一共同的组件是可以使样品中的原子或分子离子化的组件,被称为离子源。质谱仪中使用的电场无法控制中性物质,因此有必要产生离子。质谱仪离子化有许多不同的方法。

第二个共同的组件是质量分析仪。质谱仪有几种不同的方法可以测量离子的 m/z 值。飞行时间质谱(TOF)、离子阱和四极杆质量分析仪是最常见的质量分析仪,每种分析仪都有其自身的优点和局限性。三重四极杆质谱(TQ-MS)主要由进样系统、离子源、一级质量分析器、惰性气体碰撞室、二级质量分析器和离子检测器等部分构成(见图 4.51),另外还有液相系统、高真空系统和供电系统等。

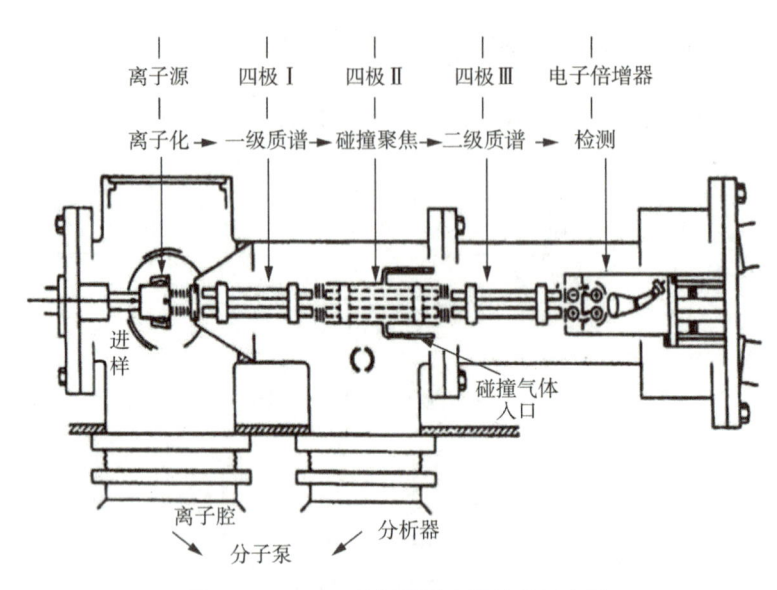

图 4.51　三重四极杆质谱主要结构示意图

第三个共有的组件是探测器,用于检测或计数特定 m/z 值离子数。探测器有几种不同的形式,最常见的是电子倍增器、法拉第杯、通道加速器和通道板。同样每种仪器都有其自身的优点和缺点。

需要考虑的最后一个因素是如何将离子源耦合到样品上以产生用于测量的离子,尤其是考虑到所有质谱仪必须在真空下运行这一事实。在某些情况下样品将被置于真空中,在其他情况下样品将处于大气压下(通常被称为环境质谱技术),并且某些样品可能在引入电离室之前采用其他形式的分离技术。

5　质谱仪的离子源

电离对于任何质谱分析都是必不可少的,不同的方法适合不同的样品类型和应用。可以将它们大致分为气相法、解吸法和喷雾法。

(1) 气相法

①电子电离(Electron Ionization,EI)

分析物分子必须处于气相中才能与加热的灯丝在真空中产生的高能电子发生有效相互作用。EI 可以被认为是使分子破碎和离子化的一种相当苛刻的方法,当样品相对易挥发且分子量较低时常使用 EI。

②化学电离(Chemical Ionization,CI)

气体以高于分析物的浓度引入 EI 电离室。载气与电子的相互作用将产生几个分子离子,随后它们将与过量的载气进一步反应并形成不同的分子离子。

然后这些离子将通过几种不同的机制与分析物分子发生反应，从而形成分析物的分子离子。CI 是一种软电离技术，不会导致广泛的碎片化。

③实时直接分析(Direct Analysis in Real Time，DART)

创建等离子体，产生离子、电子和激发态物质。然后激发态物质与液相、固相或气相样品的相互作用导致分析物分子的电离。DART 无须事先准备样品就可以在环境条件下分析不同形状和大小的材料。

④电感耦合等离子体(Inductively Coupled Plasma，ICP)

含有待分析物的制备液体被雾化并使用等离子体转化为气相离子。ICP 能够电离几乎所有元素。

(2) 解吸法

①基质辅助激光解吸电离(Matrix-Assisted Laser Desorption Ionization，MALDI)

将要检测的分子类型决定的"基质"，过量添加到要分析的样品中，然后用激光照射样品，使分析物分子气化，几乎没有碎片或分解。MALDI 可以产生带正电荷和带负电荷的离子。MALDI 是主要的软电离方法之一，特别适用于分析大分子或不稳定分子。

②快速原子轰击(Fast Atom Bombardment，FAB)

一束加速离子化的原子聚焦在要分析的样品上，喷射并电离目标分析物。这是一种软电离技术，能够产生带正电荷和带负电荷的离子。

③等离子体电离(Plasma Ionization)

通常用于产生气态离子束，该方法将电子发射到通常为纯氧的气体中，使其电离并产生等离子体，离子可以通过电荷过滤并加速成束。

④液态金属电离(Liquid Metal Ionization)

离子源是低熔点金属，通常为 Ga，通过施加热量和电场在小点源产生离子。液态金属电离产生的离子束的特点是光斑尺寸最小，亮度最高，特别适合需要高空间分辨率的质谱成像。

(3) 喷雾法

①电喷雾电离(Electrospray Ionization，ESI)

通过溶剂蒸发减小带电液滴的大小，直到喷射出气相离子为止。这种软电离技术适用于大分子的分析。

②解吸电喷雾电离(Desorption Electrospray Ionization，DESI)

ESI 形成的带电液滴被引导至处于大气压下的样品中，溅射的液滴携带着解吸和离子化的样品。

6 质量分析仪的类型

样品电离后必须将离子分离,这会在质量分析器中发生。常用的质量分析仪包括:

(1) 飞行时间质量分析仪(TOF)

离子根据其 m/z 值进行分离,该比值基于它们穿过已知长度的飞行管到达检测器所花费的时间长度。

(2) 四极杆质量分析仪

进入四极杆的离子的轨迹被电势偏转,其方式与其 m/z 值成比例,可改变电势仅允许特定 m/z 值的离子到达腔室末端并被检测到。

(3) 磁场质量分析仪

按照离子的 m/z 值将离子分散在轨迹中,其方式类似于玻璃棱镜将光分散为各种波长或颜色。

(4) 离子阱质量分析仪

类似于四极杆,但电极呈环形,并且通过将不稳定振荡的离子从系统中排放到检测器中,而不是检测稳定振荡的离子,从而分离并检测离子。

(5) 轨道阱(Orbitrap)质量分析仪

许多其他类型的质量分析器的借用技术。两个电绝缘的杯状外部电极与心轴状的中心电极相对,该中心电极周围具有特定质荷比的离子扩散到轨道环中。电极的圆锥形将离子推向阱的最宽部分,然后将外部电极用于电流检测。这是这里描述的唯一使用镜像电流而不是使用某种检测设备来检测离子的方法。

(6) 串联质谱法(串联 MS)

涉及不止一种类型的质谱仪,以提高特异性或质谱分离能力的混合方法。它们通常被称为 MS/MS 技术。

7 离子检测器的类型

质谱仪常用检测器为电子倍增管(EMT)(见图 4.52)、光电倍增管(PMT)(见图 4.53)、照相干板法和微通道板等。目前四级质谱、离子质谱常采用电子倍增器和光电倍增管。时间飞行质谱多采用微通道板,检测器灵敏度都很高。

所有 MS 系统的关键要素是用于将质量分离离子流转换成可测量信号的检测器类型。根据包括动态范围、空间信息保留、噪声和对质量分析仪的适用性在内的因素,使用不同类型的检测器。常用的质谱仪检测器包括:

图 4.52　电子倍增管(EMT)　　　　图 4.53　光电倍增管(PMT)

（1）电子倍增器(EM)

离散金属板的串联连接可将离子电流放大约 10^8 倍，达到可测量的电子电流(见图 4.54)。

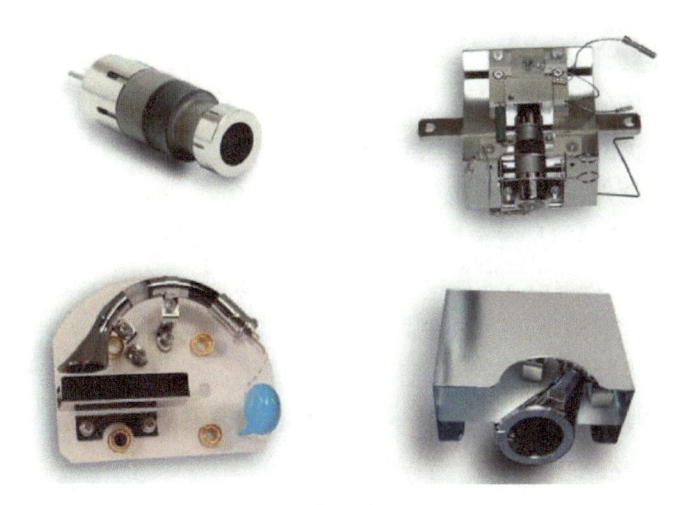

图 4.54　电子倍增器(EM)

（2）法拉第杯(FC)

碰到集电极的离子会导致电子从地面流过电阻，从而导致电阻两端的电位降被放大(见图 4.55)。

图 4.55　法拉第杯(FC)

(3) 光电倍增电极

离子最初撞击打拿极(倍增电极),导致电子发射。产生的电子撞击荧光屏,荧光屏又释放出光子。光子进入倍增器,在倍增器中以级联的方式进行放大,就像 EM 一样。

(4) 阵列检测器

包括用于同时测量不同 m/z 的几种离子的检测器和用于位置敏感离子检测的检测器,涵盖了多种检测器类型和系统,可以结合多种检测技术。

8 真空系统和进样系统

(1) 真空系统

离子产生及经过系统必须处于高真空状态,离子源真空度应达 10^{-4}～10^{-5} Pa,质量分析器中应达 1.3×10^{-6} Pa,离子必须能够穿过四级杆过滤器,而不与中性气体粒子碰撞。这需要具有压力监测功能的合适泵站。为进行具有最佳灵敏度的气体分析,低本底压力是必要的,而且残余气体应只包含源自设备壁解吸的不可避免的分压。目的是减少高速电子和正离子在与其他气体分子碰撞过程中的能量消耗,以免妨碍质谱分析的正常进行。

使用涡轮牵引泵时,残余气体光谱和本底压力可达到最佳。附加的总压计可防止质谱仪在过高压时通电。在建立此类系统时,必须注意进气口、阀、泵和测量仪器的适当安装,以避免不利流动条件产生的测量误差。

一般质谱仪都采用机械泵预抽真空后,再用高效率扩散泵连续地运行以保持真空。现代质谱仪采用分子涡轮泵可获得高真空度。

(2) 样品导入系统

①目的

高效重复地将样品引入离子源中并且不能造成真空度的降低。

②类型

主要有间歇式进样系统、直接进样及色谱进样系统。

一般质谱仪都配有前两种进样系统以适应不同的样品需要。

a. 间歇式进样系统

该系统可用于气体、液体和中等蒸气压的固体样品进样,典型的设计如图 4.56 所示。

通过可拆卸式的试样管将少量(10～100 μg)固体和液体试样引入试样贮存器中,由于进样系统的低压强及贮存器的加热装置,使试样保持气态。实际上试样最好在操作温度下具有 0.13～1.3 Pa 的蒸气压。由于进样系统的压强比离子源的压强要大,样品离子可以通过分子漏隙(通常是带有一个小针孔的玻璃或金属膜)以分子流的形式渗透过高真空的离子源中,其系统组成见图 4.56。

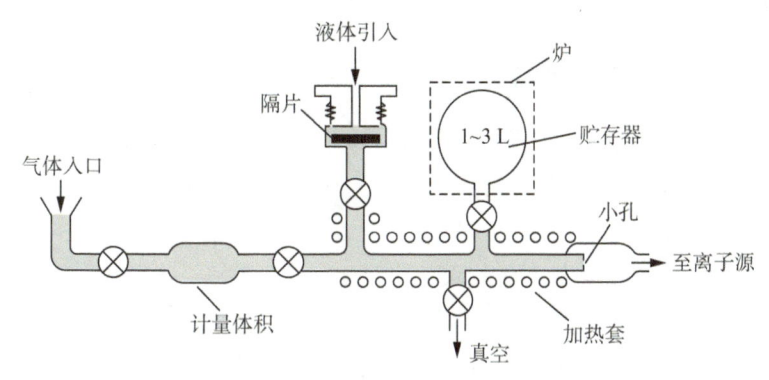

图 4.56　间歇式进样系统

b. 直接进样系统

对那些在间歇式进样系统的条件下无法变成气体的固体、热敏性固体及非挥发性液体试样,可直接引入离子源中。

探头进样:

在高真空条件下可用进样杆把单组分、挥发性较低的液体或固体样品通过真空闭锁装置送入离子源中被加热气化,并被离子源离子化(见图 4.57)。

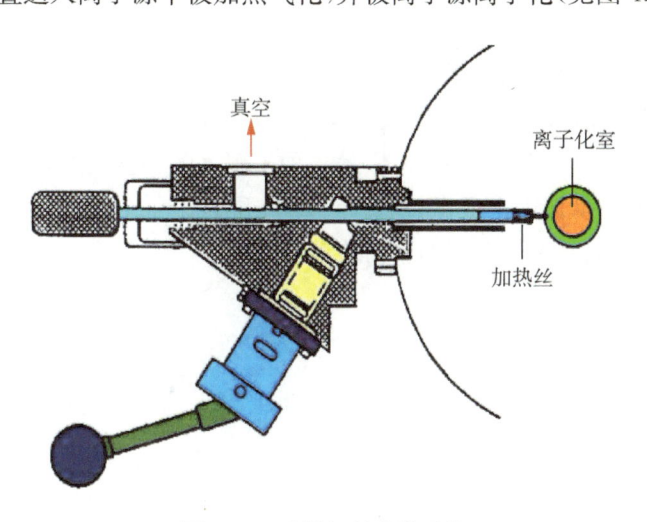

图 4.57　直接探针进样系统

储罐进样:

将低沸点的样品气化并导入抽真空的加热气罐中,以恒定的流速由储罐通过一个小孔(分子漏孔)导入离子源。

    c. 色谱进样系统

通过气相色谱或液相色谱将待测组分分离后依次送入离子源。

9 质谱仪与其他技术的结合

气液分离技术通常与质谱结合使用,以提高灵敏度和定性能力。质谱仪通常与液相色谱仪(LC)、气相色谱仪(GC)、毛细管电泳仪(CE)和凝胶电泳仪(GE)结合使用。

(1) 气相色谱-质谱法(GC-MS)

GC 是一种分析/分离技术,将复杂的化合物混合物注入色谱柱中,并根据其相对沸点和对色谱柱的亲和力进行分离。GC 中使用的高温使其不适合用于高分子量化合物(例如蛋白质),因为它们会发生热变性。它非常适合用于石化、环境监测和修复以及工业化学领域。样品原则上可以是固体、液体或气体。

经过 GC 分离后,可以通过质谱技术分析化合物,以进行鉴定或使用 EI 或 CI 将其离子化,然后在质量分析器中进行分析。

(2) 液相色谱质谱法(LC-MS)

LC 与气相色谱相似,不同之处在于样品处于液态。将样品溶解在溶剂中,然后注入色谱柱中,该色谱柱由可溶化合物(流动相)和固相(固定相)组成。样品成分与色谱柱固定相之间的相对亲和力大小不同,导致样品成分出峰时间不同而分离,然后通过质谱检测。

(3) 交联质谱(XL-MS)

化学交联与质谱联用(XL-MS)是一种了解多蛋白复合物的结构和组织的重要方法。它与低温电子显微镜(cryo-EM)和 X 射线晶体学等结构生物学技术互补,但可提供较低分辨率的结构信息。

第五节 气相色谱-质谱联用仪

1 定义

气相色谱-质谱联用技术(Gas Chromatography-Mass Spectrometry,GC-MS)是一种兼具气相色谱和质谱优点的检测技术(见图 4.58),利用气相色谱的功能对待测组分进行高效地分离,再利用质谱的功能对分离出的各个组分逐一进行鉴定,从而达到同时完成对待测样品的分离和鉴定的目的。

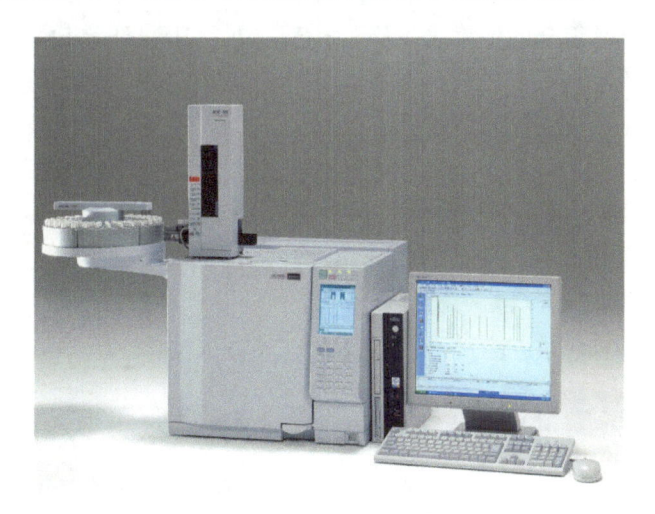

图 4.58　气相色谱-质谱联用仪(GC-MS)

在实际测试过程中,选用合适的前处理方法对待测样品进行前处理,可以提高测试灵敏度、精准度。随着前处理方法的发现、进步,气相色谱-质谱联用仪的改进设备在环境保护、食品安全、化妆品质量等领域应用越来越广泛,成为分离和鉴定有机化合物的常用手段之一。

2　原理

气相色谱法是以气体作为流动相,利用待测样品中各成分与色谱柱中的相分配系数不同、作用力差异使待测样品各组分彼此分离,主要用于易挥发、低沸点的物质定性、定量测试,具有高效、高分辨率、高灵敏度、快速等优点。

质谱法是测量待测样品离子的质荷比(m/z),通过数据库检索或物质质谱的特征峰来确定分子结构,具有灵敏度高、结果分析简单等优点。但是质谱仪只能测试,无法分离多种组分的混合物,往往需要结合其他检测手段使用。气相色谱-质谱联用法结合气相色谱和质谱的优势,弥补了质谱不能分离混合物的缺点,增加了检测准确性,使结果分析更简单。GC-MS适合可以气化的混合物样品检测,同时做到定性、定量、分子结构判别和分子量检测。

3　组成

GC/MS系统由气相色谱单元、质谱单元、计算机和接口等结构组成(见图

4.59),其中气相色谱单元一般由载气控制系统、进样系统、色谱柱与控温系统组成;质谱单元由离子源、离子质量分析器及其扫描部件、离子检测器和真空系统组成;接口是样品组分的传输线以及气相色谱单元、质谱单元工作流量或气压的匹配器;计算机控制系统不仅用作数据采集、存储、处理、检索和仪器的自动控制,还拓宽了质谱仪的性能。

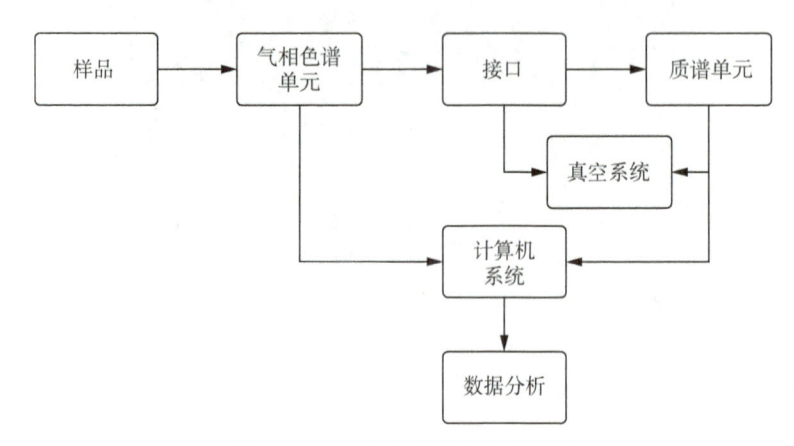

图 4.59　GC/MS 仪器组成示意图

(1) 载气控制系统

GC-MS 中载气由高压气瓶(约 15 MPa)经减压阀减至 0.2~0.5 MPa,再经载气净化过滤器(除氧、除氮、除水等)和稳压阀、稳流阀及流量计到达气相色谱的进样系统。GC/MS 的气源主要使用氦气,其优点在于化学惰性气体对质谱检测无干扰,且载气的扩散系数较低。载气的流速、压力和纯度(>99.999%)对样品的分离、信号的检测和真空的稳定具有重要的影响。

如果配置化学电离源,GC-MS 需要使用甲烷、异丁烷、氨等反应气体,还需要氦气、氩气、氮气等高纯度碰撞气体和相应的气路系统。

(2) 进样系统

进样系统包括进样器和气化室。GC/MS 要求各种形态样品沸点低、热稳定性好。在一定气化温度(最高 350~425 ℃)下进入气化室后能有效气化,并迅速进入色谱柱,无稀释、无损失、记忆效应小。为防止进样的稀释现象,以提高分析的精密度和准确度,近几年来分流/不分流进样、毛细管柱直接进样、程序升温柱头进样等毛细管进样系统取得了很大的进步。一些具有样品预处理功能的配件,如固相微萃取、顶空进样器(见图 4.60)、吹扫-捕集顶空进样器、热脱附仪(见图 4.61)、裂解进样器等也相继出现。

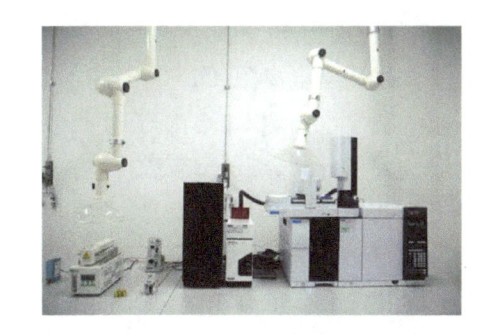

图 4.60　顶空-固相微萃取气相色谱-质谱联用仪　　图 4.61　热脱附气相色谱-质谱仪

（3）色谱柱与控温系统

该系统包括柱箱和色谱柱。柱箱的控温系统范围广，可快速升温和降温。柱温对样品在色谱柱上的柱效、保留时间和峰高有重要的影响。因为分析样品时遵循气相色谱的"相似相溶"原理，所以根据应用需要可选择不同的 GC-MS 专用色谱柱。目前多用小口径毛细管色谱柱。

（4）接口

接口是连接气相色谱单元和质谱单元最重要的部件。接口的目的是尽可能多地去除载气，保留样品，使色谱柱的流出物转变成粗真空态分离组分，且传输到质谱仪的离子源中。GC/MS 联用仪中接口多采用直接连接方式，即将色谱柱直接接入质谱离子源，其作用是将待测物在载气携带下从气相色谱柱流入离子源形成带电粒子，而氦气不发生电离被真空泵抽走。通常接口温度应略低于柱温，但不应出现温度过低的"冷区"。在 GC-MS 的发展中，接口还有开口分流型、喷射式分离器等方式。

（5）离子源

离子源的作用是将被分析物的分子电离成离子，然后进入质量分析器被分离。目前常用的离子源有电子轰击源（Electron Ionization, EI）和化学电离源（Chemical Ionization, CI）。

①电子轰击源（EI）

电子轰击源是 GC/MS 中应用最广泛的离子源，主要由电离室、灯丝、离子聚焦透镜和磁极组成。灯丝发射一定能量的电子可使进入离子化室的样品发生电离，产生分子离子和碎片离子。

EI 的特点是稳定、电离效率高、结构简单、控温方便，所得质谱图有特征，重现性好。因此目前绝大多数有机化合物的标准质谱图都是采用电子轰击电离源得到的。但 EI 只检测正离子，有时得不到分子量的信息，谱图的解析有一定难度，如醇类物质。

②化学电离源（CI）

化学电离源 CI 结构与 EI 相似。不同的是，CI 源是利用反应气的离子与化合物发生分子、离子反应进行电离的一种软电离方法。

常用反应气有：甲烷、异丁烷和氨气。

所得质谱图简单，分子离子峰和准分子离子峰较强，其碎片离子峰很少，易得到样品分子的分子量。特别是某些电负性较强的化合物（卤素及含氮、含氧化合物）的灵敏度非常高。CI 可以用于正、负离子两种检测模式。负离子的 CI 质谱图灵敏度高于正离子的 CI 质谱图 2~3 个数量级。CI 源不适用于难挥发、热稳定性差或极性较大的化合物；CI 谱图重复性不如 EI 谱，没有标准谱库；得到的碎片离子少，缺乏指纹信息。

(6) 质量分析器

常用的气相色谱-质谱联用仪有气相色谱-四级杆质谱仪（GC/Q-MS）（见图 4.62）、气相色谱-离子阱串联质谱仪（GC/IT-MS），气相色谱-时间飞行质谱仪（GC/TOF-MS）（见图 4.63）和全二维气相色谱-飞行时间质谱仪（GC×GC/TOF-MS）。不同生产厂家质谱质量扫描范围不同，有的高达 1 200 amu。

图 4.62　四级杆型气相色谱-质谱联用仪　　**图 4.63　气相色谱-飞行时间质谱联用仪**

(7) 离子检测器

离子检测器用于检测和记录离子流的强度。无机和同位素质谱的离子检测器通常有法拉第杯、电子倍增器、通道式电子倍增器、微通道板以及闪烁光电倍增器（Daly Detector）等，加速器质谱中还可能用到对离子能量敏感的探测器。在这些探测器中，法拉第杯直接收集离子的电荷，结合其对二次电子逸出的抑制，其线性动态范围大但灵敏度不高；其他类型的探测器则多是通过转换电极先将离子转换为电子、光子信号后，再进行增益达 10^3~10^4 倍增放大。

多数离子检测系统中会同时配置两种或更多的离子信号检测器，且之间可相互切换。在离子信号强时,常常使用法拉第杯进行检测;在离子信号强度<10^{-15} A 时,使用电子倍增器。

(8) 真空系统

真空系统是 GC/MS 的重要组成部分。一般包括低真空前级泵(机械泵)、高真空泵(扩散泵和分子涡轮泵较常用)、真空测量仪表和真空阀件、管路等组成。质谱单元必须在高真空状态下工作,高真空压力达 $10^{-5} \sim 10^{-3}$ Pa。高真空不仅能提供无碰撞的离子轨道和足够的平均自由程,还有利于样品的挥发,减少本底的干扰,避免在电离室内发生分子-离子反应,减少图谱的复杂性。

(9) 计算机控制系统

①调谐程序

一般质谱仪都设有自动调谐程序。通过调节离子源、质量分析器、检测器等参数,可以自动调整仪器的灵敏度、分辨率在最佳状态,并进行质量数的校正。所需调节的质量范围不同,采用的标准物质也不同。通常分子量为 650 以内的低分辨率 GC/MS 仪器多采用全氟三丁胺(PFTBA)中 m/z 为 69、219、502、614 等特征离子进行质量校正。

②数据采集和处理程序

混合物经过色谱柱分离之后,可能获得上千个色谱峰。每个色谱峰经过数次扫描采集所得。质谱进行质量扫描的速度取决于质量分析器的类型和结构参数。一个完整的色谱峰通常需要至少 6 个以上数据点,质谱仪只有具有较高的扫描速度才能在很短的时间内完成多次全范围的质量扫描。与常规的 GC/MS 相比,飞行时间质谱仪具有更高速的质谱采集系统。

随着 GC/MS 的发展,检测人员可以一次性采集上百个组分,然后通过计算机的软件功能可完成质量校正、谱峰强度修正、谱图累加平均、元素组成、峰面积积分和定量运算等数据处理程序。

GC/MS 中最常用的两种检测模式为全扫描(SCAN)和选择离子监测(SIM)。前者是随着样品组分变化,在全扫描模式下形成的总离子流随时间变化的色谱图,称总离子流色谱图(TIC 图),适合于未知化合物的全谱定性分析,且能获得结构信息;后者采用选择离子监测模式所得到的特征离子流随时间变化形成的质量离子色谱图或特征离子色谱图,对目标化合物或目标类别化合物分析,灵敏度明显提高,非常适合复杂混合物中痕量物质的分析。

③谱图检索程序

被测物在标准电离方式-电子轰击源(EI)70 eV 电子束轰击下,电离形成的质谱图。利用谱库检索程序可以在标准谱库中快速地进行匹配,得到相应的有机化合物的名称、结构式、分子式、分子量和相似度。

国际上最常用的质谱数据库有：NIST 库、NIST/EPA/NIH 库、Wiley 库等。另外，用户还可以根据需要建立用户质谱数据库。

④诊断程序

在各种分析仪器的使用过程中，出现各种问题和故障是难免的，因此采用仪器自身设置的诊断软件进行检测是必不可少的。在仪器调谐过程中设置和监测各种电压或检查仪器故障部位，有助于仪器的正常运转和维修。

第六节　液相色谱-质谱联用仪

1　定义

液相色谱-质谱联用仪（Liquid Chromatography-Mass Spectrometer），简称 LC-MS，是液相色谱与质谱联用的仪器（见图 4.64）。它结合了液相色谱仪有效分离热不稳性及高沸点化合物的分离能力与质谱仪很强的组分鉴定能力，是一种分离、分析复杂有机混合物的仪器。

图 4.64　高效液相色谱-质谱联用仪

2　原理

液质联用（HPLC-MS）全称为液相色谱-质谱联用技术。它以液相色谱作为分离系统,质谱为检测系统。样品在液相色谱部分与流动相分离,被离子化后,经质谱的质量分析器将离子碎片按不同质荷比(m/z)分开,经检测器得到质谱图。通过对质谱图的分析处理,可以得到样品的定性和定量结果。液质联用体现了液相色谱和质谱优势的互补,将液相色谱对复杂样品的高分离能力,与 MS 具有高选择性、高灵敏度及能够提供相对分子质量与结构信息的优点结合起来,在药物分析、食品分析和环境分析等许多领域得到了广泛的应用。

3 组成

(1) 高效液相系统

高效液相色谱仪一般包括四个部分:

高压输液系统、进样系统、分离系统和检测系统。此外,还可以根据一些特殊的要求,配备一些附属装置,如梯度洗脱、自动进样及数据处理装置等,如图 4.65 所示。

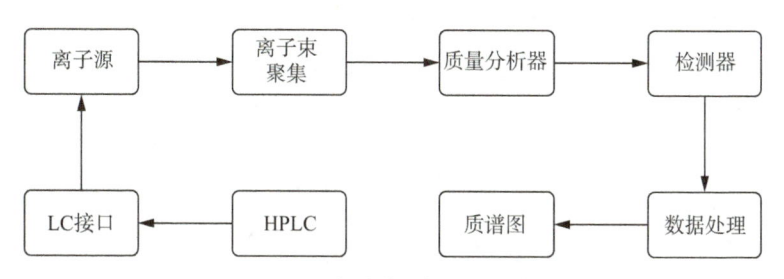

图 4.65 液质联用仪组成示意图

高效液相色谱系统是构成液质联用仪的重要组成部分。由于要与质谱联用,其在流动相组成、色谱条件等方面与常规的液相色谱有一定的不同。在液质联用过程中,为了加快样品的分析过程,在液相上通常采用梯度程序洗脱过程。通常的液质联用仪中配置了二元泵或四元泵系统。

色谱柱是实现样品分离的重要部件,在液质联用中根据使用方法、离子源种类等的不同所选择的色谱柱有一定区别。对于分析型的液相色谱,如果质谱选择了 ESI 源,建议使用内径小于 4.6 mm 的微径柱;如果质谱选择了大气压化学电离(APCI)源,建议使用内径为 4.6 mm 的色谱柱。

(2) 质谱系统

液质联用仪是实现样品液相分离及检测过程的仪器,无论液质联用仪的类型如何变化,构成质谱系统的 5 个基本组成部分都是相同的,包括:电离源、真空系统、检测系统、数据处理系统及接口。接下来详细介绍前 3 个组成部分。

①电离源

电离源的作用是将引入的样品转化为正离子或负离子,并使之加速,聚焦为离子束的装置。电离样品分子所需要的能量随分子类型的不同而变化,因此应根据分子的类型选择与之适配的电离源。

根据样品离子化方式和电离源能量高低,通常可将电离源分为:

a. 硬源:

离子化能量高,伴有化学键的断裂,谱图复杂,可得到分子官能团的信息,如电子轰击、快原子轰击。

b. 软源:

离子化能量低,产生的碎片少,谱图简单,可得到相对分子质量信息,如化学电离(CI)源、电喷雾电离(ESI)源、大气压化学电离(APCI)源。

②真空系统

质谱仪中所有部分均要处于高度真空的条件下($10^{-4} \sim 10^{-6}$ Pa),其作用是减少离子碰撞损失。质谱仪的离子产生及经过系统时必须处于高真空状态。真空度过低,将会出现如下现象:大量氧会烧坏离子源灯丝;引起其他分子离子反应,使质谱图复杂化;干扰离子源正常调节;用作加速离子的几千伏高压会引起放电。

③检测系统

液相色谱-质谱联用仪检测系统最核心部件为质量分析器。质量分析器的作用是将不同离子碎片按质荷比分开,将相同质荷比的离子聚集在一起,组成质谱。其类型有磁分析器、飞行时间、四极杆、离子捕获等。

液相色谱-质谱联用仪主要使用以下电离方式。

①电喷雾电离(ESI)

ESI 主要应用于液相色谱-质谱联用仪。流出液在高电场下形成带电喷雾,在电场力作用下穿过气帘,从而雾化、蒸发溶剂、阻止中性溶剂分子进入后端检测。

ESI 是一种软电离方式,即便是分子量大、稳定性差的化合物也不会在电离过程中发生分解,它适合分析极性强的有机化合物。ESI 的最大特点是容易形成多电荷离子。目前采用电喷雾电离,可以测量大分子量的蛋白质,电喷雾离子化质谱仪如图 4.66 所示。

②大气压化学电离源(APCI):

APCI 喷嘴的下游放置一个针状放电电极,通过放电电极的高压放电,使空气中某些中性分子电离,产生 H_3O^+、N_2^+、O_2^+ 和 O^+ 等离子,溶剂分子也会被电离,这些离子与分析物分子进行离子化反应(见图 4.67)。

APCI 主要用来分析中等极性的化合物。有些分析物由于结构和极性方面的原因,采用 APCI 方式可以增加离子产率。可以认为 APCI 是 ESI 的补充。APCI 产生的主要是单电荷离子,很少有碎片离子,主要是准分子离子。

图 4.66　电喷雾离子化质谱仪　　　图 4.67　大气压基质辅助激光解析电离源

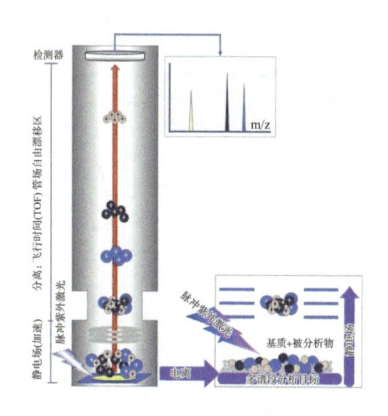

第五章

水体中水质参数的测定

第一节 水体中氨氮的测定

1 实验目的

掌握纳氏试剂分光光度法测定氨氮的原理和方法。

2 实验原理

氨氮以游离氨(NH_3)和铵盐(NH_4^+)形式存在,二者的组成比例取决于水的 pH 和水温。测定方法很多,如气相色谱法、电极法等。纳氏试剂分光光度法操作简单、灵敏,但是钙镁铁等金属离子和硫化物、醛酮类物质等都能产生干扰,因此需要做预处理。

原理:

碘化汞和碘化钾的碱性溶液(纳氏试剂)与氨反应生成淡红棕色铬合物,其色度与氨氮含量成正比,通常于波长 420 nm 范围处测其吸光度,计算其浓度。氨氮与纳氏试剂的反应式如下:

$$2K_2[HgI_4]+3KOH+NH_3 =\!\!=\!\!= [Hg_2O \cdot NH_2]I+2H_2O+7KI \quad (5\text{-}1)$$

3 实验仪器

(1) 带氮球的定氮蒸馏装置(见图 5.1):500 mL 凯式烧瓶、氮球、直形冷凝管和导管。

(2) 250 mL 三角瓶(吸收瓶)平行样、空白,3 个/组。

图 5.1 带氮球的定氮蒸馏装置

(3) 50 mL 具塞比色管 7 只/组。
(4) 紫外-可见分光光度计(见图 5.2)。

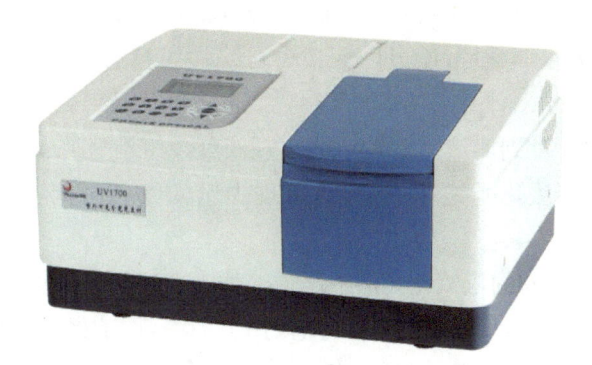

图 5.2 紫外-可见分光光度计

(5) 2 cm 比色皿。
(6) pH 计。
(7) 移液管:1 mL(酒石酸钾钠)、2 mL(纳氏试剂)。
(8) 量筒:50 mL(吸收液)。

4 实验试剂

除非另有说明,分析时所用试剂均使用符合国家标准的分析纯化学试剂。

(1) 无氨水

无氨水在无氨环境中用下述方法制备。

①离子交换法

蒸馏水通过强酸性阳离子交换树脂(氢型)柱,将流出液收集在带有磨口玻璃塞的玻璃瓶内。每升流出液加 10 g 同样的树脂,以利于保存。

②蒸馏法

在 1 000 mL 的蒸馏水中,加 0.1 mL 硫酸($\rho=1.84$ g·mL^{-1}),在全玻璃蒸馏器中重蒸馏,弃去前 50 mL 馏出液,然后将约 800 mL 馏出液收集在带有磨口玻璃塞的玻璃瓶内。每升馏出液加 10 g 强酸性阳离子交换树脂(氢型)。

③纯水器法

用市售纯水器直接制备。

(2) 轻质氧化镁(MgO)

不含碳酸盐,在 500 ℃ 下加热氧化镁,以除去碳酸盐。

(3) 盐酸(HCl),$\rho=1.18$ g·mL^{-1}。

(4) 纳氏试剂

可选择下列方法配制:

①氯化汞-碘化钾-氢氧化钾($HgCl_2$-KI-KOH)溶液

称取 15.0 g 氢氧化钾(KOH)溶于 50 mL 水中,冷却至室温。称取 5.0 g 碘化钾(KI)溶于 10 mL 水中。在搅拌下将 2.50 g 氯化汞($HgCl_2$)粉末分多次加入碘化钾溶液中,直到溶液呈深黄色或出现淡红色沉淀、溶解缓慢时,充分搅拌混合,并改为滴加氯化汞饱和溶液,当出现少量朱红色沉淀不再溶解时,停止滴加。

在搅拌下将冷却的氢氧化钾溶液缓慢地加入上述氯化汞和碘化钾的混合液中,并稀释至 100 mL,于暗处静置 24 h,倾出上清液,贮于聚乙烯瓶内,用橡皮塞或聚乙烯盖子盖紧,存放暗处,可稳定一个月。

②碘化汞-碘化钾-氢氧化钠(HgI_2-KI-NaOH)溶液

称取 16.0 g 氢氧化钠(NaOH)溶于 50 mL 水中,冷却至室温。称取 7.0 g 碘化钾(KI)和 10.0 g 碘化汞(HgI_2),溶于水中,然后将此溶液在搅拌下缓慢加入上述 50 mL 氢氧化钠溶液中,用水稀释至 100 mL。贮于聚乙烯瓶内,用橡皮塞或聚乙烯盖子盖紧,于暗处存放,有效期一年。

(5) 酒石酸钾钠溶液,$\rho=500$ g·L^{-1}。

称取 50.0 g 酒石酸钾钠($KNaC_4H_4O_6·4H_2O$)溶于 100 mL 水中,加热煮沸以去除氨,充分冷却后稀释至 100 mL。

(6) 硫代硫酸钠溶液，$\rho = 3.5 \text{ g} \cdot \text{L}^{-1}$。

称取 3.5 g 硫代硫酸钠（$Na_2S_2O_3$）溶于水中，稀释至 1 000 mL。

(7) 硫酸锌溶液，$\rho = 100 \text{ g} \cdot \text{L}^{-1}$。

称取 10.0 g 硫酸锌（$ZnSO_4 \cdot 7H_2O$）溶于水中，稀释至 100 mL。

(8) 氢氧化钠溶液，$\rho = 250 \text{ g} \cdot \text{L}^{-1}$。

称取 25 g 氢氧化钠溶于水中，稀释至 100 mL。

(9) 氢氧化钠（NaOH）溶液，$c = 1 \text{ mol} \cdot \text{L}^{-1}$。

称取 4 g 氢氧化钠溶于水中，稀释至 100 mL。

(10) 盐酸（HCl）溶液，$c = 1 \text{ mol} \cdot \text{L}^{-1}$。

取 8.5 mL 盐酸（$\rho = 1.18 \text{ g} \cdot \text{mL}^{-1}$）于 100 mL 容量瓶中，用水稀释至标线。

(11) 硼酸（H_3BO_3）溶液，$\rho = 20 \text{ g} \cdot \text{L}^{-1}$。

称取 20 g 硼酸溶于水，稀释至 1 L。

(12) 溴百里酚蓝指示剂（Bromothymolblue），$\rho = 0.5 \text{ g} \cdot \text{L}^{-1}$。

称取 0.05 g 溴百里酚蓝溶于 50 mL 水中，加入 10 mL 无水乙醇，用水稀释至 100 mL。

(13) 淀粉-碘化钾试纸

称取 1.5 g 可溶性淀粉于烧杯中，用少量水调成糊状，加入 200 mL 沸水，搅拌混匀放冷。

加 0.50 g 碘化钾（KI）和 0.50 g 碳酸钠（Na_2CO_3），用水稀释至 250 mL。将滤纸条浸渍后，取出晾干，于棕色瓶中密封保存。

(14) 氨氮标准溶液

①氨氮标准贮备溶液，$\rho_N = 1\,000 \text{ μg} \cdot \text{mL}^{-1}$。

称取 3.819 0 g 氯化铵（NH_4Cl，优级纯，在 100～105 ℃ 干燥 2 h），溶于水中，移入 1 000 mL 容量瓶中，稀释至标线，可在 2～5 ℃ 保存 1 个月。

②氨氮标准工作溶液，$\rho_N = 100 \text{ μg} \cdot \text{mL}^{-1}$。

吸取 5.00 mL 氨氮标准贮备溶液于 500 mL 容量瓶中，稀释至刻度。临用前配制。

5 实验步骤

5.1 水样预处理

水样带色或浑浊以及含其他一些干扰物质会影响氨氮的测定。为此，在分析时需作适当的预处理。对较清洁的水，可采用絮凝沉淀法。

(1) 絮凝沉淀法

加适量的硫酸锌于水样中,并加氢氧化钠使溶液呈碱性,生成氢氧化锌沉淀,再经过滤除去颜色和浑浊等(见图5.3)。

①器皿

100 mL 具塞量筒或比色管。

②试剂

10%硫酸锌溶液:称取 10 g 硫酸锌溶于水,稀释至 100 mL。

25%氢氧化钠溶液:称取 25 g 氢氧化钠溶于水,稀释至 100 mL,贮于聚乙烯瓶中。

硫酸,$\rho=1.84$ g·mL^{-1}。

③步骤

取 100 mL 水样于具塞量筒或比色管中,加入 1 mL 10%硫酸锌溶液和 0.1~0.2 mL 25%氢氧化钠溶液,调节 pH 至 10.5 左右,混匀。放置使其沉淀,用经无氨水充分洗涤过的中速滤纸过滤,弃去初滤液 20 mL。

图 5.3 絮凝沉淀法示意图

(2) 蒸馏法

加 250 mL 水样于凯氏烧瓶中,加 0.25 g 轻质氧化镁和数粒玻璃珠,加热蒸馏至馏出液不含氨为止,弃去瓶内残液(见图5.4)。

①器皿

带氮球的定氮蒸馏装置:500 mL 凯氏烧瓶、氮球、直形冷凝管和导管。

②试剂

a. 无氨水。

b. 1 mol·L^{-1} 盐酸溶液。

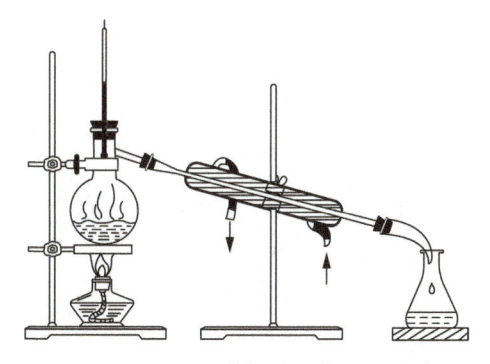

图 5.4　蒸馏法示意图

c. 1 mol·L^{-1} 氢氧化钠溶液。

d. 轻质氧化镁(MgO)。

e. 0.05% 溴百里酚蓝指示液(pH=6.0~7.6)。

f. 防沫剂,如石蜡碎片。

g. 吸收液:硼酸溶液,称取 20 g 硼酸溶于水,稀释至 1 L;硫酸(H_2SO_4)溶液,0.01 mol·L^{-1}。

③步骤

分取 250 mL 水样(如氨氮质量较高,可分取适量并加水至 250 mL,使氨氮质量不超过 2.5 mg),移入凯氏烧瓶中,加数滴溴百里酚蓝指示液,用氢氧化钠溶液或盐酸溶液调节至 pH 6.0(指示剂呈黄色)~7.4(指示剂呈蓝色)。加入 0.25 g 轻质氧化镁和数粒玻璃珠,立即连接氮球和冷凝管,导管下端插入吸收液液面下。加热蒸馏,至馏出液达 200 mL 时,停止蒸馏,定容至 250 mL(见图 5.5)。

采用纳氏比色法时,以 50 mL 硼酸溶液为吸收液。

④注意事项

a. 蒸馏时应避免发生暴沸,否则可造成馏出液温度升高,氨吸收不完全。

b. 防止在蒸馏时产生泡沫,必要时可加少许石蜡碎片于凯氏烧瓶中。

c. 水样如含余氯,则应加入适量 0.35% 硫代硫酸钠溶液;每 0.5 mL 可除去 0.25 mg 余氯。

5.2　标准曲线的绘制

吸取 0、0.50、1.00、3.00、5.00、7.00 和 10.00 mL 氨氮标准工作溶液于 50 mL 比色管中,对应氨氮 0、0.005、0.010、0.030、0.050、0.070、0.100 mg。加水至标线,加 1.0 mL 酒石酸钾钠溶液,混匀。加 1.5 mL 纳氏试剂,混匀。放置 10 min 后,在波长 420 nm 处,用光程 20 mm 比色皿,以无氨水为参比,测定吸

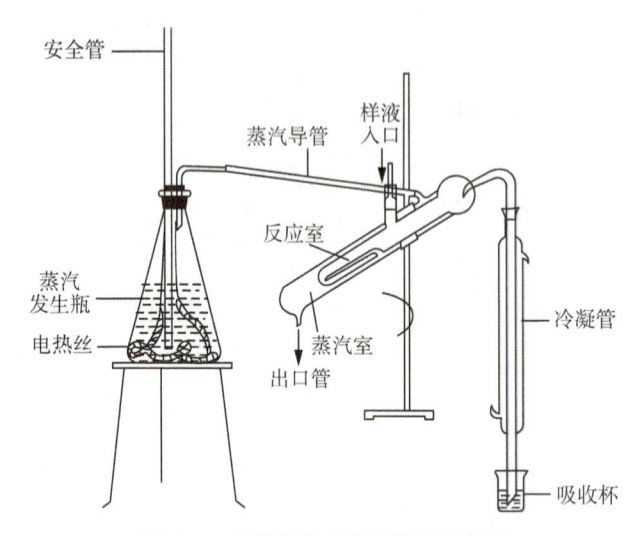

图 5.5 半微量凯式定氮装置示意图

光度。

由测得的吸光度,减去零浓度空白的吸光度后,得到校正吸光度,绘制以氨氮质量(mg)对校正吸光度的校准曲线。

5.3 水样的测定

分取适量经蒸馏预处理后的流出液(使氨氮质量不超过 0.100 mg),加入 50 mL 比色管中,加入一定量的 1 mol·L^{-1} 氢氧化钠中和硼酸,稀释到标线,混匀;加 1.5 mL 的纳氏试剂,混匀;放置 10 min 后,同校准曲线步骤测量吸光度。

5.4 空白试验

以无氨水代替水样,进行全程序空白测定。

6 结果计算

由水样测得的吸光度减去空白实验的吸光度后,从标准曲线上查得氨氮质量(mg)。

$$c(\mathrm{N, mg/L}) = \frac{m}{V} \times 1\,000 \tag{5-2}$$

式中:m——按样品吸光度在校准曲线上查得对应的氨氮质量(mg);

V——水样体积(mL)。

7 注意事项

(1) 纳氏试剂中碘化汞与碘化钾的比例,对显色反应的灵敏度有较大影响。静置后生成的沉淀应除去。

(2) 蒸馏时应避免发生暴沸,否则造成流出液温度升高,氨吸收不完全。

(3) 水样如含余氯,应加入适量 0.35% 硫代硫酸钠溶液,每 0.5 mL 可除去 0.25 mg 余氯。

(4) 所用玻璃器皿应避免实验室空气中氨的沾污。

(5) 滤纸含有铵盐,使用时用无氨水清洗。

第二节 水体中硝酸盐氮的测定

1 实验目的

掌握紫外分光光度法测定水体中硝酸盐氮的方法。

2 实验原理

利用硝酸盐在 220 nm 波长具有紫外吸收和在 275 nm 波长不吸收的性质进行测定,于 275 nm 波长测出有机物的吸收值在测定结果中校正。

3 实验试剂

(1) 无硝酸盐纯水:

采用重蒸馏或者蒸馏-去离子法制备,用于配制试剂及稀释样品。

(2) 盐酸溶液 $c(HCl) = 1\ mol \cdot L^{-1}$。

(3) 硝酸盐氮标准储备溶液 $[\rho(NO_3^- - N) = 100\ \mu g \cdot mL^{-1}]$:

称取经 105 ℃ 烘箱干燥 2 h 的硝酸钾 (KNO_3) 0.721 8 g,溶于纯水中并定容至 1 000 mL,每升中加入 2 mL 三氯甲烷,至少可稳定 6 个月。

(4) 硝酸盐氮标准使用溶液 $[\rho(NO_3^- - N) = 10\ \mu g \cdot mL^{-1}]$。

4 实验仪器

(1) 紫外可见分光光度计以及石英比色皿(见图 5.6)。注意本实验必须使用石英比色皿,不可以使用玻璃比色皿。

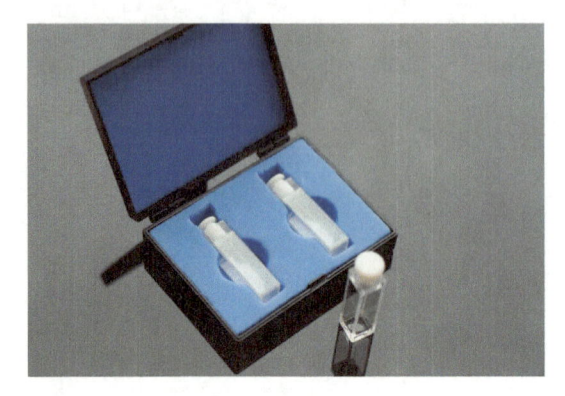

图 5.6　石英比色皿

(2) 具塞比色管:50 mL。

5　实验步骤

5.1　水样预处理

移取 50 mL 水样于 50 mL 比色管中加 1 mL 盐酸溶液酸化。

5.2　标准系列溶液制备

分别配制硝酸盐氮标准使用溶液 0~7 mg·L^{-1} 硝酸盐氮标准系列,用纯水稀释到 50 mL,各加 1 mL 盐酸溶液。

5.3　调节仪器吸光度

用纯水调节仪器吸光度为 0,分别在 220 nm 和 275 nm 波长测量吸光度。

6　结果计算

在标准样品的 220 nm 波长吸光度中减去 2 倍于 275 nm 波长的吸光度,绘制标准曲线和在曲线上直接读出样品中的硝酸盐氮的质量浓度。

若 275 nm 波长吸光度的 2 倍大于 220 nm 波长吸光度的 10% 时,本方法将不能适用。水中溶解的有机物、表面活性剂、亚硝酸盐氮、六价铬、溴化物、碳酸氢盐和碳酸盐等干扰测定,需进行适当的预处理。若上述干扰较严重时,参考《水质硝酸盐氮的测定　紫外分光光度法(试行)》(HJ/T 346—2007)预处理或测定。

第三节　水体中亚硝酸盐氮的测定

1　实验目的

掌握重氮偶合分光光度法测定水体中亚硝酸盐氮的方法。

2　实验原理

在 pH 值为 1.7 以下时,水中亚硝酸盐与对氨基苯磺酰胺氮化,再与盐酸 N-(1-萘)-乙二胺产生偶合反应,生成紫红色的偶氮染料,比色定量。

3　实验试剂

(1) 氢氧化铝悬浮液:

称取 125 g 十二水合硫酸铝钾[$KAl(SO_4)_2 \cdot 12H_2O$]或十二水合硫酸铝铵[$NH_4Al(SO_4)_2 \cdot 12H_2O$],溶于 1 000 mL 纯水中。加热至 60 ℃,缓缓加入 55 mL 氨水(ρ_{20}=0.88 g·mL^{-1}),使氢氧化铝沉淀完全。充分搅拌后静置,弃去上清液,用纯水反复洗涤,沉淀至倾出上清液中不含氯离子为止。然后加入 300 mL 纯水或悬浮液,使用前振摇均可。

(2) 对氨基苯磺酰胺溶液(10 g/L)。

(3) 盐酸 N-(1-萘)-乙二胺溶液(1.0 g/L)。

(4) 亚硝酸盐氮标准储备液[$\rho(NO_2^- \text{-}N)$=50 μg·mL^{-1}]:

称取 0.246 3 g 在玻璃干燥器内放置 24 h 的亚硝酸钠($NaNO_2$),溶于纯水中并定容至 1 000 mL。每升中加 2 mL 三氯甲烷保存。

(5) 亚硝酸盐氮标准使用溶液[$\rho(NO_2^- \text{-}N)$=0.10 μg·mL^{-1}]。

4　实验仪器

(1) 具塞比色管:50 mL。

(2) 分光光度计。

5　实验步骤

(1) 若水样浑浊或色度较深,可先取 100 mL,加入 2 mL 氢氧化铝悬浮液,搅拌后静置数分钟,过滤。

（2）先将水样或处理后的水样用酸或碱调近中性,取 50.0 mL 置于比色管中。

（3）另取 50 mL 比色管 8 支,分别加入亚硝酸盐氮标准液 0、0.50、1.00、2.50、5.00、7.50、10.00 和 12.50 mL,用纯水稀释至 50 mL。

（4）向水样以及具塞比色管中分别加入 1 mL 对氨基苯磺酰胺溶液,摇匀后放置 2~8 min。加入 1.0 mL 盐酸 N-(1-萘)-乙二胺溶液,立刻混匀。

（5）于 540 nm 波长,用 1 cm 比色皿,以纯水作参比,在 10 min 至 2 h 内,测定吸光度。亚硝酸盐氮浓度低于 4 μg·L^{-1} 时,改用 3 cm 比色皿。

（6）绘制标准曲线,计算亚硝酸盐氮浓度。

6 结果计算

水样中亚硝酸盐氮质量浓度计算如下：

$$\rho(\text{NO}_2^- \text{-N}) = \frac{m}{V} \tag{5-3}$$

式中：$\rho(\text{NO}_2^- \text{-N})$——亚硝酸氮质量浓度(mg·L^{-1})；

m——根据标准曲线计算获得的样品管中亚硝酸盐氮的质量(μg)；

V——水样体积(mL)。

第四节　水体中总氮的测定

1　实验目的

掌握用碱性过硫酸钾消解紫外分光光度法测定水中总氮的方法。

2　实验原理

在 60 ℃以上的溶液中,过硫酸钾可分解生成氢离子和氧。在 120~124 ℃的碱性介质条件下,用过硫酸钾做氧化剂不仅可以将水样中的氨氮和亚硝酸盐氧化为硝酸盐,还可以将水样中大部分有机氮氧化为硝酸盐。硝酸根离子对 220 nm 波长光有特征吸收,用标准溶液定量。

溶解性的有机物在 220 nm 处也有吸收,故根据实践引入一个经验校正值。

该校正值是在 275 nm 处测得吸光度的 2 倍($2A_{275}$)。在 220 nm 处的吸光值减去经验校正值即为硝酸盐离子的净吸光值($A=A_{220}-2A_{275}$)。

3 实验仪器

(1) 紫外分光光度计。

(2) 压力锅:压力 1.1~1.3 kg·cm^{-2},相应的温度为 120~124 ℃。

(3) 25 mL 具塞比色管:每个样品设置 3 个平行。

(4) 移液管、容量瓶等玻璃仪器。

4 实验试剂

(1) 无氨水:

用新制备的去离子水或每升水中加入 0.1 mL 浓硫酸,蒸馏。

(2) 20%的氢氧化钠:

称取 20 g 氢氧化钠溶解于无氨水中,定容至 100 mL。

(3) 碱性过硫酸钾溶液:

称取 40 g 过硫酸钾($K_2S_2O_8$)以及 15 g 氢氧化钠溶解于无氨水中,定容至 1 000 mL。存于塑料瓶中,可保存一周,不可长期放置。

(4) (1+9)盐酸溶液。

(5) 硝酸钾标准溶液:

①储备液:

称取 0.721 8 g 经 105~110 ℃ 烘干 4 h 的优级纯硝酸钾(KNO_3)溶解于无氨水中,移至 1 000 mL 容量瓶中定容。此溶液为 100 μg·mL^{-1} 硝酸盐氮,容易变质,建议现配现用。此贮备液中加入 2 mL 三氯甲烷作为保护剂,可以稳定 6 个月。

②使用液:

将储备液稀释 10 倍。取 10 mL 稀释至 100 mL,含硝酸盐氮 10 μg·mL^{-1}。

5 实验步骤

(1) 校准曲线绘制

分别吸取 0、0.50、1.00、2.00、3.00、5.00、7.00、8.00 mL 硝酸钾标准使用液于 25 mL 比色管中,用无氨水稀释至 10 mL 标线。加入 5 mL 碱性过硫酸钾溶液,塞紧磨口塞,用纱布和纱绳裹紧管塞,以防溅出。将比色管置于压力锅中,升温至 120~124 ℃(或顶压阀放气时)开始计时,加热 0.5 h。自然冷却,开阀放气,移去外盖,取出比色管冷至室温。加入(1+9)盐酸 1 mL,用无氨水稀释至 25 mL 标线。在紫外分光光度计上,以无氨水作参比,用 10 mm 比色皿分别在 220 nm 和 275 nm 波长处测定吸光度,用校正的吸光度($A_{220}-2A_{275}$)绘校准曲线。

(2) 样品测定

取 10 mL 水样或取适量(含氮量 20～80 μg),按校准曲线步骤操作。然后以校正吸光度,在校准曲线上查出相应的总氮量 m,用下列公式计算总氮浓度。

$$c(\text{mg/L}) = \frac{m}{V} \tag{5-4}$$

式中:m——从校准曲线上查出相应的总氮量(μg);

V——所取水样的体积(mL)。

6 注意事项

(1) 比色管密封应良好,勿将溶液滴到磨口上;冷却放气要缓慢。

(2) 玻璃器皿可以用 10% 的盐酸浸洗,用蒸馏水冲洗后再用无氨水冲洗。

(3) 氧化后如有沉淀应吸取上清液进行紫外分光光度法测定。

(4) 干扰:

①水样中含有六价铬离子及二价铁离子时,可加入盐酸羟胺溶液 1～2 mL,消除其对测定的影响;

②碘离子及溴离子对测定有干扰;

③加入盐酸后可消除碳酸盐及碳酸氢盐对测定的影响;

④硫酸盐及氯化物对测定无影响。

第五节 水体中总有机碳的测定

1 实验目的

学会使用燃烧氧化-非分散红外吸收法测定地表水和地下水中的总有机碳。

2 实验原理

2.1 相关定义

（1）总有机碳（Total Organic Carbon，TOC）

指溶解或悬浮在水中有机物的含碳量（以质量浓度表示），是以含碳量表示水体中有机物总量的综合指标。

（2）总碳（Total Carbon，TC）

指水中存在的有机碳、无机碳和元素碳的总含量。

（3）无机碳（Inorganic Carbon，IC）

指水中存在的元素碳、二氧化碳、一氧化碳、碳化物、氰酸盐、氰化物和硫氰酸盐的含碳量。

（4）可吹扫有机碳（Purgeable Organic Carbon，POC）

指在规定条件下水中可被吹扫出的有机碳。

（5）不可吹扫有机碳（Non-Purgeable Organic Carbon，NPOC）

指在规定条件下水中不可被吹扫出的有机碳。

2.2 实验原理

（1）差减法测定总有机碳

将试样连同净化气体分别导入高温燃烧管和低温反应管中，经高温燃烧管的试样被高温催化氧化，其中的有机碳和无机碳均转化为二氧化碳，经低温反应管的试样被酸化后，其中的无机碳分解成二氧化碳，两种反应管中生成的二氧化碳分别被导入非分散红外检测器。在特定波长下，一定质量浓度范围内二氧化碳的红外线吸收强度与其质量浓度成正比，由此可对试样总碳（TC）和无机碳（IC）进行定量测定（图5.7）。

总碳与无机碳的差值即为总有机碳。

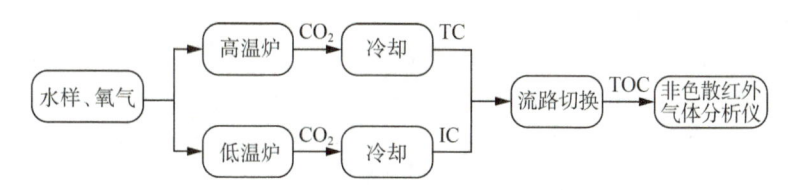

图 5.7 差减法测定总有机碳原理示意图

(2) 直接法测定总有机碳

试样经酸化曝气,其中的无机碳转化为二氧化碳被去除,再将试样注入高温燃烧管中,可直接测定总有机碳。由于酸化曝气会损失可吹扫有机碳(POC),故测得总有机碳值为不可吹扫有机碳(NPOC)。

3 实验试剂

所用试剂除另有说明外,均应为符合国家标准的分析纯试剂。所用水均为无二氧化碳水。

(1) 无二氧化碳水:

将重蒸馏水在烧杯中煮沸蒸发(蒸发量为10%),冷却后备用。也可使用纯水机制备的纯水或超纯水。无二氧化碳水应临用现制,并经检验TOC质量浓度不超过 $0.5\ mg \cdot L^{-1}$。

(2) 硫酸(H_2SO_4): $\rho(H_2SO_4)=1.84\ g \cdot mL^{-1}$。

(3) 邻苯二甲酸氢钾($KHC_8H_4O_4$):优级纯。

(4) 无水碳酸钠(Na_2CO_3):优级纯。

(5) 碳酸氢钠($NaHCO_3$):优级纯。

(6) 氢氧化钠溶液:$\rho(NaOH)=10\ g \cdot L^{-1}$。

(7) 有机碳标准贮备液:

ρ(有机碳,C)$=400\ mg \cdot L^{-1}$。准确称取邻苯二甲酸氢钾(预先在110~120 ℃下干燥至恒重)0.850 2 g,置于烧杯中,加水溶解后转移此溶液至1 000 mL容量瓶中,用水稀释至标线,混匀。在4 ℃条件下可保存两个月。

(8) 无机碳标准贮备液:

ρ(无机碳,C)$=400\ mg \cdot L^{-1}$。准确称取无水碳酸钠(预先在105 ℃下干燥至恒重)1.763 4 g和碳酸氢钠(预先在干燥器内干燥)1.400 0 g,置于烧杯中,加水溶解后转移此溶液于1 000 mL容量瓶中,用水稀释至标线,混匀。在4 ℃条件下可保存两周。

(9) 差减法标准使用液:

ρ(总碳,C)$=200\ mg \cdot L^{-1}$,ρ(无机碳,C)$=100\ mg \cdot L^{-1}$。用单标线吸量管分别吸取50.00 mL有机碳标准贮备液和无机碳标准贮备液于200 mL容量瓶中,用水稀释至标线,混匀。在4 ℃条件下贮存可稳定保存一周。

(10) 直接法标准使用液:

ρ(有机碳,C)$=100\ mg \cdot L^{-1}$,用单标线吸量管吸取50.00 mL有机碳标准贮备液于200 mL容量瓶中,用水稀释至标线,混匀。在4 ℃条件下贮存可稳定保存一周。

(11) 载气：

氮气或氧气，纯度大于99.99%。

4　实验仪器

(1) 分析时均使用符合国家 A 级标准的玻璃量器。

(2) 非分散红外吸收 TOC 分析仪（见图 5.8）。

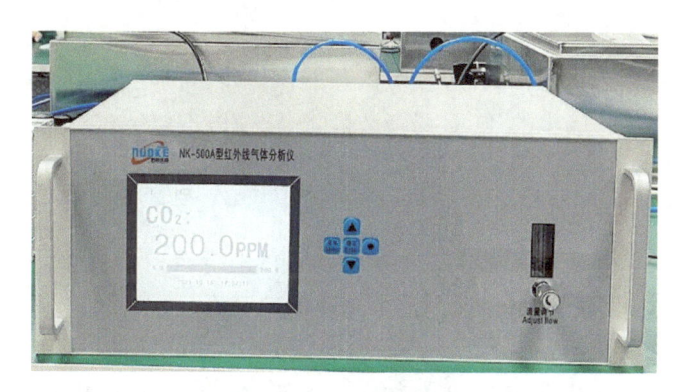

图 5.8　非分散红外吸收总有机碳分析仪

5　实验步骤

(1) 样品预处理

水样应采集在棕色玻璃瓶中并应充满采样瓶，不留顶空。水样采集后应在 24 h 内测定；否则应加入硫酸将水样酸化至 pH≤2，在 4 ℃条件下可保存 7 d。

(2) 仪器的调试

按 TOC 分析仪说明书设定条件参数，进行调试。

(3) 校准曲线的绘制

①差减法校准曲线的绘制

在一组七个 100 mL 容量瓶中，分别加入 0、2.00、5.00、10.00、20.00、40.00、100.00 mL 差减法标准使用液，用水稀释至标线，混匀。配制成总碳质量浓度为 0、4.0、10.0、20.0、40.0、80.0、200.0 mg·L^{-1} 和无机碳质量浓度为 0、2.0、5.0、10.0、20.0、40.0、100.0 mg·L^{-1} 的标准系列溶液，按照仪器的操作步骤测定其响应值。以标准系列溶液质量浓度对应仪器响应值，分别绘制总碳和无机碳校准曲线。

②直接法校准曲线的绘制

在一组七个 100 mL 容量瓶中，分别加入 0、2.00、5.00、10.00、20.00、40.00、100.00 mL 直接法标准使用液，用水稀释至标线，混匀。配制成有机碳质量浓度为 0、2.0、5.0、10.0、20.0、40.0、100.0 mg·L^{-1} 的标准系列溶液，按照仪器的操作步骤测定其响应值。以标准系列溶液质量浓度对应仪器响应值，绘制有机碳校准曲线。

上述校准曲线浓度范围可根据仪器和测定样品种类的不同进行调整。

（4）空白试验

用无二氧化碳水代替试样，按照仪器的操作步骤测定其响应值。每次试验应先检测无二氧化碳水的 TOC 质量浓度，测定值应不超过 0.5 mg·L^{-1}。

（5）样品测定

①差减法

经酸化的试样在测定前应加入适量氢氧化钠溶液中和至 pH 中性，取一定体积试样注入 TOC 分析仪进行，记录相应的响应值。

②直接法

取一定体积酸化至 pH≤2 的试样注入 TOC 分析仪，经曝气除去无机碳后导入高温氧化炉，记录相应的响应值。

（6）注意事项

水中常见共存离子超过下列质量浓度时，SO_4^{2-} 400 mg·L^{-1}、Cl^- 400 mg·L^{-1}、NO_3^- 100 mg·L^{-1}、PO_4^{3-} 100 mg·L^{-1}、S^{2-} 100 mg·L^{-1}，可用无二氧化碳水稀释水样，至上述共存离子质量浓度低于其干扰允许质量浓度后，再进行分析。

每次试验前应检测无二氧化碳水的 TOC 质量浓度，测定值应不超过 0.5 mg·L^{-1}。

每次试验应带一个曲线中间点进行校核，校核点测定值和校准曲线相应点浓度的相对误差应不超过 10%。

6　结果计算

（1）差减法

根据所测试样响应值，由校准曲线计算出总碳和无机碳质量浓度。试样中总有机碳质量浓度为：

$$\rho(\text{TOC}) = \rho(\text{TC}) - \rho(\text{IC}) \tag{5-5}$$

式中：$\rho(\text{TOC})$——试样总有机碳质量浓度(mg·L^{-1})；

$\rho(\text{TC})$——试样总碳质量浓度($\text{mg} \cdot \text{L}^{-1}$);

$\rho(\text{IC})$——试样无机碳质量浓度($\text{mg} \cdot \text{L}^{-1}$)。

(2) 直接法

根据所测试样响应值,由校准曲线计算出总有机碳的质量浓度 $\rho(\text{TOC})$。

(3) 结果表示

当测定结果小于 100 $\text{mg} \cdot \text{L}^{-1}$ 时,保留到小数点后一位;大于等于 100 $\text{mg} \cdot \text{L}^{-1}$ 时,保留三位有效数字。

第六节 水体中总磷的测定

1 实验目的

掌握水中总磷的分光光度测定法,学习使用过硫酸钾消解水样。

2 实验原理

水中磷的测定通常按其存在的形式不同,须分别测定总磷、可溶性正磷酸盐和可溶性总磷酸盐。测定水中各种磷的流程如图 5.9 所示。

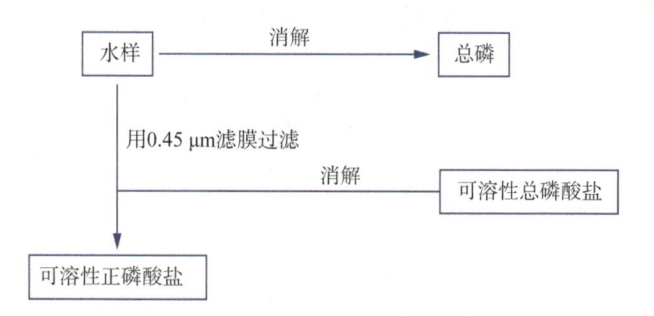

图 5.9 测定水中各种磷的流程图

消解:

将其他形式的磷转化为正磷酸盐。

总磷:

包括溶解的、颗粒的、有机的和无机磷(见图 5.10)。

在中性条件下用过硫酸钾(或硝酸-高氯酸)使试样消解,将所含磷全部氧化

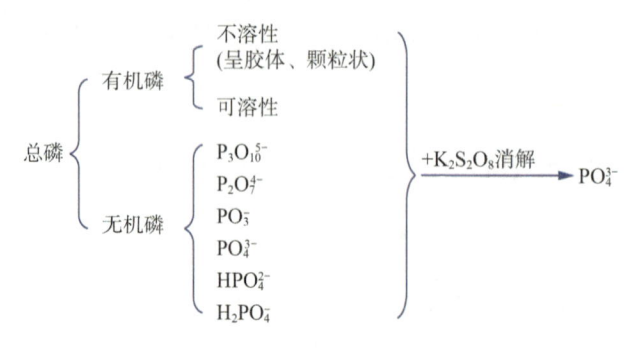

$$\text{总磷}\begin{cases}\text{有机磷}\begin{cases}\text{不溶性(呈胶体、颗粒状)}\\\text{可溶性}\end{cases}\\\text{无机磷}\begin{cases}P_3O_{10}^{5-}\\P_2O_7^{4-}\\PO_3^-\\PO_4^{3-}\\HPO_4^{2-}\\H_2PO_4^-\end{cases}\end{cases}\xrightarrow{+K_2S_2O_8\text{消解}}PO_4^{3-}$$

图 5.10　磷的分类

为正磷酸盐。在酸性介质中,正磷酸盐与钼酸铵反应,在锑盐存在下生成磷钼杂多酸后,立即被抗坏血酸还原,生成蓝色的络合物。

取 25 mL 水样,最低检出浓度为 $0.01\ mg\cdot L^{-1}$,测定上限为 $0.6\ mg\cdot L^{-1}$。在酸性条件下,砷、铬、硫干扰测定。

3　实验仪器

需要实验室常用仪器设备以及下列仪器。

(1) 高压蒸汽灭菌锅或一般压力锅(见图 5.11)。

图 5.11　高压蒸汽灭菌锅

(2) 50 mL 具塞(磨口)刻度管。

(3) 分光光度计。

所有玻璃器皿均应用稀盐酸或稀硝酸浸泡。

4　实验试剂

(1) 硫酸(H_2SO_4),密度为 1.84 g·mL^{-1}。

(2) 硝酸(HNO_3),密度为 1.40 g·mL^{-1}。

(3) 高氯酸($HClO_4$),优级纯,密度为 1.68 g·mL^{-1}。

(4) 硫酸(H_2SO_4),1+1。

(5) 硫酸,约 $c\left(\frac{1}{2}H_2SO_4\right)=1$ mol·L^{-1}：

将 27 mL 硫酸加入 973 mL 水中。

(6) 氢氧化钠(NaOH),1 mol·L^{-1} 溶液：

将 40 g 氢氧化钠溶于水并稀释至 1 000 mL。

(7) 氢氧化钠(NaOH),6 mol·L^{-1} 溶液：

将 240 g 氢氧化钠溶于水并稀释至 1 000 mL。

(8) 过硫酸钾($K_2S_2O_8$),50 g·L^{-1} 溶液：

将 5 g 过硫酸钾溶解于水,并稀释至 100 mL。

(9) 抗坏血酸($C_6H_8O_6$),100 g·L^{-1} 溶液：

溶解 10 g 抗坏血酸于水中,并稀释至 100 mL。此溶液贮于棕色的试剂瓶中,在冷处可稳定几周。如不变色可长时间使用。

(10) 钼酸盐溶液：

溶解 13 g 钼酸铵[$(NH_4)_6Mo_7O_{24}\cdot 4H_2O$]于 100 mL 水中。溶解 0.35 g 酒石酸锑钾 $\left(KSbC_4H_4O_7\cdot\frac{1}{2}H_2O\right)$ 于 100 mL 水中。在不断搅拌下把钼酸铵溶液徐徐加到 300 mL 硫酸中,加酒石酸锑钾溶液并且混合均匀。此溶液贮存于棕色试剂瓶中,在冷处可保存两个月。

(11) 浊度-色度补偿液：

混合两个体积硫酸和一个体积抗坏血酸溶液。使用当天配制。

(12) 磷标准贮备溶液：

称取 0.219 7±0.001 g 于 110 ℃ 干燥 2 h 并在干燥器中放冷的磷酸二氢钾(KH_2PO_4),用水溶解后转移至 1 000 mL 容量瓶中,加入大约 800 mL 水,加 5 mL 硫酸,用水稀释至标线并混匀。1.00 mL 此标准溶液含 50.0 μg 磷。本溶液在玻璃瓶中可贮存至少六个月。

(13) 磷标准使用溶液：

将 10.0 mL 的磷标准溶液转移至 250 mL 容量瓶中，用水稀释至标线并混匀。1.00 mL 此标准溶液含 2.0 μg 磷。使用当天配制。

(14) 酚酞，10 g·L^{-1} 溶液：

0.5 g 酚酞溶于 50 mL 95% 乙醇中。

5 实验步骤

5.1 水样采集与保存

采集水样后，加硫酸酸化至 pH=1，常温下保存。使用前用氢氧化钾调至中性。

5.2 试样的制备

取 25 mL 样品于具塞刻度管中。取时应仔细摇匀，以得到溶解部分和悬浮部分均具有代表性的试样。如样品中含磷浓度较高，试样体积可以减少。

5.3 消解

(1) 过硫酸钾消解：

向试样中加 4 mL 过硫酸钾，将具塞刻度管的盖塞紧后，用一小块布和线将玻璃塞扎紧（或用其他方法固定），放在大烧杯中置于高压蒸气消毒器中加热，待压力达 1.1 kg·cm^{-2}，相应温度为 120 ℃时，保持 30 min 后停止加热。待压力表读数降至零后，取出放冷。然后用水稀释至标线。

(2) 硝酸-高氯酸消解：

取 25 mL 试样于锥形瓶中，加数粒玻璃珠，加 2 mL 硝酸在电热板上加热浓缩至 10 mL。冷后加 5 mL 硝酸，再加热浓缩至 10 mL，放冷。加 3 mL 高氯酸，加热至高氯酸冒白烟，此时可在锥形瓶上加小漏斗或调节电热板温度，使消解液在锥形瓶内壁保持回流状态，直至剩下 3～4 mL，放冷。

加水 10 mL，加 1 滴酚酞指示剂。滴加氢氧化钠溶液至刚呈微红色，再滴加硫酸溶液使微红刚好退去，充分混匀。移至具塞刻度管中，用水稀释至标线。

消解注意事项如下：

①用硝酸-高氯酸消解需要在通风橱中进行。高氯酸和有机物的混合物经加热易发生危险，需将试样先用硝酸消解，然后再加入硝酸-高氯酸进行消解。

②绝不可把消解的试样蒸干。

③如消解后有残渣时，用滤纸过滤于具塞刻度管中，并用水充分清洗锥形瓶

及滤纸,一并移到具塞刻度管中。

④水样中的有机物用过硫酸钾氧化不能完全破坏时,可用此法消解。

5.4 发色

分别向各份消解液中加入 1 mL 抗坏血酸溶液混匀,30 s 后加 2 mL 钼酸盐溶液充分混匀。

如试样中含有浊度或色度时,需配制一个空白试样(消解后用水稀释至标线)然后向试样中加入 3 mL 浊度-色度补偿液,但不加抗坏血酸溶液和钼酸盐溶液。然后从试样的吸光度中扣除空白试样的吸光度。

砷质量浓度大于 2 mg·L^{-1} 会干扰测定,用硫代硫酸钠去除。硫化物质量浓度大于 2 mg·L^{-1} 干扰测定,通氮气去除。铬质量浓度大于 50 mg·L^{-1} 会干扰测定,用亚硫酸钠去除。

5.5 分光光度测量

室温下放置 15 min 后,使用光程为 30 mm 的比色皿,在 700 nm 波长下,以水做参比,测定吸光度。扣除空白试验的吸光度后,从工作曲线上查得磷的质量。

如显色时室温低于 13 ℃,可在 20~30 ℃水浴上显色 15 min 即可。

5.6 工作曲线的绘制

取 7 支具塞刻度管分别加入 0、0.50、1.00、3.00、5.00、10.0、15.0 mL 磷酸盐标准溶液,加水至 25 mL。然后按测定步骤进行处理,以水做参比测定吸光度。扣除空白试验的吸光度后和对应的磷的质量绘制工作曲线。

6 结果计算

总磷浓度以 $C(\text{mg·L}^{-1})$ 表示,按下式计算:

$$C = \frac{m}{V} \tag{5-6}$$

式中:m——试样测得含磷量(μg);

V——测定用试样体积(mL)。

7　注意事项

如试样中浊度或色度影响测量吸光度时,需做补偿校正;室温低于 13 ℃时,可在 20～30 ℃水浴中显色 15 min。

操作所用的玻璃器皿,可用 1+5 的盐酸浸泡 2 h 或用不含磷酸盐的洗涤剂刷洗。

比色皿用后应以稀硝酸或铬酸洗液浸泡片刻,以除去吸附的磷钼蓝显色物;测定吸光度时比色池上的水滴和指纹要用擦镜纸擦干净,以免影响测定结果。

第七节　水体中化学需氧量的测定

1　实验目的

(1) 掌握容量法测定化学需氧量的原理和技术。
(2) 理解有机污染物综合指标的含义及测定方法。

2　实验原理

化学需氧量(Chemical Oxygen Demand):

化学需氧量是以化学方法测量自然水样、废水、废水处理厂出水和受污染的水中,能被强氧化剂氧化的物质(一般为有机物)的氧当量。在河流污染和工业废水性质的研究以及废水处理厂的运行管理中,它是一个重要的而且能较快测定的有机物污染参数,常以符号 COD 表示。

重铬酸盐需氧量(Dichromate Oxidizability):

重铬酸盐需氧量也称重铬酸盐指数、重铬酸盐值、重铬酸盐氧化性,记为 COD_{Cr}。其数值等于用标准实验步骤,以重铬酸钾为氧化剂测定的水的化学需氧量。水样中加入过量的重铬酸钾溶液和硫酸,加热并用硫酸银作催化剂促使氧化反应完善。过剩的重铬酸钾以试亚铁灵为指示剂,用硫酸亚铁铵标准液滴定然后将重铬酸钾消耗量折算为每升水耗氧量。此法氧化程度高,可用于分析污染严重的工业废水,用以说明废水受有机物污染的情况。

在酸性重铬酸钾条件下,芳烃和吡啶难以被氧化,其氧化率较低。在硫酸银催化作用下,直链脂肪族化合物可有效地被氧化。

无机还原性物质如亚硝酸盐、硫化物和二价铁盐等将使测定结果增大,其需氧量也是COD$_{Cr}$的一部分。

3 实验试剂

除非另有说明,实验时所用试剂均为符合国家标准的分析纯试剂,实验用水均为新制备的超纯水、蒸馏水或同等纯度的水。

(1) 硫酸(H$_2$SO$_4$),ρ=1.84 g·mL^{-1},优级纯。

(2) 重铬酸钾(K$_2$Cr$_2$O$_7$),基准试剂,取适量重铬酸钾在105 ℃烘箱中干燥至恒重。

(3) 硫酸银(Ag$_2$SO$_4$)。

(4) 硫酸汞(HgSO$_4$)。

(5) 硫酸亚铁铵([(NH$_4$)$_2$Fe(SO$_4$)$_2$·6H$_2$O])。

(6) 邻苯二甲酸氢钾(KC$_8$H$_5$O$_4$)。

(7) 七水合硫酸亚铁(FeSO$_4$·7H$_2$O)。

(8) 硫酸溶液:1+9。

(9) 重铬酸钾标准溶液。

① $c\left(\frac{1}{6}K_2Cr_2O_7\right)$=0.250 mol·L^{-1}。准确称取12.258 g重铬酸钾溶于水中,定容至1 000 mL。

② $c\left(\frac{1}{6}K_2Cr_2O_7\right)$=0.025 0 mol·L^{-1}。将0.250 mol·L^{-1}重铬酸钾标准溶液稀释10倍。

(10) 硫酸银-硫酸溶液。

称取10 g硫酸银,加到1 L硫酸中,放置1~2 d使之溶解并摇匀,使用前小心摇动。

(11) 硫酸汞溶液,ρ=100 g·L^{-1}。

称取10 g硫酸汞,溶于100 mL硫酸溶液中,混匀。

(12) 硫酸亚铁铵标准溶液。

① $c[(NH_4)_2Fe(SO_4)_2·6H_2O]$≈0.05 mol·L^{-1}。

称取19.5 g硫酸亚铁铵溶解于水中,加入10 mL硫酸,待溶液冷却后稀释至1 000 mL(不可长期保存)。

每日临用前,必须用重铬酸钾标准溶液准确标定硫酸亚铁铵溶液的浓度;标定时应做3个平行样。

取 5.00 mL 重铬酸钾标准溶液置于锥形瓶中,用水稀释至约 50 mL,缓慢加入 15 mL 硫酸,混匀,冷却后加入 3 滴(约 0.15 mL)试亚铁灵指示剂,用硫酸亚铁铵滴定,溶液的颜色由黄色经蓝绿色变为红褐色即为终点,记录下硫酸亚铁铵的消耗量 V(mL)。

硫酸亚铁铵标准滴定溶液浓度 $C(mol \cdot L^{-1})$ 按式(5-7)计算:

$$C = \frac{1.25}{V} \tag{5-7}$$

式中:V——滴定时消耗硫酸亚铁铵溶液的体积,mL。

② $c[(NH_4)_2Fe(SO_4)_2 \cdot 6H_2O] \approx 0.005 \ mol \cdot L^{-1}$。

将 $0.05 \ mol \cdot L^{-1}$ 的硫酸亚铁铵标准溶液稀释 10 倍,用重铬酸钾标准溶液标定,其滴定步骤及浓度计算同上。每日临用前标定。

(13) 邻苯二甲酸氢钾标准溶液,$c(KC_8H_5O_4) = 2.0824 \ mmol \cdot L^{-1}$。

称取 105 ℃ 干燥 2 h 的邻苯二甲酸氢钾 0.425 1 g 溶于水,并稀释至 1 000 mL,混匀。以重铬酸钾为氧化剂,将邻苯二甲酸氢钾完全氧化的 COD_{Cr} 值为 1.176 g 氧 $\cdot g^{-1}$(即 1 g 邻苯二甲酸氢钾耗氧 1.176 g),故该标准溶液理论的 COD_{Cr} 值为 500 $mg \cdot L^{-1}$。

(14) 试亚铁灵指示剂。

1,10-菲啰啉(1,10-Phenanathroline monohydrate,商品名为邻菲啰啉、1,10-菲啰啉等)指示剂溶液。

溶解 0.695 g 七水合硫酸亚铁于 50 mL 水中,加入 1.485 g 1,10-菲啰啉,搅拌至溶解,稀释至 100 mL。

(15) 防爆沸玻璃珠。

4 实验仪器

(1) 回流装置:

带有 250 mL 磨口锥形瓶的全玻璃回流装置,可选用水冷或风冷全玻璃回流装置,其他等效冷凝回流装置亦可。

(2) 加热装置:

电炉或其他等效消解装置。

(3) 分析天平:

感量为 0.000 1 g。

(4) 酸式滴定管:

25 mL 或 50 mL。

(5) 其他实验室常用仪器和设备。

5　实验步骤

(1) COD_{Cr} 浓度 $\leqslant 50$ mg·L^{-1} 的样品

取 10 mL 水样于锥形瓶中，依次加入硫酸汞溶液、0.025 0 mol·L^{-1} 重铬酸钾标准溶液 5 mL 和几颗防爆沸玻璃珠，摇匀。硫酸汞溶液按质量比 $m[HgSO_4]:m[Cl^-]\geqslant 20:1$ 的比例加入，最大加入量为 2 mL。

将锥形瓶连接到回流装置冷凝管下端，从冷凝管上端缓慢加入 15 mL 硫酸银-硫酸溶液，以防止低沸点有机物的逸出，不断旋动锥形瓶使之混合均匀。自溶液开始沸腾起保持微沸回流 2 h。若为水冷装置，应在加入硫酸银-硫酸溶液之前通入冷凝水。

回流并冷却后，自冷凝管上端加入 45 mL 水冲洗冷凝管，取下锥形瓶。

溶液冷却至室温后，加入 3 滴试亚铁灵指示剂溶液，用 0.005 mol·L^{-1} 硫酸亚铁铵标准溶液滴定，溶液的颜色由黄色经蓝绿色变为红褐色即为终点。记录硫酸亚铁铵标准溶液的消耗体积。

样品浓度低时，取样体积可适当增加，同时其他试剂量也应按比例增加。

按相同的步骤以 10.0 mL 实验用水代替水样进行空白试验，记录空白滴定时消耗硫酸亚铁铵标准溶液的体积。空白试验中硫酸银-硫酸溶液和硫酸汞溶液的用量应与样品中的用量保持一致。

(2) COD_{Cr} 浓度 >50 mg·L^{-1} 的样品

取 10 mL 水样于锥形瓶中，依次加入硫酸汞溶液、0.250 mol·L^{-1} 重铬酸钾标准溶液 5 mL 和几颗防爆沸玻璃珠，摇匀。其他操作与上相同。

待溶液冷却至室温后，加入 3 滴试亚铁灵指示剂溶液，用 0.05 mol·L^{-1} 硫酸亚铁铵标准溶液滴定，溶液的颜色由黄色经蓝绿色变为红褐色即为终点。记录硫酸亚铁铵标准溶液的消耗体积。

对于污染严重的水样，可选取所需体积 1/10 的水样放入硬质玻璃管中，加入 1/10 的试剂，摇匀后加热至沸腾数分钟，观察溶液是否变成蓝绿色。如呈蓝绿色，应再适当少取水样，直至溶液不变蓝绿色为止，从而可以确定待测水样的稀释倍数。

按相同步骤以 10 mL 实验用水代替水样进行空白试验，记录空白滴定时消耗硫酸亚铁铵标准溶液的体积。

6 结果计算

按公式(5-8)计算样品中化学需氧量的质量浓度 $\rho(\text{mg}\cdot\text{L}^{-1})$,

$$\rho = \frac{C\times(V_0-V_1)\times 8\,000}{V_2}\times f \tag{5-8}$$

式中:C——硫酸亚铁铵标准溶液的浓度($\text{mol}\cdot\text{L}^{-1}$);

V_0——空白试验所消耗的硫酸亚铁铵标准溶液的体积(mL);

V_1——水样测定所消耗的硫酸亚铁铵标准溶液的体积(mL);

V_2——水样的体积(mL);

f——样品稀释倍数;

$8\,000$——$\frac{1}{4}\text{O}_2$ 的摩尔质量以 $\text{mg}\cdot\text{L}^{-1}$ 为单位的换算值。

当 COD_{Cr} 测定结果小于 $100\;\text{mg}\cdot\text{L}^{-1}$ 时保留至整数位;当测定结果大于或等于 $100\;\text{mg}\cdot\text{L}^{-1}$ 时,保留三位有效数字。

7 注意事项

(1) 消解时应使溶液缓慢沸腾,不宜爆沸。如出现爆沸,说明溶液中出现局部过热,会导致测定结果有误。爆沸的原因可能是加热过于激烈或是防爆沸玻璃珠的效果不好。

(2) 试亚铁灵指示剂的加入量虽然不影响临界点但应该尽量一致。当溶液的颜色先变为蓝绿色再变到红褐色即达到终点,几分钟后可能还会重现蓝绿色。

(3) 本方法的主要干扰物为氯化物,可加入硫酸汞溶液去除。经回流后,氯离子可与硫酸汞结合成可溶性的氯汞配合物。硫酸汞溶液的用量可根据水样中氯离子的含量,按质量比 $m[\text{HgSO}_4]:m[\text{Cl}]=20:1$ 的比例加入,最大加入量为 2 mL(按照氯离子最大允许浓度 $1\,000\;\text{mg}\cdot\text{L}^{-1}$ 计)。

第八节　水体中五日生化需氧量的测定

1　实验目的

(1) 掌握容量法测定生化需氧量的原理和技术。
(2) 理解五日生化需氧量的含义及测定方法。

2　实验原理

五日生化需氧量(BOD_5)是指在规定的条件下,微生物分解水中的某些可氧化的物质,特别是分解有机物的生物化学过程消耗的溶解氧。通常情况下是指水样充满完全密闭的溶解氧瓶中,在(20 ± 1)℃的暗处培养 5 d$\pm$4 h 或$(2+5)$d $\pm$4 h[先在 0~4 ℃的暗处培养 2 d,接着在(20 ± 1)℃的暗处培养 5 d,即培养$(2+5)$d],分别测定培养前后水样中溶解氧的质量浓度,由培养前后溶解氧的质量浓度之差,计算每升样品消耗的溶解氧量,以 BOD_5 形式表示。

若样品中的有机物含量较多,BOD_5 的质量浓度大于 6 mg·L^{-1},样品需适当稀释后测定;对不含或含微生物少的工业废水,如酸性废水、碱性废水、高温废水、冷冻保存的废水或经过氯化处理等的废水,在测定 BOD_5 时应进行接种,以引进能分解废水中有机物的微生物。当废水中存在难以被一般生活污水中的微生物以正常的速度降解的有机物或含有剧毒物质时,应将驯化后的微生物引入水样中进行接种。

3　实验仪器

分析时均使用符合国家 A 级标准的玻璃量器,使用的玻璃仪器须清洁、无毒性和可生化降解的物质。

(1) 滤膜:孔径为 1.6 μm。
(2) 溶解氧瓶:带水封装置,容积 250~300 mL。
(3) 稀释容器:1 000~2 000 mL 的量筒或容量瓶。
(4) 虹吸管:供分取水样或添加稀释水。
(5) 溶解氧测定仪。
(6) 冷藏箱:0~4 ℃。

(7) 冰箱:有冷冻和冷藏功能。

(8) 带风扇的恒温培养箱:(20±1)℃。

(9) 曝气装置:多通道空气泵或其他曝气装置;曝气可能带来有机物、氧化剂和金属,导致空气污染。如有污染,空气应过滤清洗。

4 实验试剂

(1) 水

实验用水为符合《分析实验用水规格和试验方法》(GB/T 6682—2008)规定的三级蒸馏水,且水中铜离子的质量浓度不大于 0.01 mg·L^{-1},不含有氯或氯胺等物质。

(2) 接种液

可购买接种微生物用的接种物质,接种液的配制和使用按说明书的要求操作。也可按以下方法获得接种液。

① 未受工业废水污染的生活污水:化学需氧量不大于 300 mg·L^{-1},总有机碳不大于 100 mg·L^{-1}。

② 含有城镇污水的河水或湖水。

(3) 盐溶液

① 磷酸盐缓冲溶液:

将 8.5 g 磷酸二氢钾(KH_2PO_4)、21.8 g 磷酸氢二钾(K_2HPO_4)、33.4 g 七水合磷酸氢二钠($Na_2HPO_4·7H_2O$)和 1.7 g 氯化铵(NH_4Cl)溶于水中,稀释至 1 000 mL,此溶液在 0~4 ℃可稳定保存 6 个月。此溶液的 pH 值为 7.2。

② 硫酸镁溶液,$\rho(MgSO_4)=11.0$ g·L^{-1}:

将 22.5 g 七水合硫酸镁($MgSO_4·7H_2O$)溶于水中,稀释至 1 000 mL,此溶液在 0~4 ℃可稳定保存 6 个月,若发现任何沉淀或微生物生长应弃去。

③ 氯化钙溶液,$\rho(CaCl_2)=27.6$ g·L^{-1}:

将 27.6 g 无水氯化钙($CaCl_2$)溶于水中,稀释至 1 000 mL,此溶液在 0~4 ℃可稳定保存 6 个月,若发现任何沉淀或微生物生长应弃去。

④ 氯化铁溶液,$\rho(FeCl_3)=0.15$ g·L^{-1}:

将 0.25 g 六水合氯化铁($FeCl_3·6H_2O$)溶于水中,稀释至 1 000 mL,此溶液在 0~4 ℃可稳定保存 6 个月,若发现任何沉淀或微生物生长应弃去。

(4) 稀释水

在 5~20 L 的玻璃瓶中加入一定量的水,控制水温在(20±1)℃,用曝气装置至少曝气 1 h,使稀释水中的溶解氧达到 8 mg·L^{-1} 以上。使用前每升水中加入上述四种盐溶液各 1.0 mL,混匀,20 ℃保存。在曝气的过程中防止污染,特别是防止带入有机物、金属、氧化物或还原物。稀释水中氧的质量浓度不能过饱和,使用前需开口放置 1 h,且应在 24 h 内使用。剩余的稀释水应弃去。

(5) 接种稀释水

根据接种液的来源不同,每升稀释水中加入适量接种液:城市生活污水和污水处理厂出水加 1~10 mL,河水或湖水加 10~100 mL。将接种稀释水存放在 (20 ± 1) ℃的环境中,当天配制当天使用。接种的稀释水 pH 值为 7.2,BOD_5 应小于 1.5 mg·L^{-1}。

(6) 盐酸溶液,$c(HCl)=0.5$ mol·L^{-1}

(7) 氢氧化钠溶液,$c(NaOH)=0.5$ mol·L^{-1}

(8) 亚硫酸钠溶液,$c(Na_2SO_3)=0.025$ mol·L^{-1}

将 1.575 g 亚硫酸钠(Na_2SO_3)溶于水中,稀释至 1 000 mL。此溶液不稳定,需现用现配。

(9) 葡萄糖-谷氨酸标准溶液

将葡萄糖($C_6H_{12}O_6$,优级纯)和谷氨酸(HOOC-CH_2-CH_2-$CHNH_2$-COOH,优级纯)在 130 ℃干燥 1 h,各称取 150 mg 溶于水中,在 1 000 mL 容量瓶中稀释至标线。此溶液的 BOD_5 为(210 ± 20) mg·L^{-1},现用现配。该溶液也可少量冷冻保存,融化后立刻使用。

(10) 丙烯基硫脲硝化抑制剂,$\rho(C_4H_8N_2S)=1.0$ g·L^{-1}

溶解 0.20 g 丙烯基硫脲($C_4H_8N_2S$)于 200 mL 水中混合,4 ℃保存,此溶液可稳定保存 14 d。

(11) 乙酸溶液,1+1。

(12) 碘化钾溶液,$\rho(KI)=100$ g·L^{-1}

将 10 g 碘化钾(KI)溶于水中,稀释至 100 mL。

(13) 淀粉溶液,$\rho=5$ g·L^{-1}

将 0.50 g 淀粉溶于水中,稀释至 100 mL。

5 实验步骤

5.1 样品采集与保存

采集的样品应充满并密封于棕色玻璃瓶中,样品量不小于 1 000 mL,在 1~5 ℃的暗处运输和保存,并于 24 h 内尽快分析。24 h 内不能分析,可冷冻保存(冷冻保存时避免样品瓶破裂),冷冻样品分析前需解冻、均质化和接种。

5.2 样品的前处理

(1) pH 值调节

若样品或稀释后样品 pH 值不在 6~8 范围内,应用盐酸溶液或氢氧化钠溶液调节其 pH 值至 6~8。

(2) 余氯和结合氯的去除

若样品中含有少量余氯,一般在采样后放置 1~2 h,游离氯即可消失。对在短时间内不能消失的余氯,可加入适量亚硫酸钠溶液去除样品中存在的余氯和结合氯,加入的亚硫酸钠溶液的量由下述方法确定。

取已中和好的水样 100 mL,加入乙酸溶液 10 mL、碘化钾溶液 1 mL,混匀,暗处静置 5 min。用亚硫酸钠溶液滴定析出的碘至淡黄色,加入 1 mL 淀粉溶液呈蓝色。再继续滴定至蓝色刚刚褪去,即为终点,记录所用亚硫酸钠溶液体积,由亚硫酸钠溶液消耗的体积,计算出水样中应加亚硫酸钠溶液的体积。

(3) 样品均质化

含有大量颗粒物、需要较大稀释倍数的样品或经冷冻保存的样品,测定前均需将样品搅拌均匀。

(4) 样品中有藻类

若样品中有大量藻类存在,BOD_5 的测定结果会偏高。当分析结果精度要求较高时,测定前应用滤孔为 1.6 μm 的滤膜过滤,检测报告中注明滤膜滤孔的大小。

(5) 含盐量低的样品

若样品含盐量低,非稀释样品的电导率小于 125 $\mu S \cdot cm^{-1}$ 时,须加入适量相同体积的四种盐溶液,使样品的电导率大于 125 $\mu S \cdot cm^{-1}$。每升样品中至少须加入各种盐的体积 V 按下式计算:

$$V = \frac{(\Delta K - 12.8)}{113.6} \tag{5-9}$$

式中:V——须加入各种盐的体积,mL;

ΔK——样品需要提高的电导率值,$\mu S \cdot cm^{-1}$。

5.3 样品分析

(1) 非稀释法

非稀释法分为两种情况:非稀释法和非稀释接种法。

如样品中的有机物含量较少，BOD$_5$ 的质量浓度不大于 6 mg·L^{-1}，且样品中有足够的微生物，用非稀释法测定。若样品中的有机物含量较少，BOD$_5$ 的质量浓度不大于 6 mg·L^{-1} 但样品中无足够的微生物，如酸性废水、碱性废水、高温废水、冷冻保存的废水或经过氯化处理等的废水，采用非稀释接种法测定。

①试样的准备

测定前待测试样的温度达到 (20±2)℃，若样品中溶解氧浓度低，需要用曝气装置曝气 15 min，充分振摇赶走样品中残留的空气泡；若样品中氧过饱和，将容器 2/3 体积充满样品，用力振荡赶出过饱和氧，然后根据试样中微生物含量情况确定测定方法。非稀释法可直接取样测定；非稀释接种法，每升试样中加入适量的接种液，待测定。若试样中含有硝化细菌，有可能发生硝化反应，须在每升试样中加入 2 mL 丙烯基硫脲硝化抑制剂。

非稀释接种法，每升稀释水中加入与试样中相同量的接种液作为空白试样，需要时每升试样中加入 2 mL 丙烯基硫脲硝化抑制剂。

②试样的测定

碘量法测定试样中的溶解氧：

将试样充满两个溶解氧瓶中，使试样少量溢出，防止试样中的溶解氧质量浓度改变，使瓶中存在的气泡靠瓶壁排出。将一瓶盖上瓶盖，加上水封，在瓶盖外罩上一个密封罩，防止培养期间水封水蒸发干，在恒温培养箱中培养 5 d±4 h 或 (2+5) d±4 h 后测定试样中溶解氧的质量浓度。另一瓶 15 min 后测定试样在培养前溶解氧的质量浓度（见图 5.12）。

图 5.12　碘量法测定试样中的溶解氧

电化学探头法测定试样中的溶解氧：

将试样充满一个溶解氧瓶中，使试样少量溢出，防止试样中的溶解氧质量浓度改变，使瓶中存在的气泡靠瓶壁排出。测定培养前试样中的溶解氧的质量浓度。盖上瓶盖，防止样品中残留气泡，加上水封，在瓶盖外罩上一个密封罩，防止培养期间水封水蒸发干。将试样瓶放入恒温培养箱中培养 5 d±4 h 或(2＋5)d±4 h。测定培养后试样中溶解氧的质量浓度。

空白试样的测定方法同上。

(2) 稀释与接种法

稀释与接种法分为两种情况：稀释法和稀释接种法。

若试样中的有机物含量较多，BOD_5 的质量浓度大于 6 mg·L^{-1}，且样品中有足够的微生物，采用稀释法测定；若试样中的有机物含量较多，BOD_5 的质量浓度大于 6 mg·L^{-1} 但试样中无足够的微生物，采用稀释接种法测定。

①试样的准备

a. 待测试样

待测试样的温度达到(20±2)℃，若试样中溶解氧浓度低，需要用曝气装置曝气 15 min，充分振摇赶走样品中残留的气泡；若样品中氧过饱和，将容器的 2/3 体积充满样品，用力振荡赶出过饱和氧，然后根据试样中微生物含量情况确定测定方法。稀释法测定，稀释倍数按表 5.1 和表 5.2 方法确定，然后用稀释水稀释。稀释接种法测定，用接种稀释水稀释样品。若样品中含有硝化细菌，有可能发生硝化反应，需在每升试样培养液中加入 2 mL 丙烯基硫脲硝化抑制剂。

稀释倍数的确定：样品稀释的程度应使消耗的溶解氧质量浓度不小于 2 mg·L^{-1}，培养后样品中剩余溶解氧质量浓度不小于 2 mg·L^{-1}，且试样中剩余的溶解氧的质量浓度为开始浓度的 1/3～2/3 为最佳。

稀释倍数可根据样品的总有机碳(TOC)、高锰酸盐指数(I_{Mn})或化学需氧量(COD_{Cr})的测定值，按照表 5.1 列出的 BOD_5 与总有机碳(TOC)、高锰酸盐指数(I_{Mn})或化学需氧量(COD_{Cr})的比值 R 估计 BOD_5 的期望值(R 与样品的类型有关)，再根据表 5.2 确定稀释因子。当不能准确地选择稀释倍数时，一个样品做 2～3 个不同的稀释倍数。

表 5.1 典型的比值 R

水样的类型	总有机碳 R (BOD_5/TOC)	高锰酸盐指数 R (BOD_5/I_{Mn})	化学需氧量 R (BOD_5/COD_{Cr})
未处理的废水	1.2～2.8	1.2～1.5	0.35～0.65
生化处理的废水	0.3～1.0	0.5～1.2	0.20～0.35

由表 5.1 中选择适当的 R 值,按下式计算 BOD_5 的期望值:

$$\rho = R \cdot Y \tag{5-10}$$

式中:ρ——五日生化需氧量浓度的期望值($mg \cdot L^{-1}$);

Y——总有机碳(TOC)、高锰酸盐指数(I_{Mn})或化学需氧量(COD_{Cr})的值($mg \cdot L^{-1}$)。

由估算出的 BOD_5 的期望值,按表 5.2 确定样品的稀释倍数。

表 5.2 BOD_5 测定的稀释倍数

BOD_5 的期望值	稀释倍数	水样类型
6~12	2	河水、生物净化的城市污水
10~30	5	河水、生物净化的城市污水
20~60	10	生物净化的城市污水
40~120	20	澄清的城市污水或轻度污染的工业废水
100~300	50	轻度污染的工业废水或原城市污水
200~600	100	轻度污染的工业废水或原城市污水
400~1 200	200	重度污染的工业废水或原城市污水
1 000~3 000	500	重度污染的工业废水
2 000~6 000	1 000	重度污染的工业废水

按照确定的稀释倍数,将一定体积的试样或处理后的试样用虹吸管加入已加部分稀释水或接种稀释水的稀释容器中,加稀释水或接种稀释水至刻度,轻轻混合避免残留气泡,待测定。若稀释倍数超过 100 倍,可进行两步或多步稀释。

若试样中有微生物毒性物质,应配制几个不同稀释倍数的试样,选择与稀释倍数无关的结果,并取其平均值。试样测定结果与稀释倍数的关系确定如下:

当分析结果精度要求较高或存在微生物毒性物质时,一个试样要做两个以上不同的稀释倍数,每个试样每个稀释倍数做平行双样同时进行培养。测定培养过程中每瓶试样氧的消耗量,并画出氧消耗量对每一稀释倍数试样中原样品的体积曲线。

若此曲线呈线性,则此试样中不含有任何抑制微生物的物质,即样品的测定结果与稀释倍数无关;若曲线仅在低浓度范围内呈线性,取线性范围内稀释比的试样测定结果计算平均 BOD_5 值。

b. 空白试样

稀释法测定,空白试样为稀释水,需要时每升稀释水中加入 2 mL 丙烯基硫脲硝化抑制剂。

稀释接种法测定，空白试样为接种稀释水，必要时每升接种稀释水中加入 2 mL 丙烯基硫脲硝化抑制剂。

②试样的测定

试样和空白试样的测定方法同上。

6 结果计算

（1）非稀释法

非稀释法按式(5-11)计算样品 BOD_5 的测定结果：

$$\rho = \rho_1 - \rho_2 \qquad (5-11)$$

式中：ρ——五日生化需氧量质量浓度$(mg \cdot L^{-1})$；

ρ_1——水样在培养前的溶解氧质量浓度$(mg \cdot L^{-1})$；

ρ_2——水样在培养后的溶解氧质量浓度$(mg \cdot L^{-1})$。

（2）非稀释接种法

非稀释接种法按式(5-12)计算样品 BOD_5 的测定结果：

$$\rho = (\rho_1 - \rho_2) - (\rho_3 - \rho_4) \qquad (5-12)$$

式中：ρ——五日生化需氧量质量浓度$(mg \cdot L^{-1})$；

ρ_1——接种水样在培养前的溶解氧质量浓度$(mg \cdot L^{-1})$；

ρ_2——接种水样在培养后的溶解氧质量浓度$(mg \cdot L^{-1})$；

ρ_3——空白样在培养前的溶解氧质量浓度$(mg \cdot L^{-1})$；

ρ_4——空白样在培养后的溶解氧质量浓度$(mg \cdot L^{-1})$。

（3）稀释与接种法

稀释法与稀释接种法按式(5-13)计算样品 BOD_5 的测定结果：

$$\rho = \frac{(\rho_1 - \rho_2) - (\rho_3 - \rho_4)f_1}{f_2} \qquad (5-13)$$

式中：ρ——五日生化需氧量质量浓度$(mg \cdot L^{-1})$；

ρ_1——接种稀释水样在培养前的溶解氧质量浓度$(mg \cdot L^{-1})$；

ρ_2——接种稀释水样在培养后的溶解氧质量浓度$(mg \cdot L^{-1})$；

ρ_3——空白样在培养前的溶解氧质量浓度$(mg \cdot L^{-1})$；

ρ_4——空白样在培养后的溶解氧质量浓度$(mg \cdot L^{-1})$；

f_1——接种稀释水或稀释水在培养液中所占的比例；

f_2——原样品在培养液中所占的比例。

BOD₅测定结果以氧的质量浓度(mg·L⁻¹)报出。对于稀释与接种法,如果有几个稀释倍数的结果满足要求,结果取这些稀释倍数结果的平均值。结果小于 100 mg·L⁻¹,保留一位小数;100~1 000 mg·L⁻¹,取整数位;大于 1 000 mg·L⁻¹,以科学计数法报出。

7　注意事项

(1) 空白试样

每一批样品做两个分析空白试样,稀释法空白试样的测定结果不能超过 0.5 mg·L⁻¹,非稀释接种法和稀释接种法空白试样的测定结果不能超过 1.5 mg·L⁻¹,否则应检查可能的污染来源。

(2) 接种液、稀释水质量的检查

每一批样品要求做一个标准样品,样品的配制方法如下:取 20 mL 葡萄糖-谷氨酸标准溶液于稀释容器中,用接种稀释水稀释至 1 000 mL,测定 BOD₅,结果应在 180~230 mg·L⁻¹ 范围内,否则应检查接种液、稀释水的质量。

(3) 平行样品

每一批样品至少做一组平行样,计算相对百分偏差 RP。

当 BOD₅ 小于 3 mg·L⁻¹ 时,RP 值应≤±15%;当 BOD₅ 为 3~100 mg·L⁻¹ 时,RP 值应≤±20%;当 BOD₅ 大于 100 mg·L⁻¹ 时,RP 值应≤±25%。计算公式如式(5-14):

$$RP = \frac{\rho_1 - \rho_2}{\rho_1 + \rho_2} \times 100\% \tag{5-14}$$

式中:RP——相对百分偏差(%);

ρ_1——第一个样品 BOD₅ 的质量浓度(mg·L⁻¹);

ρ_2——第二个样品 BOD₅ 的质量浓度(mg·L⁻¹)。

(4) 精密度和准确度

非稀释法实验室间的重现性标准偏差为 0.10~0.22 mg·L⁻¹,再现性标准偏差为 0.26~0.85 mg·L⁻¹。稀释法和稀释接种法的对比测定结果重现性标准偏差为 11 mg·L⁻¹,再现性标准偏差为 3.7~22 mg·L⁻¹。

第九节　水体中重金属的测定

1　实验目的

（1）了解水中重金属的消解与测定方法。
（2）了解水体的重金属污染状况。

2　实验原理

水样经预处理后,采用电感耦合等离子体质谱进行检测,根据元素的质谱图或特征离子进行定性,内标法定量。样品由载气带入雾化系统进行雾化后,以气溶胶形式进入等离子体的轴向通道,在高温和惰性气体中被充分蒸发、解离、原子化和电离,转化成的带电荷的正离子经离子采集系统进入质谱仪,质谱仪根据离子的质荷比即元素的质量数进行分离并定性、定量的分析。在一定浓度范围内,元素质量数处所对应的信号响应值与其浓度成正比。

3　样品的准备

（1）淡水水体

根据《地表水环境质量标准》(GB 3838—2002)规定,水样采集之后自然沉降 30 min,取上层非沉降部分按照相关规定进行分析。但是对于监测样品的前处理环节,分类依据各有不同。针对不同金属种类采取不同的采样检测方式,目前进行地表水重金属检测样品前处理技术有:

①现场采集水样后沉降 30 min,砷、硒、汞三个项目的样品都加入硝酸固定,其他的样品不加入酸,样品采集到实验室之后,再将砷、硒、汞以外的项目过 0.45 μm 滤膜,加入硝酸固定。这种方式采样消耗时间较长,但是符合我国的水环境质量检测标准。

②现场采集的水质样本不进行沉降处理,砷、硒、汞加硝酸固定,其余的样品现场采样后,使用滤膜过滤,加硝酸固定。这种方法可以在短时间之内完成,但是不符合我国的水环境质量检测标准。

③现场采样后沉降 30 min,砷、硒、汞加入硝酸固定,其他项目使用滤膜,加入硝酸固定。这一方法花费时间较多且不符合我国的水环境质量检测标准。

(2) 海水

海水中总溶解固态浓度高达 35 g·L^{-1}，会干扰海水中重金属的测定，必须对海水中的重金属预富集、分离才可以测试其浓度。

海水中重金属常用的分离富集方法：离子交换法、溶剂萃取法、共沉淀法。

①离子交换法

离子交换是溶液中的离子与某种离子交换剂上的离子进行交换的作用或现象，是借助于固体离子交换剂中的离子与稀溶液中的离子进行交换，以达到提取或去除溶液中某些离子的目的。常用的离子交换剂有阳离子交换树脂、阴离子交换树脂、螯合树脂等。此外，沸石、膨润土、离子交换纤维也可以用作离子交换剂。离子交换树脂法可选择性地回收水体中的重金属，出水水质含重金属离子浓度远低于化学沉淀法处理后的水中重金属离子的浓度，出水水质好，产生的污泥量较少，对环境无二次污染。但是离子交换树脂存在强度低、不耐高温、易氧化失效、再生频繁、操作费用高等缺点。原理如图 5.13 所示。

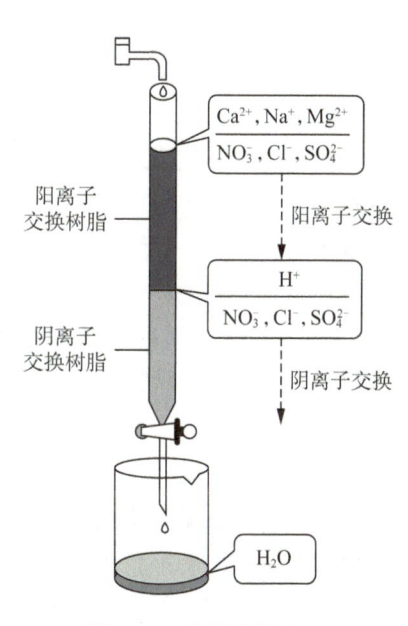

图 5.13　离子交换法

②溶剂萃取法

溶剂萃取分离是处理重金属污染废水的一个重要方法，可将重金属进行分离和富集回收。利用有机萃取剂与海水中特定的金属离子形成有机络合物，进入有机相中，实现与海水中的其他离子分离。有机萃取剂与不同金属离子的络合能力不同，因此从海水中萃取不同金属离子时通常需使用不同的萃取剂。由于液-液接触，可连续操纵，分离效果较好，操作方法简单，能耗低，具有很好的发展前景，是处理重金属污染废水的一个重要方法。而选取合适的萃取剂，对实际应用具有重大意义。例如，海水中 Cu^{2+} 的萃取剂可选择肟类、β-二酮类、三元胺类、醇类等，具体如 2 羟基-5 仲辛基二甲苯甲酮肟。

③共沉淀法

沉淀分离法是根据溶度积原理、利用沉淀反应进行分离的方法。在待分离试液中，加入适当的沉淀剂，在一定条件下，使预测组分沉淀出来或者将干扰组分沉淀析出，以达到去除干扰的目的。

沉淀分离法包括沉淀、共沉淀两种方法。共沉淀是指溶液中一种难溶化合物在形成沉淀过程中,将共存的某些痕量组分一起载带沉淀出来的现象。共沉淀现象是一种分离富集微量组分的手段。共沉淀是基于表面吸附、形成混晶、异电荷胶态物质相互作用等。

海水样品中重金属的共沉淀方法,主要有氢氧化镁共沉淀法富集铁、锰、铅、锌、铬等。

④其他处理方法

a. 溶出伏安法

该方法属于电化学方法,目前能够实现对铜、锌、铅、镉、汞、砷等金属或类金属的现场自动监测,无须人工操作。该方法具有体积小、灵敏度高、检出限低、检测快速、能够连续测定多种金属离子等优点,最低检出限可达 $10\sim12\ mol\cdot L^{-1}$。原理如图 5.14 所示。

b. 电位分析法

电位分析法是利用电极电位与化学电池电解质溶液中的某种组分浓度的对应关系而实现定量测定的电化学分析法。电位分析仪如图 5.15 所示。

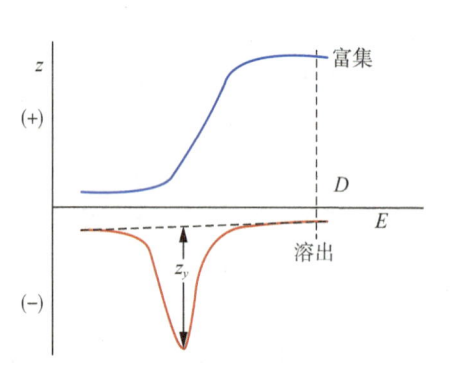

图 5.14 溶出伏安法原理图

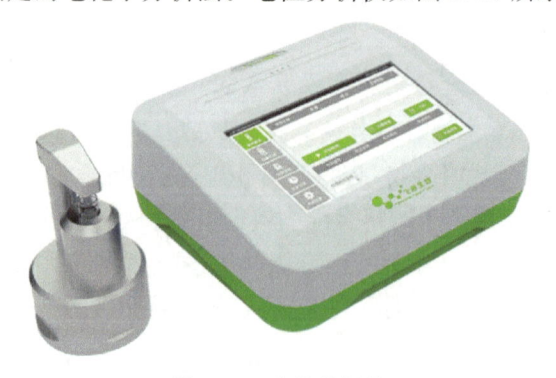

图 5.15 电位分析仪

c. 生物监测法

生物监测法是利用生物个体健康状况、生理特性、种群或群落的数量和组成等对环境污染或变化所产生的反应,从生物学角度对环境污染状况进行监测和评价。细胞的生物化学、生理、生长或健康状况等的变化,个体生长、发育与繁殖、种群数量、群落结构及生态系统的变化等都可以作为环境污染的指标要素。

d. 生物传感器

生物传感器是将生物活性物质与各种固体物理传感器相结合形成的一种检测器,具有灵敏度高、准确度高、选择性好、检出限低、价格低廉、稳定性好、能在复杂体系中进行快速连续监测等特点。

生物传感器分为酶传感器、细胞传感器、免疫传感器、基因传感器。

e. 薄膜扩散梯度技术(DGT 技术)

DGT 技术是 1994 年提出的一种原位富集有效态金属元素的技术。采样装置的关键部件包括扩散相和结合相;水体中的重金属通过扩散相进入结合相而被富集,富集量与时间有关而与样品体积无关。薄膜扩散梯度装置如图 5.16 所示。

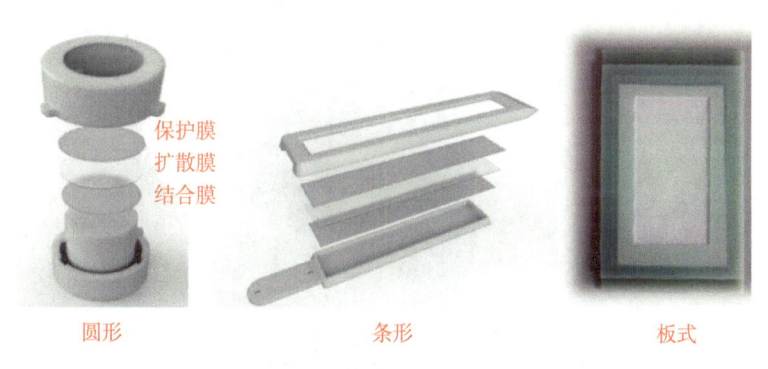

图 5.16　薄膜扩散梯度装置

4　实验仪器

(1) 电感耦合等离子体质谱仪及其相应的设备。

仪器工作环境和对电源的要求须根据仪器说明书规定执行。仪器扫描范围:5～250 amu。分辨率:10％峰高处所对应的峰宽应优于 1 amu。电感耦合等离子体质谱仪如图 5.17 所示。

(2) 温控电热板。

(3) 微波消解仪(见图 5.18)。

(4) 过滤装置,0.45 μm 孔径水系微孔滤膜。

(5) 聚四氟乙烯烧杯:250 mL。

(6) 聚乙烯容量瓶:50 mL、100 mL。

(7) 聚丙烯或聚四氟乙烯瓶:100 mL。

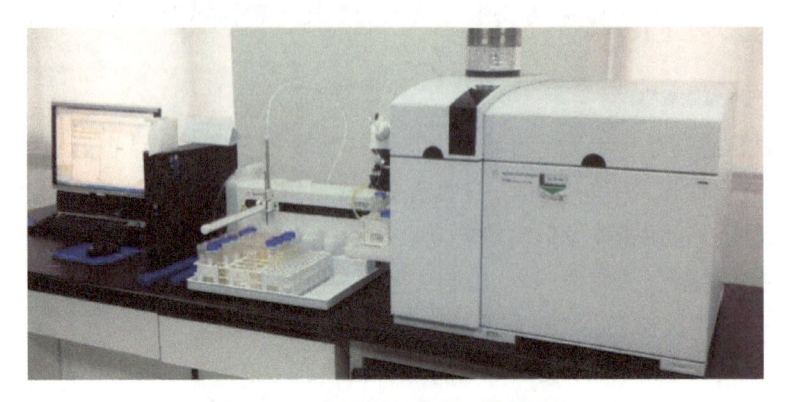

图 5.17　电感耦合等离子体质谱仪

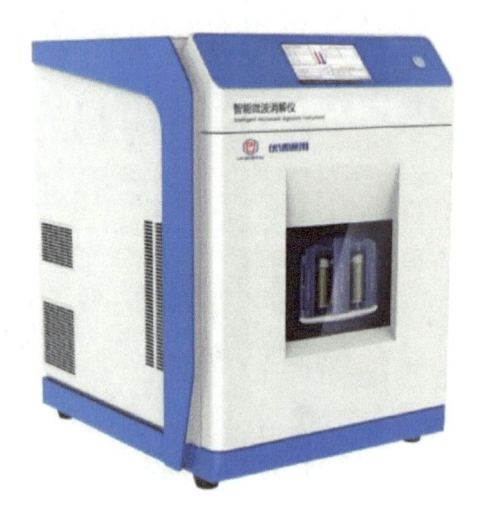

图 5.18　微波消解仪

(8) 其他实验室常用仪器设备。

5　实验试剂

除非另有说明,分析时均采用符合国家标准的优级纯化学试剂。

(1) 实验用水:

电阻率≥18 MΩ·cm,其余指标满足 GB/T 6682—2008 中的一级标准。

(2) 硝酸:

$\rho(HNO_3)=1.42$ g·mL^{-1},优级纯或优级纯以上,必要时经纯化处理。

(3) 盐酸:

$\rho(HCl)=1.19$ g·mL^{-1},优级纯或优级纯以上,必要时经纯化处理。

(4) 光谱纯硝酸溶液:1+99。

(5) 光谱纯硝酸溶液:2+98。

(6) 光谱纯硝酸溶液:1+1。

(7) 光谱纯盐酸溶液:1+1。

(8) 标准溶液

①单元素标准储备溶液:$\rho = 1.00 \text{ mg} \cdot \text{mL}^{-1}$。

可用光谱纯金属(纯度大于99.99%)或其他标准物质配制成浓度为 1.00 mg·mL^{-1} 的标准储备溶液,根据各元素的性质选用合适的介质(表5.3)。

②混合标准储备溶液

可购买有证混合标准溶液,也可根据元素间相互干扰的情况、标准溶液的性质以及待测元素的含量,将元素分组配制成混合标准储备溶液。

所有元素的标准储备溶液配制后均应在密封的聚乙烯或聚丙烯瓶中保存。包含元素 Ag 的溶液需要避光保存。

③混合标准使用溶液

可购买有证混合标准溶液,也可根据元素间相互干扰的情况、标准溶液的性质以及待测元素的含量,用硝酸溶液稀释元素标准储备溶液,将元素分组配制成混合标准使用溶液,钾、钠、钙、镁储备溶液即为其使用溶液,浓度为 100 mg·L^{-1};其余元素混合使用溶液浓度为 1 mg·L^{-1}。

(9) 内标标准储备溶液:$\rho = 100 \text{ μg} \cdot \text{L}^{-1}$。

宜选用 ^{6}Li、^{45}Sc、^{74}Ge、^{89}Y、^{103}Rh、^{115}In、^{185}Re、^{209}Bi 为内标元素。可直接购买有证标准溶液,用硝酸溶液稀释至 100 μg·L^{-1}。

(10) 内标标准使用溶液

用硝酸溶液稀释内标储备液,配制内标标准使用溶液。由于不同仪器采用不同内径蠕动泵管在线加入内标,致使内标进入样品中的浓度不同,故配制内标使用液浓度时应考虑使内标元素在样液中的浓度约为 5~50 μg·L^{-1}。

(11) 质谱仪调谐溶液:$\rho = 10 \text{ μg} \cdot \text{L}^{-1}$。

宜选用含有 Li、Y、Be、Mg、Co、In、Tl、Pb 和 Bi 元素为质谱仪的调谐溶液。可直接购买有证标准溶液,用硝酸溶液稀释至 10 μg·L^{-1}。

(12) 氩气:纯度不低于99.99%。

6 实验步骤

6.1 样品

（1）样品的采集

样品采集参照《污水监测技术规范》（HJ 91.1—2019）、《地表水环境质量监测技术规范》（HJ 91.2—2022）和《地下水环境监测技术规范》（HJ 164—2020）的相关规定执行，测可溶性元素的样品和测元素总量的样品分别采集。

（2）样品的保存

测可溶性元素的样品采集后立即用 0.45 μm 滤膜过滤，弃去初始的滤液 50 mL，用少量滤液清洗采样瓶，收集所需体积的滤液于采样瓶中，加入适量硝酸将酸度调节至 pH<2。测元素总量的样品采集后，加入适量硝酸将酸度调节至 pH<2。

（3）实验室空白试样的制备

以实验用水代替样品，按照步骤（2）制备实验室空白试样。

表 5.3　混合标准储备溶液分组及保存介质

元素	介质
Ce、Dy、Er、Eu、Gd、Ho、La、Nd、Pr、Sm、Se、Tb、Th、Tm、Yb、Y	5%硝酸
Al、As、Ba、Be、Bi、Cd、Cs、Cr、Co、Cu、Ga、In、Fe、Pb、Li、Mn、Ni、Rb、Se、Ag、Sr、Ti、U、V、Zn	5%硝酸
Sb、Au、Hf、Ir、Pd、Pt、Rh、Ru、Te、Sn	10%盐酸、1%硝酸
B、Ge、Mo、Nb、P、Re、Ti、W、Zr	水、痕量硝酸、痕量氢氟酸
Ca、K、Mg、Na	2%硝酸

6.2 分析步骤

（1）仪器调试

①仪器的参考操作条件

不同型号的仪器其最佳工作条件不同，标准模式、碰撞/反应池模式等应按照仪器使用说明书进行操作。

②仪器调谐

点燃等离子体后，仪器需预热稳定 30 min。首先用质谱仪调谐溶液对仪器的灵敏度、氧化物和双电荷进行调谐，在仪器的灵敏度、氧化物、双电荷满足要求的条件下，调谐溶液中所含元素信号强度的相对标准偏差≤5%。然后在涵盖待测元素的质量范围内进行质量校正和分辨率校验,如质量校正结果与真实值差别超过±0.1 amu 或调谐元素信号的分辨率在10%峰高所对应的峰宽超过0.6~0.8 amu 的范围,应依照仪器使用说明书的要求对质谱进行校正。

(2) 校准曲线的绘制

取一定量的单元素标准使用液制备校准曲线,根据地表水及废水等浓度范围分组配制,在各自浓度范围内,至少配制5个浓度点。由低浓度到高浓度依次进样,按照仪器参考测试条件测量发射强度。以发射强度值为纵坐标,目标元素系列质量浓度为横坐标,建立目标元素的校准曲线。

该方法各元素的检出限为 $0.02 \sim 19.6\ \mu g \cdot L^{-1}$,测定下限为 $0.08 \sim 78.4\ \mu g \cdot L^{-1}$,详见表5.4。

表5.4 地表水、地下水浓度各元素检出限及测定下限　　　　单位:$\mu g \cdot L^{-1}$

元素	检出限	测定下限	元素	检出限	测定下限	元素	检出限	测定下限
银 Ag	0.04	0.16	铪 Hf	0.03	0.12	铑 Rh	0.03	0.12
铝 Al	1.15	4.60	钬 Ho	0.03	0.12	钌 Ru	0.05	0.20
砷 As	0.12	0.48	铟 In	0.03	0.12	锑 Sb	0.15	0.60
金 Au	0.02	0.08	铱 Ir	0.04	0.16	钪 Sc	0.20	0.80
硼 B	1.25	5.00	钾 K	4.50	18.0	硒 Se	0.41	1.64
钡 Ba	0.20	0.80	镧 La	0.02	0.08	钐 Sm	0.04	0.16
铍 Be	0.04	0.16	锂 Li	0.33	1.32	锡 Sn	0.08	0.32
铋 Bi	0.03	0.12	镥 Lu	0.04	0.16	锶 Sr	0.29	1.16
钙 Ca	6.61	26.4	镁 Mg	1.94	7.76	铽 Tb	0.05	0.20
镉 Cd	0.05	0.20	锰 Mn	0.12	0.48	碲 Te	0.05	0.20
铈 Ce	0.03	0.12	钼 Mo	0.06	0.24	钍 Th	0.05	0.20
钴 Co	0.03	0.12	钠 Na	6.36	25.4	钛 Ti	0.46	1.84
铬 Cr	0.11	0.44	铌 Nb	0.02	0.08	铊 Tl	0.02	0.08
铯 Cs	0.03	0.12	钕 Nd	0.04	0.16	铥 Tm	0.04	0.16
铜 Cu	0.08	0.32	镍 Ni	0.06	0.24	铀 U	0.04	0.16
镝 Dy	0.03	0.12	磷 P	19.6	78.4	钒 V	0.08	0.32
铒 Er	0.02	0.08	铅 Pb	0.09	0.36	钨 W	0.43	1.72
铕 Eu	0.04	0.16	钯 Pd	0.02	0.08	钇 Y	0.04	0.16
铁 Fe	0.82	3.28	镨 Pr	0.04	0.16	镱 Yb	0.05	0.20
镓 Ga	0.02	0.08	铂 Pt	0.05	0.12	锌 Zn	0.67	2.68
钆 Gd	0.03	0.12	铷 Rb	0.04	0.16	锆 Zr	0.04	0.16
锘 No	0.02	0.08	铼 Re	0.04	0.16			

（3）测定

①试样的测定

每个试样测定前，先用硝酸溶液冲洗系统直到信号降至最低，待分析信号稳定后才可开始测定。试样测定时应加入与绘制校准曲线时相同量的内标元素标准使用溶液。若样品中待测元素浓度超出校准曲线范围，需用硝酸溶液稀释后重新测定。试样溶液基体复杂，多原子离子干扰严重时，可通过表5.5所列的校正方程进行校正，也可根据各仪器厂家推荐的条件，通过碰撞/反应池模式技术进行校正。

表 5.5 ICP-MS 测定中常用的干扰校正方程

同位素	干扰校正方程
^{51}V	51M－3.127×(53M－0.113×52M)
^{75}As	75M－3.127×(77M－0.815×82M)
^{82}Se	82M－1.009×83M
^{98}Mo	98M－0.146×99M
^{111}Cd	111M－1.073×108M－0.712×106M
^{114}Cd	114M－0.027×118M－1.63×108M
^{115}In	115M－0.016×118M
^{208}Pb	206M＋207M＋208M

注："M"为元素通用符号。

②实验室空白试样的测定

按照与试样相同的测定条件测定实验室空白试样。

7 结果计算

样品中元素浓度按照公式(5-15)进行计算。

$$\rho = (\rho_1 - \rho_2) \times f \tag{5-15}$$

式中：ρ——样品中元素的浓度（$\mu g \cdot L^{-1}$ 或 $mg \cdot L^{-1}$）；

ρ_1——稀释后样品中元素的质量浓度（$\mu g \cdot L^{-1}$ 或 $mg \cdot L^{-1}$）；

ρ_2——稀释后实验室空白样品中元素的质量浓度（$\mu g \cdot L^{-1}$ 或 $mg \cdot L^{-1}$）；

f——稀释倍数。

测定结果小数位数与方法检出限保持一致，最多保留三位有效数字。

8 注意事项

(1) 实验所用器皿,在使用前须用硝酸溶液浸泡至少 12 h 后,用去离子水冲洗干净后方可使用。

(2) 对于未知的废水样品,建议先用其他国标方法初测样品浓度,避免分析期间样品对检测器的潜在损害,同时鉴别浓度超过线性范围的元素。

(3) 丰度较大的同位素会产生拖尾峰,影响相邻质量峰的测定。可调整质谱仪的分辨率以减少这种干扰。

(4) 在连续分析浓度差异较大的样品或标准品时,样品中待测元素(如硼等元素)易沉积并滞留在真空界面、喷雾腔和雾化器上,会导致记忆干扰,可通过延长样品间的洗涤时间来避免这类干扰的发生。

第十节 水体中挥发性有机污染物的测定

1 实验目的

建立水体中挥发性有机污染物的测试方法。

2 实验原理

通过顶空法及气相色谱-质谱联用技术测定。顶空进样分为溶液顶空和固体顶空。溶液顶空是将样品溶解于适当溶剂中,置于顶空瓶中保温一定时间,使残留溶剂在两相中达到气液平衡,定量取气体进样测定。固体顶空是直接将固体样品置于顶空瓶中,在一定温度下保温一定时间,使残留溶剂在两相中达到气固平衡,定量取气体进样测定。

3 实验仪器

(1) 气相色谱/质谱仪:

①气相色谱条件(使用 60 m 色谱柱时):

气化室温度为 280 ℃,流速控制方式为恒流模式;程序升温:起始柱温 40 ℃ (保持 2 min),再以 5 ℃·min^{-1} 升至 120 ℃,保持 3 min,再以 10 ℃/min 升至 230 ℃,保持 5 min。载气为高纯氦气(纯度>99.999%),分流比 5∶1。

②质谱条件：

接口温度 280 ℃；电子轰击（EI）离子源能量 70 eV，温度 230 ℃；m/z 定性扫描范围 35～300 amu；四极杆温度 150 ℃；SIM 模式时每个化合物至少选一个定量离子和一个辅助离子。

(2) 自动顶空进样器：

加热温度控制范围在室温至 120 ℃ 之间；温度控制精度为 ±1 ℃。

(3) 毛细管色谱柱：

①HP-5 的固定相（5％二苯基-95％二甲基聚硅氧烷）

内径（mm）：0.25 mm 或 0.32 mm。

长度（m）：30 m 或 60 m。

膜厚（μm）：0.25 μm。

②DB-5 的固定相（5％-苯基-95％甲基聚硅氧烷）

内径（mm）：0.25 mm 或 0.32 mm。

长度（m）：30 m 或 60 m。

膜厚（μm）：0.25 μm。

(4) 其他实验室常用仪器和设备。

(5) 采样瓶：

40 mL 棕色螺口玻璃瓶，具硅橡胶-聚四氟乙烯衬垫螺旋盖，放置于不含挥发性有机物的区域。

(6) 顶空瓶（见图 5.19）：

图 5.19　顶空瓶

22 mL 玻璃顶空瓶，具密封垫（聚四氟乙烯/硅橡胶或聚四氟乙烯/丁基橡胶材料）、密封盖（螺旋盖或一次使用的压盖），也可使用与自动顶空进样器配套的玻璃顶空瓶。

顶空瓶在使用前需依次用洗涤剂、自来水、实验用水清洗干净,并置于马弗炉内 300 ℃烘 30 min,冷却后待用;顶空瓶密封垫一般为一次性使用,拆封后的瓶垫应密闭保存于洁净且无挥发性有机物的区域。

(7) 玻璃微量注射器:10~100 μL。

4 实验试剂

除非另有说明,分析时均使用符合国家标准的分析纯化学试剂。

(1) 实验用水:二次蒸馏水或纯水设备制备的水。

使用前需经过空白检验,确认在目标化合物的保留时间区间内没有干扰色谱峰出现或其中的目标化合物浓度低于方法检出限。

若实验室使用挥发性强的溶剂如二氯甲烷,则需特别注意检查实验用水的质量,可选择煮沸、氮气吹扫或使用专用挥发性有机物去除柱等方式进行处理,直至满足要求。

(2) 甲醇(CH_3OH):色谱纯。使用前需经过空白检验,确认无目标化合物或目标化合物浓度低于方法检出限。

(3) 氯化钠(NaCl):使用前在马弗炉中 400 ℃灼烧 4 h,置于干燥器中冷却至室温,转移至磨口玻璃瓶中保存。

(4) 抗坏血酸($C_6H_8O_6$)。

(5) 盐酸:$\rho(HCl)=1.19$ g · mL^{-1},优级纯。

(6) 盐酸溶液:1+1。

(7) 标准贮备液:$\rho=1\,000\sim5\,000$ mg · L^{-1}。

市售有证标准溶液,按照说明书要求保存。

(8) 标准使用液:$\rho=50\sim200$ mg · L^{-1}。

用甲醇稀释标准贮备液。氯乙烯标准使用液临用现配,其余标准使用液保存期为 30 d。

(9) 内标贮备液:$\rho=100\sim2\,000$ mg · L^{-1}。

宜选用氟苯、1,2-二氯苯-d4 作为内标物,可直接购买市售有证标准溶液。在满足本方法要求且不干扰目标化合物测定的前提下,也可使用其他内标物。

(10) 内标使用液Ⅰ:$\rho=200$ mg · L^{-1}。

用甲醇稀释内标物贮备液。

(11) 内标使用液Ⅱ:$\rho=20$ mg · L^{-1}。

用甲醇稀释内标物贮备液。

(12) 质谱调谐溶液：4-溴氟苯(C_6H_4BrF)，$\rho=25\ mg·L^{-1}$。

可直接购买市售有证标准溶液或用标准物质制备。

(13) 氦气：纯度≥99.999%。

(14) 氮气：纯度≥99.999%。

除非另有说明，溶液(7)~(12)均以甲醇为溶剂，置于棕色密实瓶中-10 ℃以下避光保存，也可参照制造商的产品说明保存；氯乙烯单独保存。使用前应恢复至室温，混匀。

5　样品的准备

（1）样品采集

地表水、生活污水和工业废水样的采集按照 HJ 91.1—2019 和 HJ 91.2—2022 的相关规定执行；地下水样品的采集按照 HJ 164—2020 的相关规定执行；海水样品的采集按照 GB 17378.3—2007 的相关规定执行。采集样品时，不宜用水样进行荡洗，应使水样在样品瓶中溢流且不留空间，取样时应尽量避免或减少样品在空气中暴露。所有样品均采集平行双样。

若水样中含有余氯，采样前应向 40 mL 棕色采样瓶中加 25 mg（精确至 0.001 g）抗坏血酸。若水样中余氯浓度超过 5 mg·L^{-1}，应按比例增加抗坏血酸的加入量，余氯浓度每增加 5 mg·L^{-1}，则应多加入 25 mg（精确至 0.001 g）抗坏血酸。

（2）样品保存

样品采集后，应立即加入适量盐酸溶液，使样品 pH 值≤2，拧紧瓶塞，贴上标签，立即放入冷藏箱中于 4 ℃以下冷藏运输。样品运回实验室后，应于 4 ℃以下冷藏、避光和密封保存，14 d 内完成分析测定。样品存放区域应无挥发性有机物干扰，样品测定前应将水样恢复至室温。

若水样加入盐酸溶液后有气泡产生，须重新采样。重新采集的样品不加盐酸溶液保存，样品标签上须注明未酸化，于 24 h 内完成分析测定。

（3）空白试验

以 10.0 mL 实验用水代替实际水样，按照样品的测定相同条件和步骤进行空白测定。

6　实验步骤

（1）仪器参考条件

不同型号顶空进样器、气相色谱/质谱仪的最佳工作条件不同，应按照仪器使用说明书进行设定。

顶空进样器参考条件：

加热平衡温度 65 ℃；加热平衡时间 40 min；取样针温度 80 ℃；传输线温度 105 ℃；进样体积 1.0 mL。

气相色谱参考条件：

进样口温度 250 ℃；载气氦气；进样模式分流进样（分流比 5∶1）；柱流量（恒流模式）1.0 mL·min^{-1}；升温程序，40 ℃保持 2 min，以 5 ℃·min^{-1} 的速率升至 120 ℃，保持 3 min，再以 10 ℃·min^{-1} 的速率升至 230 ℃保持 5 min。

质谱参考条件：

离子源为电子轰击(EI)离子源；离子源温度 230 ℃；离子化能量 70 eV；接口温度 280 ℃；四极杆温度 150 ℃；全扫描(Scan)模式，扫描范围为 35～300 amu。

选择离子扫描(SIM)模式测定时，每个目标化合物应选择一个定量离子和至少一个辅助离子。同一时间窗内同时监测的离子数量不宜过多，否则可能影响灵敏度，可适当分时间段采集相对应的特征离子。

(2) 校准曲线的绘制

顶空瓶中预先加入 4 g(精确至 0.1 g)氯化钠，加入 10.0 mL 实验用水，再用微量注射器分别移取一定体积的标准使用液注入其中，配制成目标化合物质量浓度分别为 2.0 μg·L^{-1}、4.0 μg·L^{-1}、10.0 μg·L^{-1}、20.0 μg·L^{-1} 和 40.0 μg·L^{-1} 的五个浓度点标准系列。同时分别在每个顶空瓶中加入 10.0 μL 的甲醇内标使用液，使得标准系列中的内标浓度为 20.0 μg·L^{-1}，立即密闭顶空瓶，轻振摇匀。

按照仪器参考条件，选用 SIM 模式，从低浓度到高浓度依次进样分析，记录标准系列目标物和相对应内标的保留时间、定量离子的响应值。以目标化合物浓度与内标化合物浓度的比值为横坐标；以目标化合物定量离子响应值与内标化合物定量离子响应值的比值为纵坐标，绘制校准曲线。也可按照公式计算目标物的相对响应因子(RRF)和目标物全部标准浓度点的平均相对响应因子($\overline{RRF}$)。

应注意加入标准使用液和内标使用液的溶液总体积不能超过 200 μL，根据仪器状态和实际样品的浓度适当调整校准曲线浓度范围。

(3) 实际样品的测定

实际样品采用与标准使用液一样的方式测定，但用实际水样替代实验用水。

7 结果计算

(1) 平均相对影响因子($\overline{RRF}$)的计算方法：

标准系列第 i 点中目标化合物的相对响应因子(RRF_i)，按照公式 5-16 计算。

$$RRF_i = \frac{A_i}{A_{ISi}} \times \frac{\rho_{ISi}}{\rho_i} \tag{5-16}$$

式中：RRF_i——标准系列中第 i 点目标化合物的相对响应因子；

A_i——标准系列中第 i 点目标化合物定量离子的响应值；

A_{ISi}——标准系列中第 i 点与目标化合物相对应内标定量离子的响应值；

ρ_{ISi}——标准系列中内标物的质量浓度($\mu g \cdot L^{-1}$)；

ρ_i——标准系列中第 i 点目标化合物的质量浓度($\mu g \cdot L^{-1}$)。

(2) 校准曲线中目标化合物的平均相对响应因子 $\overline{RRF}$ 的计算如下：

$$\overline{RRF} = \frac{\sum_{i=1}^{n} RRF_i}{n} \tag{5-17}$$

式中：$\overline{RRF}$——校准曲线中目标化合物的平均相对响应因子；

RRF_i——标准系列中第 i 点目标化合物的相对响应因子；

n——标准系列点数。

RRF 的相对标准偏差(RSD)，按照公式 5-18 计算

$$RSD = \frac{SD}{\overline{RRF}} \times 100\% \tag{5-18}$$

式中：SD——RRF_i 的标准偏差。

(3) 平均相对响应因子法

采用平均相对响应因子法校准时，样品中目标化合物的质量浓度 ρ_x 按公式 5-19 计算。

$$\rho_x = \frac{A_x \times \rho_{IS}}{A_{IS} \times \overline{RRF}} \tag{5-19}$$

式中：ρ_x——样品中目标化合物的质量浓度($\mu g \cdot L^{-1}$)；

A_x——试样中目标化合物定量离子的响应值；

A_{IS}——试样中与目标化合物相对应内标定量离子的响应值；

ρ_{IS}——试样中内标物的质量浓度($\mu g \cdot L^{-1}$);

$\overline{RRF}$——校准曲线中目标化合物的平均相对响应因子。

(4) 校准曲线法

采用线性校准曲线法校准时,样品中目标化合物质量浓度 ρ_x 按公式5-20计算。

$$\rho_x = R_{cal} \times \rho_{IS} \tag{5-20}$$

式中:ρ_x——样品中目标化合物的质量浓度($\mu g \cdot L^{-1}$);

R_{cal}——由校准曲线得到目标化合物与对应内标的响应值比值;

ρ_{IS}——试样中内标物的质量浓度($\mu g \cdot L^{-1}$)。

(5) 校准

每批样品分析前,需进行 GC/MS 仪器系统性能检查。用四极杆质谱得到的 4-溴氟苯关键离子相对丰度应符合表 5.6 中的规定,否则需对质谱仪的参数进行调整或清洗离子源。

表5.6 4-溴氟苯离子相对丰度标准

质荷比	离子丰度标准	质荷比	离子丰度标准
95	基峰,100%相对丰度	175	质量174的5%~9%
96	质量95的5%~9%	176	质量174的95%~105%
173	小于质量174的2%	177	质量176的5%~10%
174	大于质量95的50%		

8 注意事项

(1) 实验过程中产生的所有废液和废物(包括检测后的残液)应置于密闭容器中集中收集和保管,做好标记贴上标签,委托有资质的单位处理。

(2) 当分析高浓度样品后连续分析低浓度样品时,可能由于过载而产生污染,需用溶剂清洗注射器。分析完一个高浓度样品后,应考虑其对后续分析的样品可能存在的干扰,需对仪器和分析环境进行检查确认,以确保分析系统不被污染。

(3) 邻苯二甲酸酯类化合物在实验室普遍存在,样品制备过程中应避免接触塑料制品,并检查所有试剂空白,保证这类化合物在检出限以下。

(4) 当基体复杂有干扰时,针对相应的目标化合物,可以先采取相应的方法净化,然后再进行试样的制备。

第十一节　水体中半挥发性有机污染物的测定

1　实验目的

建立水体中半挥发性有机污染物的测试方法(以有机氯农药和多环芳烃为例)。

2　实验原理

采用液液萃取或固相萃取方法,萃取样品中有机氯农药和氯苯类化合物,萃取液经脱水、浓缩、净化、定容后经气相色谱-质谱仪分离、检测。根据保留时间、碎片离子质荷比及不同离子丰度比定性,内标法定量。

3　实验仪器

(1) 气相色谱-质谱仪:EI 源。

(2) 色谱柱:DB-5 毛细管色谱柱,长 30 m,内径 0.25 mm,膜厚 0.25 μm,固定相为 5%-苯基-95%甲基聚硅氧烷。

(3) 固相萃取装置:可通过真空泵调节流速,流速范围 1~20 mL·min^{-1}。

(4) 振荡器:振荡频率至少达到 240 次/分钟。

(5) 箱式电炉。

(6) 分液漏斗:1 000 mL。

(7) 弗罗里(Florisil)硅土柱:500 mg/6 mL,粒径 40 μm(见图 5.20)。

(8) 干燥柱:长 250 mm,内径 20 mm,玻璃活塞不涂润滑油的玻璃柱。在柱的下端放入少量玻璃毛或玻璃纤维滤纸,加入 10 g 无水硫酸钠或其他类似的干燥剂。

(9) 微量注射器:10 μL、50 μL、100 μL、250 μL。

(10) 其他实验室常用仪器和设备。

4　实验试剂

除非另有说明,分析时均使用符合国家标准的分析纯试剂和蒸馏水。

(1) 正己烷(C_6H_{14}):农残级。

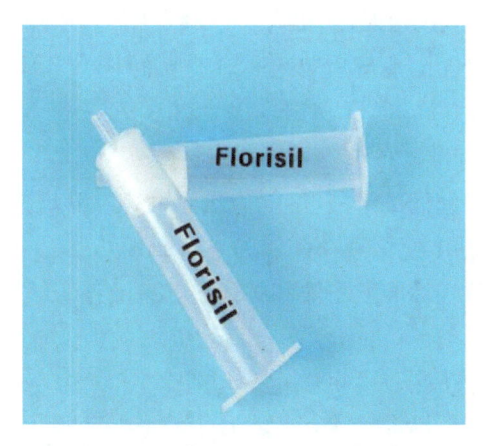

图 5.20　弗罗里(Florisil)硅土柱

(2) 二氯甲烷(CH_2Cl_2):农残级。

(3) 甲醇(CH_4O):农残级。

(4) 乙酸乙酯(C_4H_8O):农残级。

(5) 丙酮(C_3H_6O):农残级。

(6) 有机氯农药标准溶液:$\rho=10.0$ mg·L^{-1},溶剂为正己烷。

(7) 氯苯类化合物标准溶液:$\rho=10.0$ mg·L^{-1},溶剂为甲醇。

(8) 内标物贮备液(氘代 1,4-二氯苯、氘代菲、氘代䓛):
$\rho=4\,000$ mg·L^{-1},溶剂为甲醇。

(9) 内标物使用液:$\rho=40.0$ mg·L^{-1}。

用微量注射器移取 100.0 μL 内标贮备液至 10 mL 容量瓶中,用正己烷定容,混匀。

(10) 替代物(四氯间二甲苯、十氯联苯)标准溶液:
$\rho=10.0$ mg·L^{-1},溶剂为甲醇。

(11) 十氟三苯基磷(DFTPP)溶液:
$\rho=1\,000.0$ mg·L^{-1},溶剂为甲醇。

(12) 十氟三苯基磷使用液:

用微量注射器移取 500.0 μL 十氟三苯基磷溶液至 10 mL 容量瓶中,用正己烷定容至标线,混匀。标准溶液使用后应密封,置于暗处 4 ℃ 以下保存。

(13) 盐酸溶液(HCl)∶1+1。

(14) 氯化钠(NaCl)

于 400 ℃ 下灼烧 4 h,冷却后装入磨口玻璃瓶中,置于干燥器中保存。

(15) 无水硫酸钠（Na₂SO₄）

于 400 ℃下灼烧 4 h,冷却后装入磨口玻璃瓶中,置于干燥器中保存。

(16) 硫代硫酸钠（Na₂S₂O₃·5H₂O）

(17) 多环芳烃标准贮备液:$\rho=2\,000\,\mu g\cdot mL^{-1}$。

直接购买市售有证标准溶液,溶剂为二氯甲烷或甲苯。

(18) 多环芳烃标准使用液:$\rho=10.0\,\mu g\cdot mL^{-1}$。

分别移取多环芳烃标准贮备液和替代物贮备液各 250 μL,于 50 mL 容量瓶中,用正己烷定容,混匀。

(19) 内标物贮备液:$\rho=2\,000\,\mu g\cdot mL^{-1}$。

直接购买市售有证标准溶液,含萘-d_8、苊-d_{10}、菲-d_{10}、䓛-d_{12} 和苝-d_{12}。

(20) 内标物使用液:$\rho=20.0\,\mu g\cdot mL^{-1}$。

取 500 μL 分析内标物贮备液于 50 mL 容量瓶中,用正己烷定容,混匀。

(21) 替代物贮备液:$\rho=2\,000\,\mu g\cdot mL^{-1}$。

称取 2-氟联苯和对三联苯-d_{14} 约 0.1 g,准确至 0.1 mg,于 50 mL 容量瓶中,用少量丙酮溶解后,用正己烷定容,混匀。

(22) 替代物中间液:$\rho=100\,\mu g\cdot mL^{-1}$。

移取 500 μL 替代物贮备液于 10 mL 容量瓶中,用丙酮定容,混匀。

(23) 替代物使用液:$\rho=2.00\,\mu g\cdot mL^{-1}$。

(24) 固相萃取小柱:

填料为 C18 或等效类型填料或组合型填料,市售,根据样品中有机物含量决定填料的使用量。

若通过实验证实能够满足本方法性能要求,也可使用其他填料的固相萃取小柱或固相萃取圆盘。

(25) 氦气:纯度 ≥ 99.999%。

(26) 氮气:纯度 ≥ 99.999%。

5 样品的准备

(1) 样品的采集和保存

用具有玻璃塞的棕色磨口瓶或具有聚四氟乙烯衬垫的棕色螺口玻璃瓶采集样品。样品采集后立即用盐酸溶液调节 pH<2,4 ℃下保存,7 天内完成萃取,40 天内完成分析。

对于多环芳烃,若水中有残余氯存在,每 1 000 mL 水样中加入 80 mg 硫代硫酸钠。

（2）试样的制备

①液液萃取

量取 100.0 mL 水样至分液漏斗中，加入 20.0 μL 替代物标准溶液，混匀。加入 10 g 氯化钠，振荡至完全溶解后，加入 15 mL 正己烷，剧烈振荡 15 min（注意放气），静置 15 min 分层；再重复萃取一次，合并萃取液并经干燥柱脱水，浓缩至小于 4 mL。液液萃取操作步骤如图 5.21 所示。

分散液相微萃取：

先将疏水性萃取剂与亲水性分散剂混合，然后用注射器将此混合溶液快速注入样品溶液中，此时萃取剂被分散剂均匀分散在水溶液中。由于不溶于水，萃取剂以细小液滴的形式存在，水溶液会变成乳浊状，此为雾化过程。在雾化的同时，水样中内含的分析物被快速地萃取到萃取剂中。萃取剂离心后，分析物随萃取剂沉积到水样底部，形成萃取剂沉积相，用微型注射器将此沉积相取出、进样，即可达到分析原有水溶液中待测物的目的。分散液液萃取操作步骤如图 5.22 所示。

图 5.21 液液萃取操作步骤示意图

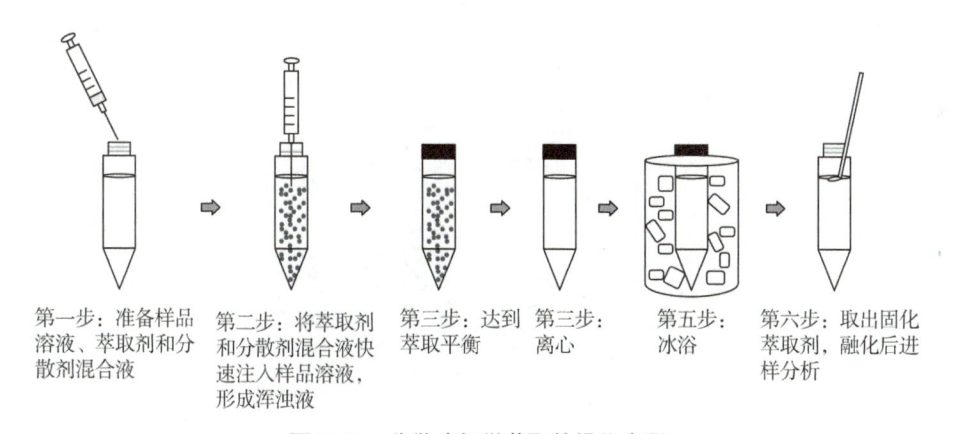

图 5.22 分散液相微萃取的操作步骤

定容：将洗脱液浓缩至小于 1 mL，加入 5.0 μL 内标物，用正己烷定容至 1.0 mL，混匀，移入自动进样小瓶，待测。

②固相萃取

操作步骤如图 5.23 所示。量取 200.0 mL 水样，加入 10 mL 甲醇，加入 20.0 μL 替代物标准溶液，混匀。

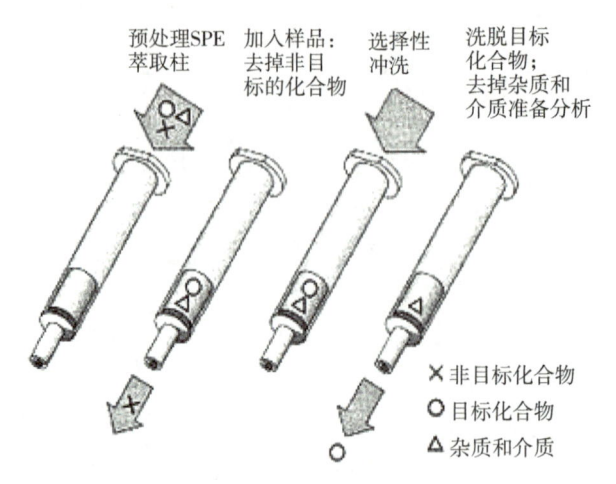

图 5.23　固相萃取的操作步骤

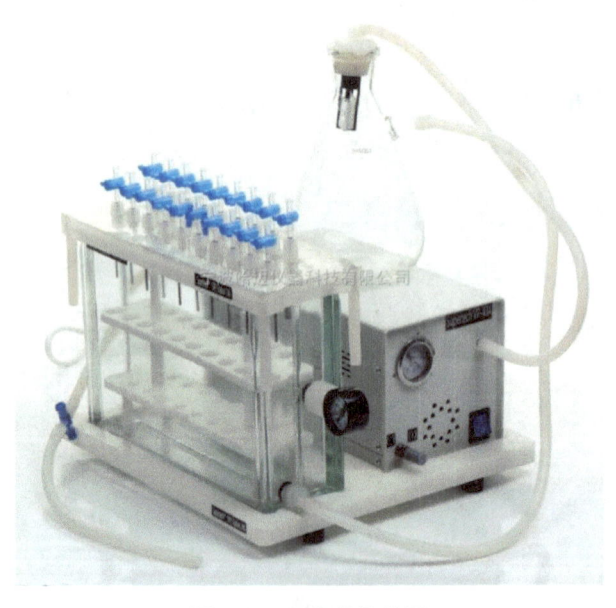

图 5.24　固相萃取装置

活化：依次用 5 mL 乙酸乙酯、5 mL 甲醇和 10 mL 水，活化固相萃取小柱，流速约为 5 mL·min^{-1}。

活化过程中，应避免固相萃取小柱填料上方的液面被抽干，否则需重新活化。

上样：使用固相萃取装置（见图 5.24），使水样以 10 mL·min^{-1} 的流速通过固相萃取小柱,上样完毕后用 10 mL 水淋洗固相萃取小柱,抽干小柱。

洗脱:使用固相萃取装置,依次用 2.5 mL 乙酸乙酯、5 mL 二氯甲烷洗脱固相萃取小柱,流速约为 5 mL·min^{-1},收集洗脱液至浓缩管中。

干燥:将洗脱液通过干燥柱,用少量二氯甲烷洗涤浓缩管 2~3 次,将洗涤液一并过干燥柱脱水。收集所有脱水后的洗脱液至浓缩管中,浓缩至约 3 mL。

转换溶剂为正己烷、净化、定容。

6　实验步骤

(1) 仪器参考条件

①气相色谱参考条件

a. 有机氯农药:

进样口温度:250 ℃,不分流进样。

柱箱温度:80 ℃(1 min) $\xrightarrow{20\ ℃/min}$ 150 ℃ $\xrightarrow{5\ ℃/min}$ 300 ℃(5 min)。

柱流量 1.0 mL·min^{-1}。

b. 多环芳烃:

进样口温度:290 ℃。

进样方式:分流进样,在 0.75 min 分流,分流比 60∶1。

进样量:2.0 μL。

柱温:60 ℃保持 1 min,以 10 ℃·min^{-1} 升温到 280 ℃,以 5 ℃·min^{-1} 升温到 300 ℃,保持 5 min。

柱流量:1.0 mL·min^{-1}。

②质谱参考条件

a. 有机氯农药:

传输线温度:300 ℃。离子源温度:300 ℃。离子源电子能量:70 eV。质量范围:45~550 amu。数据采集模式:选择离子扫描模式(SIM)。

b. 多环芳烃:

传输线温度:280 ℃。离子源温度:300 ℃。离子源电子能量:70 eV。扫描方式:选择离子扫描(SIM)或全扫描。溶剂延迟时间:6 min。电子倍增电压:与调谐电压一致。其余参数参照仪器使用说明书进行设定。

(2) 校准

①仪器性能检查

仪器使用前用全氟三丁胺对质谱仪进行调谐。样品分析前以及每运行 12 h

需注入 1.0 μL 十氟三苯基磷(DFTPP)溶液,对仪器整个系统进行检查,所得质量离子的丰度应满足表 5.7 的要求。

表 5.7　十氟三苯基磷关键离子及离子丰度评价

质量离子(m/z)	丰度评价	质量离子(m/z)	丰度评价
51	强度为 198 碎片的 30%～60%	199	强度为 198 碎片 5%～9%
68	强度小于 69 碎片的 2%	275	强度为 198 碎片 10%～30%
70	强度小于 69 碎片的 2%	365	强度大于 198 碎片 1%
127	强度为 198 碎片的 40%～60%	441	存在但不超过 443 碎片的强度
197	强度小于 198 碎片的<1%	442	强度大于 198 碎片 40%
198	基峰,相对强度 100%	443	强度为 442 碎片 17%～23%

②校准曲线的绘制

a. 有机氯农药:

配制有机氯农药、氯苯类化合物和替代物的标准溶液系列,标准系列浓度分别为:20.0 μg·L^{-1}、50.0 μg·L^{-1}、100 μg·L^{-1}、200 μg·L^{-1}、500 μg·L^{-1}、1 000 μg·L^{-1}。分别加入内标物,使其浓度均为 200 μg·L^{-1}。

按照仪器参考条件进行分析,得到不同浓度各目标化合物的质谱图如图 5.25 所示。以目标化合物浓度与内标物浓度的比值为横坐标,以目标化合物定量离子的响应值与内标物定量离子响应值的比值为纵坐标,绘制标准曲线。

b. 多环芳烃:

分别移取适量多环芳烃标准使用液,用正己烷稀释配制标准系列,标准系列浓度依次为 10.0 μg·L^{-1}、25.0 μg·L^{-1}、50.0 μg·L^{-1}、100 μg·L^{-1}、250 μg·L^{-1}、500 μg·L^{-1},每 1.0 mL 标准溶液加入 10.0 μL 内标物。按仪器参考条件进行分析,得到不同浓度标准溶液的质谱图,记录目标化合物、内标、替代物的保留时间和定量、定性离子峰面积。多环芳烃选择离子扫描(SIM)离子流图见图 5.26。也可根据仪器灵敏度或线性范围配制能够覆盖样品浓度范围的至少 5 个浓度点的标准系列。

(3) 样品测定

取待测试样,按照与绘制校准曲线相同的仪器分析条件进行测定。

(4) 空白试验

在分析样品的同时,取相同体积的纯水,按照试样的制备,制备空白试样,按照与绘制校准曲线相同的仪器分析条件进行测定。

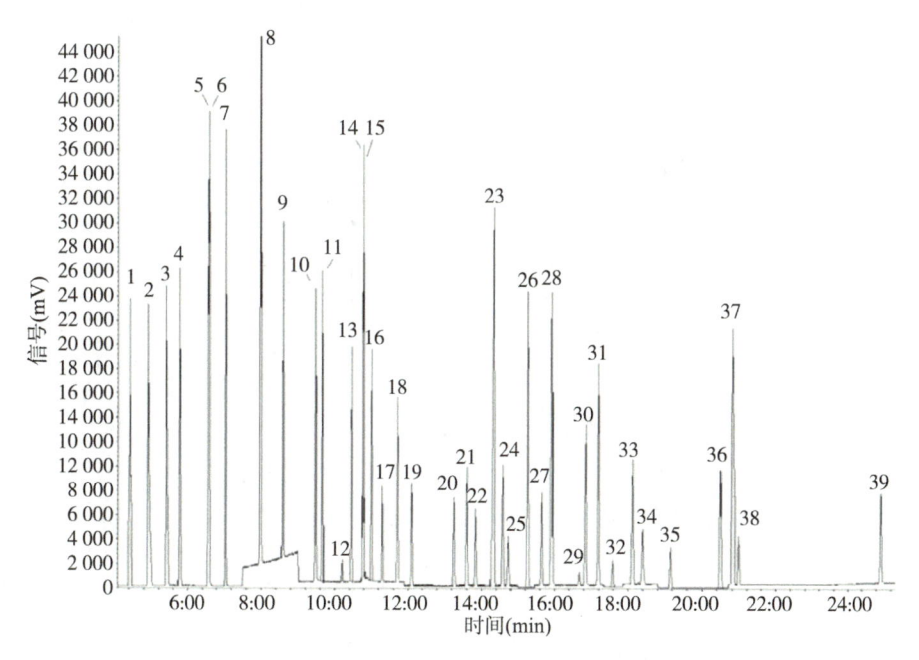

图 5.25　有机氯农药和氯苯类化合物(SIM)总离子流图

图中化合物按保留时间排列依次为：1—氘代 1,4-二氯苯；2—1,3,5-三氯苯；3—1,2,4-三氯苯；4—1,2,3-三氯苯；5—1,2,4,5-四氯苯；6—1,2,3,5-四氯苯；7—1,2,3,4-四氯苯；8—五氯苯；9—四氯间二甲苯；10—六氯苯；11—甲体六六六；12—五氯硝基苯；13—丙体六六六；14—氘代菲；15—乙体六六六；16—七氯；17—丁体六六六；18—艾氏剂；19—三氯杀螨醇；20—外环氧七氯；21—环氧七氯；22—γ-氯丹；23—o,p'-DDE；24—α-氯丹；25—硫丹 1；26—p,p'-DDE；27—狄氏剂；28—o,p'-DDD；29—异狄氏剂；30—p,p'-DDD；31—o,p'-DDT；32—硫丹 2；33—p,p'-DDT；34—异狄氏剂醛；35—硫丹硫酸酯；36—甲氧滴滴涕；37—氘代䓛；38—异狄氏剂酮；39—十氯联苯

7　结果计算

(1) 定性分析

根据样品中目标化合物的保留时间(RT)、碎片离子质荷比以及不同离子丰度比(Q)定性。样品中目标化合物的保留时间与期望保留时间(即标准溶液中的平均相对保留时间)的相对偏差应控制在±3%以内；样品中目标化合物的不同碎片离子丰度比与期望 Q 值(即标准溶液中碎片离子的平均离子丰度比)的相对偏差应控制在±30%以内。

(2) 定量分析

以选择离子扫描模式采集数据，内标法定量。样品中目标物的质量浓度 $\rho(\mu g \cdot L^{-1})$，按照公式(5-21)进行计算：

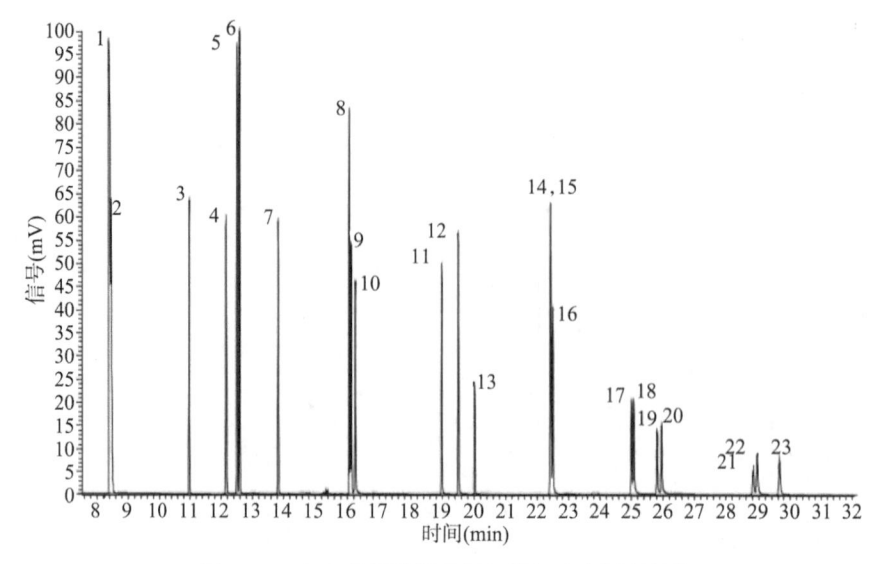

图 5.26　多环芳烃选择离子扫描(SIM)离子流图

1—萘-d_8(内标);2—萘;3—2-氟联苯(替代物);4—苊烯;5—苊-d_{10}(内标);6—苊;7—芴;8—菲-d_{10}(内标);9—菲;10—蒽;11—荧蒽;12—芘;13—对三联苯-d_{14}(替代物);14—苯并[a]蒽;15—䓛-d_{12}(内标);16—䓛;17—苯并[b]荧蒽;18—苯并[k]荧蒽;19—苯并[a]芘;20—芘-d_{12}(内标);21—茚并[1,2,3-cd]芘;22—二苯并[a,h]蒽;23—苯并[g,h,i]苝

$$\rho_i = \frac{\rho_{is} \times V}{V_s} \tag{5-21}$$

式中:ρ_i——样品中有机氯农药和氯苯类化合物或多环芳烃的浓度($\mu g \cdot L^{-1}$);

ρ_{is}——根据标准曲线查得的有机氯农药和氯苯类化合物或多环芳烃的浓度($\mu g \cdot L^{-1}$);

V——试样体积(mL);

V_s——水样体积(mL)。

(3) 结果表示

当测定结果大于 $1.00\ \mu g \cdot L^{-1}$ 时,数据保留三位有效数字;当结果小于 $1.00\ \mu g \cdot L^{-1}$ 时,数据保留两位有效数字。

第六章
沉积物中参数的测定

第一节 沉积物总氮的测定

1 实验目的
学会使用半微量凯氏法测定沉积物总氮。

2 实验原理
凯氏法分为样品的消煮和消煮液中铵态氮的定量两个步骤。

(1) 样品的消煮

样品用浓硫酸高温消煮时,各种含氮有机化合物经过复杂的高温分解反应转化为铵态氮(硫酸铵),这个复杂的反应被称为凯氏反应。上述消煮不包括全部硝酸盐氮,若需包括硝酸盐氮和亚硝酸盐氮的全部测定,应在样品消煮前先用高锰酸钾将样品中的亚硝酸盐氮氧化为硝酸盐氮,再用还原铁粉使全部硝酸盐氮还原而转化成铵态氮。由于沉积物中硝酸盐氮一般情况下含量极少,故可忽略不计。

(2) 消煮液中铵的定量

消煮液中的铵态氮可根据要求和实验室条件选用蒸馏法、扩散法或比色法等测定。常用的蒸馏法是将含$(NH_4)_2SO_4$的土壤消煮液碱化,使氨逸出,用硼酸溶液吸收,然后用标准酸溶液滴定硼酸中吸收的氨。计算土样中总氮的含量。硼酸吸收NH_3的量,大致可按每 mL 1% H_3BO_3 最多能吸收 0.46 mg N 计算。如 1 mL 2% 的 H_3BO_3 最多可吸收 $1×2×0.46≈1$ mg N。微量凯氏定氮法装置如图 6.1 所示。

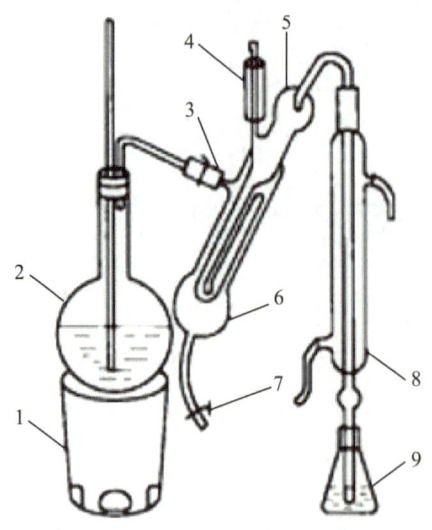

图 6.1 微量凯氏定氮法装置图

1—电炉;2—水蒸气发生器(2 L 圆底烧瓶);3—螺旋夹 a;4—小漏斗及棒状玻璃塞(样品入口处);5—反应室;6—反应室外层;7—橡皮管及螺旋夹 b;8—冷凝管;9—蒸馏液接收瓶

3 试剂配制

(1) 浓 H_2SO_4(分析纯、相对密度 1.84)

(2) 10 mol·L^{-1} NaOH 溶液

210 g 分析纯 NaOH 放入研质烧杯中加水约 200 mL,搅动,溶解后转入硬质试剂瓶中,加塞,防止吸收空气中的 CO_2。放置几天,待 Na_2CO_3 沉降后,将上清液虹吸到盛有约 80 mL 无 CO_2 的水的硬质瓶中,加水至 500 mL。瓶口装一碱石棉管,以防吸收空气中的 CO_2。

(3) 0.01 mol·L^{-1} HCl 标准溶液

先将 8.5 mL 浓 HCl 加水至 1 L,用硼砂($Na_2B_4O_7$·$10H_2O$)或 160 ℃ 烘干的 Na_2CO_3 标定其浓度(约 0.1 mol·L^{-1} HCl)。然后用水准确稀释 10 倍后使用。

(3) 溴甲酚绿-甲基红混合指示剂

称取 0.1 g 溴甲酚绿溶于 95% 乙醇,稀释至 100 mL;称取 0.2 g 甲基红,溶于 95% 乙醇稀释至 100 mL。二者按照体积比 3∶1 混合。

(4) 2% H_3BO_3-指示剂混合溶液

20 g H_3BO_3(硼酸三级)溶于水,加水至 1 L。在使用前,每升 H_3BO_3 溶液中,加入 20 mL 混合指示剂,并用稀碱或稀酸溶液调节至溶液刚变为紫红色(pH 值约为 4.5)。

(5) 加速剂

K$_2$SO$_4$ 或无水 Na$_2$SO$_4$(三级)100 g,CuSO$_4$·5H$_2$O(三级)10 g,硒粉 1 g 于研钵中研细,充分混合均匀。

4　实验步骤

称取风干沉积物样品(需先过 0.25 mm 筛)约 0.50 g(含 N 约 1 mg 左右)。将沉积物样品小心送入干燥的凯氏瓶底部,加入少量无离子水(0.5～1 mL),湿润沉积物样品后进行如下操作。

(1) 加入 2 g 加速剂和 5 mL 浓 H$_2$SO$_4$,摇匀,将凯氏瓶倾斜地置于电炉上,开始用小火加热,待瓶内反应缓和时(约需 10～15 min),可加强火力,使消煮的沉积物液保持微沸,加热的部位不得超过瓶中的液面,消煮的温度以 H$_2$SO$_4$ 蒸汽在瓶颈上部 1/3 处冷凝回流为宜,在消煮过程中应间断地转动凯氏瓶,使溅至瓶壁上的有机质能及时分解。

(2) 待消煮液和沉积物颗粒全部变为灰白稍带绿色(约需 15 min)后,再继续消煮 1 h。全部消煮时间约需 85～90 min。消煮完毕后,取下凯氏瓶,冷却,以待蒸馏。

(3) 在消煮沉积物样品的同时,做两份空白测定,除不用沉积物样品外,其他操作与测定沉积物样相同。与此同时进行空白消煮液的蒸馏和滴定,以校正试剂等误差。

5　结果计算

沉积物中总氮质量分数 ω(%)按式(6-1)计算:

$$\omega(\%) = (V - V_0) \times 0.014 \times C \times \frac{100}{W} \qquad (6-1)$$

式中:V——滴定试液时所用酸标准液的体积(mL);

V_0——滴定空白时所用酸标准液的体积(mL);

C——酸标准溶液的浓度(mol·L^{-1});

0.014——N 的摩尔质量(kg·mol^{-1});

W——烘干沉积物样品的质量(g)。

平行测定结果,用算术平均值表示,保留小数点后三位。

平行测定结果的相差:

沉积物含氮量(质量分数)大于 0.1%时,不得超过 0.005%;含氮量 0.1～0.06%时,不得超过 0.004%;含氮量小于 0.06%时,不得超过 0.003%。

6 注意事项

（1）硼酸指示剂的混合溶液放置时间不宜过久，如使用过程中 pH 值有变化，需随时用稀酸或稀碱调节。最好在临用前混合二种溶液并调 pH 值。

（2）沉积物总氮质量分数在 0.1% 以下，称沉积物样品 1～1.5 g；含氮在 0.1%～0.2% 应称样 1%～0.5 g，含氮在 0.2% 以上应称样 0.5 g 以下。

（3）消煮时凯氏瓶加热的部位，不得超过瓶中的液面，以防瓶壁温度过高而使铵盐受热分解，导致氮素损失。

第二节 沉积物中总磷的测定

1 实验原理

在高温条件下，沉积物中含磷矿物及有机磷化合物与高沸点的硫酸和强氧化剂高氯酸作用，使之完全分解，全部转化为正磷酸盐而进入溶液，然后用钼锑抗比色法测定。

2 实验仪器和试剂

2.1 主要仪器

（1）分析天平
（2）小漏斗、大漏斗
（3）三角瓶(50 mL 和 100 mL)
（4）容量瓶(50 mL 和 100 mL)
（5）移液管(5 mL 和 10 mL)
（6）电炉
（7）分光光度计

2.2 试剂

（1）浓硫酸(H_2SO_4)
（2）高氯酸($HClO_4$)

（3）磷标准溶液

准确称取 45 ℃烘干 4～8 h 的分析纯磷酸二氢钾(K_2HPO_4)0.219 7 g 于小烧杯中，以 400 mL 水溶解，将溶液全部洗入 1 000 mL 容量瓶中，加入 5 mL 浓硫酸，再用水定容至刻度，充分摇匀，此溶液即为含 50 mg·L^{-1} 的磷标准溶液。吸取 50 mL 此溶液稀释至 500 mL，即为 5 mg·L^{-1} 的磷标准溶液（此溶液不能长期保存）。

（4）硫酸钼锑贮存液

取蒸馏水约 400 mL，放入 1 000 mL 烧杯中，将烧杯浸在冷水中，然后缓缓注入分析纯浓硫酸 153 mL，并不断搅拌，冷却至室温。另称取分析纯钼酸铵 $[(NH_4)_6MO_7O_{24}·H_2O]$ 10 g 溶于约 60 ℃ 的 200 mL 蒸馏水中，冷却。然后将硫酸溶液徐徐倒入钼酸铵溶液中，不断搅拌，再加入 100 mL 0.5% 酒石酸锑钾 $\left[K(SbO)C_4H_4O_6·\frac{1}{2}H_2O\right]$ 溶液，用蒸馏水稀释至 1 000 mL，摇匀贮于试剂瓶中。

（5）钼锑抗混合色剂

在 100 mL 钼锑贮存液中，加入 1.5 g 抗坏血酸($C_6H_8O_6$)，此试剂有效期 24 h，宜用前配制。

（6）2,6 - 二硝基酚或者 2,4 - 二硝基酚

称取 0.25 g 二硝基酚($C_6H_4N_2O_5$)溶于 100 mL 蒸馏水中。

（7）4 mol·L^{-1} 氢氧化钠溶液

溶解 16 g 氢氧化钠(NaOH)于 100 mL 水中。

（8）2 mol·L^{-1} 硫酸溶液

吸取浓硫酸 6 mL，缓缓加入 80 mL 水中，边加边搅拌，冷却后加水至 100 mL。

3　实验步骤

沉积物中总磷测定流程如图 6.2 所示，具体操作如下：

（1）在分析天平上准确称取通过 100 目筛(孔径为 0.25 mm)的沉积物样品 1 g(精确到 0.000 1 g)置于 50 mL 三角瓶中，以少量水湿润，并加入浓 H_2SO_4 8 mL，摇动后(最好放置过夜)再加入 70%～72% 的高氯酸($HClO_4$) 10 滴摇匀。

（2）于瓶口上放一小漏斗，置于电炉上加热消煮至瓶内溶液开始转白后，继续消煮 20 min，全部消煮时间约为 45～60 min。

(3) 将冷却后的消煮液用水小心地洗入 100 mL 容量瓶中,冲洗时用水应少量多次。轻轻摇动容量瓶,待完全冷却后,用水定容,用干燥漏斗和无磷滤纸将溶液滤入干燥的 100 mL 三角瓶中。同时做空白试验。

(4) 吸取滤液 2～10 mL 于 50 mL 容量瓶中,用水稀释至 30 mL,加 2,6-二硝基酚指示剂 2 滴,用稀氢氧化钠(NaOH)溶液和稀硫酸(H_2SO_4)溶液调节 pH 至溶液刚呈微黄色(约 pH=3)。

(5) 加入钼锑抗显色剂 5 mL,摇匀,用水定容至刻度。

(6) 在室温高于 15 ℃的条件下放置 30 min 后,在分光光度计上以 880 nm 或者 700 nm 的波长比色,以空白试验溶液为参比液调零点,读取吸收值,在工作曲线上查出显色液的磷质量浓度。

图 6.2　沉积物中总磷测定流程图

(7) 工作曲线的绘制。

分别吸取 5 mg·L^{-1} 磷标准溶液 0、1、2、3、4、5、6 mL 于 50 mL 容量瓶中,加水稀释至约 30 mL,加入钼锑抗显色剂 5 mL,摇匀定容。即得 0、0.1、0.2、0.3、0.4、0.5、0.6 mg·L^{-1} 磷标准系列溶液,与待测溶液同时比色,读取吸收值。以吸收值为纵坐标,磷质量浓度(mg·L^{-1})为横坐标,绘制成工作曲线。

4　结果计算

沉积物中总磷质量分数 ω(%)按式(6-2)计算:

$$\omega(\%) = C \times V \times n / (W \times 10^6) \times 100 \tag{6-2}$$

式中:C——从工作曲线上查得的磷质量浓度(mg·L^{-1});

V——显色液体积,本操作中为 50 mL;

n——分取倍数,消煮溶液定容体积/吸取消煮溶液体积;

10^6——将 g 换算成 μg;

W——干沉积物样重(g)。

两次平行测定结果允许误差为 0.005%。

最后显色液中含磷量在 20～30 μg 最好,控制磷的浓度主要在于称样量或者最后显色时吸取待测液的量;本法用钼锑抗比色法的时候用 880 nm 波长比 700 nm 更加灵敏。

第三节　沉积物中总有机碳的测定

1　实验目的

沉积物有机质既是水体营养盐的重要来源,又是沉积物中异养型微生物的能源物质,还是沉积物的重要组分。测定沉积物有机碳含量在一定程度上可反映沉积物的肥沃程度。通过本节实验掌握沉积物中有机碳的测定方法。

2　实验原理

在加热的条件下,用过量的重铬酸钾-硫酸($K_2Cr_2O_7$-H_2SO_4)溶液氧化沉积物有机碳,$Cr_2O_7^{2-}$被还原成Cr^{3+},剩余的重铬酸钾($K_2Cr_2O_7$)用硫酸亚铁($FeSO_4$)标准溶液滴定,根据消耗的重铬酸钾量计算出有机碳量。其反应式如下。

重铬酸钾-硫酸溶液与有机碳作用：

$$2K_2Cr_2O_7+3C+8H_2SO_4 =\!=\!= 2K_2SO_4+2Cr_2(SO_4)_3+3CO_2\uparrow+8H_2O$$

硫酸亚铁滴定剩余重铬酸钾的反应：

$$K_2Cr_2O_7+6FeSO_4+7H_2SO_4 =\!=\!= K_2SO_4+Cr_2(SO_4)_3+3Fe_2(SO_4)_3+7H_2O$$

硫酸亚铁标准溶液的标定方法如下：

吸取重铬酸钾标准溶液 20 mL,放入 150 mL 三角瓶中,加试亚铁灵指示剂 2~3 滴,用硫酸亚铁溶液滴定,根据硫酸亚铁溶液的消耗量计算硫酸亚铁标准溶液浓度 c_2：

$$c_2 = \frac{c_1 \cdot V_1}{V_2} \tag{6-3}$$

式中：c_2——硫酸亚铁标准溶液的浓度($mol \cdot L^{-1}$)；

c_1——重铬酸钾标准溶液的浓度($mol \cdot L^{-1}$)；

V_1——吸取的重铬酸钾标准溶液的体积(mL)；

V_2——滴定时消耗硫酸亚铁溶液的体积(mL)。

3 实验仪器和试剂

3.1 主要仪器及器皿

分析天平(0.000 1 g)、硬质试管、长条蜡光纸、油浴锅、铁丝笼(消煮时插试管用)、温度计(0~360 ℃)、滴定管(25 mL)、吸管(10 mL)、三角瓶(250 mL)、小漏斗、量筒(100 mL)、角匙、滴定台、吸水纸、滴瓶(50 mL)、试管夹、洗耳球、容量瓶(500 mL)、烧杯(100 mL)、玻璃棒。

3.2 试剂

(1) 0.136 mol·L^{-1} K$_2$Cr$_2$O$_7$-H$_2$SO$_4$ 的标准溶液。

准确称取分析纯重铬酸钾(K$_2$Cr$_2$O$_7$)40 g 溶于 500 mL 蒸馏水中,冷却后稀释至 1 L,然后缓慢加入密度为 1.84 g·mL^{-1} 的浓硫酸(H$_2$SO$_4$)1 000 mL 并不断搅拌,每加入 200 mL 时应放置 10~20 min,待溶液冷却后再加入第二份浓硫酸(H$_2$SO$_4$)。依此重复直至加酸完毕,待冷后存于试剂瓶中备用。

(2) 0.2 mol·L^{-1} FeSO$_4$ 标准溶液。

准确称取分析纯硫酸亚铁(FeSO$_4$·7H$_2$O)56 g 或硫酸亚铁铵[Fe(NH$_4$)$_2$(SO$_4$)$_2$·6H$_2$O] 80 g,溶解于蒸馏水中,加 3 mol·L^{-1} 的硫酸(H$_2$SO$_4$)60 mL,然后加水稀释至 1 L,此溶液的标准浓度可以用 0.016 7 mol·L^{-1}重铬酸钾(K$_2$Cr$_2$O$_7$)标准溶液(即 0.100 0 N K$_2$Cr$_2$O$_7$ 溶液)标定。

(3) 试亚铁灵指示剂。

称取分析纯邻菲啰啉 1.485 g,分析纯硫酸亚铁(FeSO$_4$·7H$_2$O)0.695 g,溶于 100 mL 蒸馏水中,贮于棕色滴瓶中(此指示剂临用时配制为好)。

(4) 重铬酸钾标准溶液(0.1 N 重铬酸钾标准溶液)。

准确称取分析纯 K$_2$Cr$_2$O$_7$(在 130 ℃烘 3 h)4.903 g 溶于 200 mL 蒸馏水中,然后慢慢加入浓 H$_2$SO$_4$ 约 70 mL,小心移至 1 L 容量瓶中,加水至刻度,即为标准的 0.100 0 N K$_2$Cr$_2$O$_7$ 溶液(0.016 7 mol·L^{-1})。

(5) 3 mol·L^{-1} 的硫酸。

4 实验步骤

(1) 在分析天平上准确称取通过 60 目筛(<0.25 mm)的沉积物样品 0.1~0.5 g(精确到 0.0001 g),用长条蜡光纸把称取的样品全部倒入干的硬质试管

中,用移液管缓缓准确加入 0.136 mol·L^{-1} 重铬酸钾-硫酸($K_2Cr_2O_7$-H_2SO_4)溶液 10 mL(在加入约 3 mL 时,摇动试管,以使沉积物分散),然后在试管口加一小漏斗。

(2) 预先将液状石蜡油或植物油浴锅加热至 185~190 ℃,将试管放入铁丝笼中,然后将铁丝笼放入油浴锅中加热,放入后温度应控制在 170~180 ℃,待试管中液体沸腾产生气泡时开始计时,煮沸 5 min,取出试管,稍冷,擦净试管外部油液。

(3) 冷却后将试管内容物小心仔细地全部洗入 250 mL 的三角瓶中,使瓶内总体积在 60~70 mL,保持其中硫酸浓度为 1~1.5 mol·L^{-1},此时溶液的颜色应为橙黄色或淡黄色。然后加试亚铁灵指示剂 3~4 滴,用 0.2 mol·L^{-1} 的标准硫酸亚铁($FeSO_4$)溶液滴定,溶液由黄色经过绿色、淡绿色突变为棕红色即为终点。

(4) 在测定样品的同时必须做两个空白试验,取其平均值。可用石英砂代替样品,其他过程同上。

5 结果计算

在本反应中有机质氧化率平均为 90%,所以氧化校正常数为 100/90,即为 1.1。由前面的两个反应式可知:1 mol 的 $K_2Cr_2O_7$ 可氧化 3/2 mol 的 C,滴定 1 mol $K_2Cr_2O_7$ 可消耗 6 mol $FeSO_4$,则消耗 1 mol $FeSO_4$ 即氧化了 $\frac{3}{2} \times \frac{1}{6}$ mol $= \frac{1}{4}$ mol 的 C。

计算公式为:

$$X = [(V_0 - V) \times C \times 0.003 \times 1.1 \times 100]/m \qquad (6-4)$$

式中:X——沉积物有机碳含量(%);
V_0——滴定空白液时所用去的硫酸亚铁体积(mL);
V——滴定样品液时所用去的硫酸亚铁体积(mL);
C——标准硫酸亚铁的浓度(mol·L^{-1});
m——样品质量(g)。

6 注意事项

(1) 根据样品有机碳含量决定称样量。

有机碳质量分数大于 5% 的沉积物称 0.1 g,2%~4% 的沉积物称 0.3 g,少于 2% 的沉积物可称 0.5 g 以上。

(2) 消化煮沸时，必须严格控制时间和温度。

(3) 最好用液体石蜡或磷酸浴代替植物油，以保证结果准确。磷酸浴需用玻璃容器。

(4) 对含有氯化物的样品，可加少量硫酸银除去其影响。对于石灰性沉积物样，须慢慢加入浓硫酸，以防由于碳酸钙的分解而引起剧烈发泡。

(5) 一般滴定时消耗硫酸亚铁量不小于空白用量的 1/3，否则氧化不完全，应弃去重做。消煮后溶液以绿色为主，说明重铬酸钾用量不足，应减少样品量重做。

第四节 沉积物中重金属的测定

1 实验目的

(1) 了解沉积物中重金属的消解与测定方法。
(2) 掌握电感耦合等离子体质谱分析技术。

2 实验原理

将沉积物样品用盐酸/硝酸（王水）混合溶液经电热板或微波消解仪消解后，用电感耦合等离子体质谱仪进行检测，根据元素的质谱图或特征离子进行定性，内标法定量。

试样由载气带入雾化系统进行雾化后，目标元素以气溶胶形式进入等离子体的轴向通道，在高温和惰性气体中被充分蒸发、解离、原子化和电离，转化成带电荷的正离子，经离子采集系统进入质谱仪，质谱仪根据离子的质荷比进行分离并定性、定量分析。在一定浓度范围内，离子的质荷比所对应的响应值与其浓度成正比。

3 实验仪器

(1) 电感耦合等离子体发射光谱仪。
(2) 温控电热板（见图 6.3）：
控制精度 ±0.2 ℃，最高温度可设定至 250 ℃。
(3) 微波消解仪：

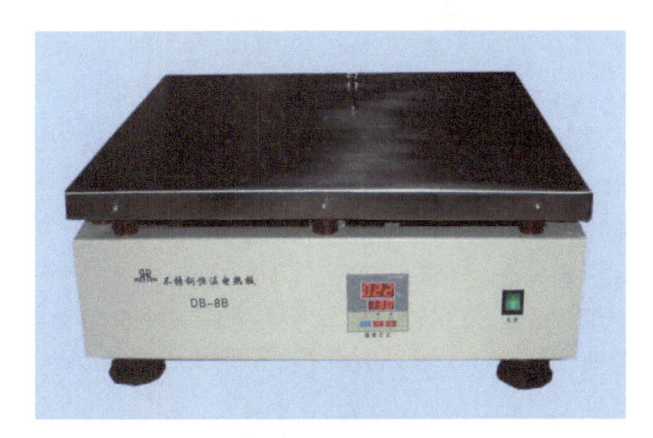

图 6.3　温控电热板

输出功率 1 000~1 600 W。具有可编程控制功能,可对温度、压力和时间(升温时间和保持时间)进行全程监控;具有安全防护功能。

（4）分析天平：

精度为 0.000 1 g。

（5）聚四氟乙烯密闭消解罐：

可抗压、耐酸、耐腐蚀,具有泄压功能。

（6）100 mL 锥形瓶。

（7）玻璃漏斗。

（8）50 mL 容量瓶。

（9）0.15 mm(100 目)尼龙筛(见图 6.4)。

图 6.4　尼龙筛

（10）实验室常用仪器和设备。

4　实验试剂

除非另有说明,分析时均使用符合国家标准的优级纯或光谱纯试剂。实验用水为新制备的去离子水或同等纯度的水。

(1) 盐酸:$\rho(HCl)=1.19 \text{ g}\cdot\text{mL}^{-1}$。

(2) 硝酸:$\rho(HNO_3)=1.42 \text{ g}\cdot\text{mL}^{-1}$。

(3) 盐酸—硝酸溶液(王水):3+1。

(4) 硝酸溶液:$c(HNO_3)=0.5 \text{ mol}\cdot\text{L}^{-1}$。

(5) 硝酸溶液:2+98。

(6) 硝酸溶液:1+4。

(7) 标准溶液

①单元素标准储备液

用高纯度的金属(纯度大于99.99%)或金属盐类(基准或高纯试剂)配制成100~1 000 mg·L^{-1}含硝酸溶液的标准储备溶液,溶液酸度保持在1.0%(体积分数)以上。也可购买市售有证标准物质。

②多元素混合标准储备液:$\rho=10.0 \text{ mg}\cdot\text{L}^{-1}$。

用硝酸溶液稀释单元素标准储备液配制。也可购买市售有证标准物质。

③多元素标准使用液:$\rho=200 \text{ }\mu\text{g}\cdot\text{L}^{-1}$。

用硝酸溶液稀释标准储备液配制成多元素混合标准使用液。也可购买市售有证标准物质。

④内标标准储备液:$\rho=10.0 \text{ mg}\cdot\text{L}^{-1}$。

宜选用^{6}Li、^{45}Sc、^{74}Ge、^{89}Y、^{103}Rh、^{115}In、^{185}Re、^{209}Bi为内标元素。可用高纯度的金属(纯度大于99.99%)或金属盐类(基准或高纯试剂)配制。

⑤内标标准使用液:$\rho=100 \text{ }\mu\text{g}\cdot\text{L}^{-1}$。

用硝酸溶液稀释内标储备液配制成内标标准使用液。由于不同仪器使用的蠕动泵管管径不同,在线加入内标时加入的浓度也不同,因此在配制内标标准使用液时应使内标元素在试样中的浓度为10~50 $\mu\text{g}\cdot\text{L}^{-1}$。

⑥调谐液:$\rho=10 \text{ }\mu\text{g}\cdot\text{L}^{-1}$。

宜选用含有Li、Be、Mg、Y、Co、In、Ti、Pb和Bi元素的溶液为质谱仪的调谐溶液。可用高纯度的金属(纯度大于99.99%)或相应的金属盐类(基准或高纯试剂)进行配制,也可直接购买市售有证标准物质。

所有元素的标准溶液配制后均应在密封的聚乙烯或聚丙烯瓶中保存。

(8) 慢速定量滤纸。

(9) 载气:氩气,纯度≥99.999%。

5　实验步骤

(1) 样品采集与保存

按照 GB 17378.3—2007 的相关规定采集和保存沉积物样品。样品采集、运输和保存过程应避免沾污和待测元素损失。

(2) 水分的测定

沉积物样品含水率按照 GB 17378.5—2007 执行。

(3) 样品的制备

除去样品中的枝棒、叶片、石子等异物,将采集的样品进行风干、粗磨、细磨至过孔径 0.15 mm(100 目)筛。样品的制备过程应避免沾污和待测元素损失。

(4) 试样的制备

①电热板加热消解

移取 15 mL 王水于 100 mL 锥形瓶中,加入 3 粒或 4 粒小玻璃珠,放上玻璃漏斗,于电热板上加热至微沸,使王水蒸气浸润整个锥形瓶内壁约 30 min,冷却后弃去,用实验用水洗净锥形瓶内壁,晾干待用。

称取待测样品 0.1 g(精确至 0.000 1 g),置于上述已准备好的 100 mL 锥形瓶中,加入 6 mL 王水溶液,放上玻璃漏斗,于电热板上加热,保持王水处于微沸状态 2 h(保持王水蒸气在瓶壁和玻璃漏斗上回流但反应不能过于剧烈而导致样品溢出)。消解结束后静置冷却至室温,用慢速定量滤纸将提取液过滤收集于 50 mL 容量瓶。待提取液滤尽后,用少量硝酸溶液清洗玻璃漏斗、锥形瓶和滤渣至少 3 次,洗液一并过滤收集于容量瓶中,用实验用水定容至刻度。

②微波消解

称取待测样品 0.1 g(精确至 0.000 1 g),置于聚四氟乙烯密闭消解罐中,加入 6 mL 王水,将消解罐安置于消解罐支架,放入微波消解仪中,按照表 6.1 提供的微波消解程序进行消解,消解结束后冷却至室温。后续步骤参考"电热板加热消解"。

表 6.1　微波消解程序

步骤	升温时间(min)	目标温度(℃)	保持时间(min)
1	5	120	2
2	4	150	5
3	5	185	40

(5) 实验室空白试样的制备

不加样品,按照与试样制备相同的步骤制备实验室空白试样。

(6) 仪器调谐

点燃等离子体后,仪器预热稳定 30 分钟。用质谱仪调谐液对仪器的灵敏度、氧化物和双电荷进行调谐,在仪器的灵敏度、氧化物和双电荷满足要求的条件下,质谱仪给出的调谐液中所含元素信号强度的相对标准偏差应≤5%。在涵盖待测元素的质量范围内进行质量校正和分辨率校验,如质量校正结果与真实值差值超过±0.1 amu 或调谐元素信号的分辨率在 10% 峰高处所对应的峰宽超过 0.6~0.8 amu 的范围,应按照仪器使用说明书对质谱仪进行校正。

(7) 标准曲线的绘制

分别移取一定体积的多元素标准使用液于同一组 100 mL 容量瓶中,用硝酸溶液稀释至刻度定容,混匀。以硝酸溶液为标准系列的最低浓度点,另制备至少 5 个浓度点的标准系列。内标物标准使用液可直接加入标准系列中,也可通过蠕动泵在线加入。内标物应选择试样中不含有的元素或浓度远大于试样本身含量的元素。将标准系列从低浓度到高浓度依次导入雾化器进行分析,以各元素的质量浓度为横坐标,对应的响应值和内标物响应值的比值为纵坐标,建立标准曲线。标准曲线的浓度范围可根据测定实际需要进行调整,参考标准系列浓度见表 6.2。

表 6.2 标准系列浓度

元素	$C_0(\mu g \cdot L^{-1})$	$C_1(\mu g \cdot L^{-1})$	$C_2(\mu g \cdot L^{-1})$	$C_3(\mu g \cdot L^{-1})$	$C_4(\mu g \cdot L^{-1})$	$C_5(\mu g \cdot L^{-1})$
镉	0	0.2	0.4	0.6	0.8	1.0
钴	0	10.0	20.0	40.0	60.0	80.0
铜	0	25.0	50.0	75.0	100.0	150.0
铬	0	25.0	50.0	100.0	150.0	200.0
锰	0	200.0	400.0	600.0	800.0	1 000.0
镍	0	10.0	20.0	50.0	80.0	100.0
铅	0	20.0	40.0	60.0	80.0	100.0
锌	0	20.0	40.0	80.0	160.0	320.0
钒	0	20.0	40.0	80.0	160.0	320.0
砷	0	10.0	20.0	30.0	40.0	50.0
钼	0	1.0	2.0	3.0	4.0	5.0
锑	0	1.0	2.0	3.0	4.0	5.0

(8) 试样的测定

每个试样测定前,用硝酸溶液冲洗系统直至信号降至最低,待分析信号稳定后开始测定。按照与建立标准曲线相同的仪器参考条件和操作步骤进行试样的测定。若试样中待测目标元素浓度超出标准曲线范围,需经稀释后重新测定,稀释液使用硝酸溶液,稀释倍数为 f。

(9) 实验室空白试样的测定

按照与试样的测定相同的仪器参考条件和操作步骤测定实验室空白试样。

6　结果计算

沉积物样品中各金属元素的浓度 ω_1(mg·kg^{-1})按照公式(6-5)进行计算:

$$\omega_1 = \frac{(\rho - \rho_0) \times V \times f}{m \times (1 - W_{H_2O})} \times 10^{-3} \quad (6-5)$$

式中:ω_1——沉积物样品中金属元素的浓度(mg·kg^{-1});

ρ——由标准曲线计算所得试样中金属元素的质量浓度(μg·L^{-1});

ρ_0——实验室空白试样中该金属元素的质量浓度(μg·L^{-1});

V——消解后试样的定容体积(mL);

f——试样的稀释倍数;

m——称取过筛后样品的质量(g);

W_{H_2O}——沉积物样品含水率(%)。

测定结果小数位数的保留与方法检出限一致,最多保留三位有效数字。

7　注意事项

(1) 实验所用的玻璃器皿需使用硝酸溶液浸泡 24 h,依次用自来水和实验用水洗净后方可使用。

(2) 为保证仪器的稳定性和实验的准确性,应参照仪器说明书,定期或测定一定数量样品后对仪器的雾化器、炬管、采样锥和截取锥进行清洗。

(3) 使用微波消解样品时,注意消解罐使用的温度和压力限制,消解前后应检查消解罐密封性。检查方法为:当消解罐加入样品和消解液后,盖紧消解罐并称量(精确到 0.01 g),样品消解完待消解罐冷却至室温后,再次称量,记录每个罐的质量。如果消解后的质量比消解前的质量减少超过 10%,舍弃该样品,并查找原因。

第五节　沉积物中半挥发性有机污染物的测定

1　实验目的

建立沉积物中半挥发性有机污染物的测试方法(以有机氯农药和多氯联苯为例)。

2　实验原理

应用索氏提取(SE)或加速溶剂提取(ASE)等技术提取样品中的有机氯农药和指示性多氯联苯或多环芳烃,提取溶液为正己烷和丙酮或正己烷和二氯甲烷的混合溶剂,提取液经铜粉脱硫、固相萃取(SPE)或凝胶渗透色谱(GPC)净化、浓缩富集后,采用气相色谱-质谱分析。目标化合物由其色谱峰保留时间和特征离子定性,内标标准曲线法定量。

3　实验仪器

(1) 气相色谱/质谱仪:具电子轰击(EI)电离源。

(2) 色谱柱:

DB-5 毛细管色谱柱,固定相为 5%苯基-95%甲基聚硅氧烷,长 30 m,内径 0.25 mm,膜厚 0.25 μm;或其他等效色谱柱。

(3) 提取装置:

索氏提取装置(见图 6.5)或加速溶剂萃取仪等性能相当的设备。

(4) 凝胶渗透色谱仪(GPC)(见图 6.6):

具有 254 nm 固定波长紫外检测器,净化柱(内径 15～20 mm),内装 70 g S-X3 凝胶(38～75 μm)。

(5) 浓缩装置:

旋转蒸发仪、氮吹仪或其他同等性能的设备。

(6) 真空冷冻干燥仪(见图 6.7):空载真空度<15 Pa。

(7) 加速溶剂萃取装置(见图 6.8):

压力:3.45 MPa(500 psi)～20.7 MPa(3 000 psi);温度:40 ℃～200 ℃。

图 6.5　索氏提取装置　　　　图 6.6　常温凝胶渗透色谱仪

图 6.7　真空冷冻干燥仪　　　图 6.8　加速溶剂萃取仪

（8）旋转蒸发仪或具有相当功能的设备。
（9）氮吹浓缩仪。
（10）十万分之一天平：精度为 0.000 1 g。

4　实验试剂

除非另有说明，分析时均使用符合国家标准的分析纯试剂。实验用水为新制备的超纯水或蒸馏水。

(1) 丙酮(CH_3COCH_3):色谱纯。

(2) 二氯甲烷(CH_2Cl_2):色谱纯。

(3) 乙酸乙酯($CH_3COOC_2H_5$):色谱纯。

(4) 环己烷(C_6H_{12}):色谱纯。

(5) 二氯甲烷-丙酮混合溶剂:1+1。

用二氯甲烷和丙酮按1∶1体积比混合。

(6) 正己烷(C_6H_{14}):色谱纯。

(7) 甲苯(C_7H_8):色谱纯。

(8) 固相萃取柱洗脱溶液

取200 mL乙酸乙酯和800 mL正己烷混合均匀。取乙酸乙酯-正己烷混合溶液100 mL,再加入3 mL的甲苯,混合均匀后得到洗脱溶液。

(9) 凝胶渗透色谱仪的流动相

取500 mL乙酸乙酯和500 mL环己烷混合均匀,得到乙酸乙酯-环己烷流动相。

(10) 标准溶液

①有机氯农药和指示性多氯联苯标准储备液

a. 正己烷中14种有机氯农药混合标准溶液:

α-六六六、β-六六六、γ-六六六、δ-六六六、p,p'-DDE、p,p'-DDD、o,p'-DDT、p,p'-DDT、六氯苯、艾氏剂、狄氏剂、异狄氏剂、七氯、环氧七氯,混合液态有证标准物质[$c=200.0\sim2\,000.0\,\mu g \cdot mL^{-1}$]或单一液态有证标准物质。

b. 异辛烷中灭蚁灵,单一液态有证标准物质[$c=100.0\sim100\,0.0\,\mu g \cdot mL^{-1}$]。

c. 甲醇中反式-氯丹,单一液态有证标准物质[$c=100.0\sim100\,0.0\,\mu g \cdot mL^{-1}$]。

d. 甲醇中顺式-氯丹,单一液态有证标准物质[$c=100.0\sim100\,0.0\,\mu g \cdot mL^{-1}$]。

e. 异辛烷中7种指示性多氯联苯单体(PCB28、PCB52、PCB101、PCB118、PCB138、PCB153、PCB180),混合液态有证标准物质[$c=10.0\sim100.0\,\mu g \cdot mL^{-1}$]。

②有机氯农药和指示性多氯联苯混合标准或多环芳烃混合标准中间使用液

分别取一定量标准储备液采用正己烷进行适当混合稀释,得到各单一组分浓度为$1.0\,\mu g \cdot mL^{-1}$的混合标准中间使用液。确保量值准确可靠,并定期检查其稳定性。

a. 替代物储备液

2,4,5,6-四氯间二甲苯-氯茵酸二丁酯,混合液态有证标准物质[$c=200.0\sim2\,000.0\,\mu g \cdot mL^{-1}$]。

b. 替代物中间使用液

取一定量替代物储备液采用正己烷进行适当稀释,得到各单一组分浓度为 $1.0~\mu g \cdot mL^{-1}$ 的替代物中间使用液。确保量值准确可靠,并定期检查其稳定性。

c. 内标物储备液

PCB103 和 PCB204,单一溶液有证标准物质[c=200.0~2 000.0 $\mu g \cdot mL^{-1}$]。

d. 内标物中间使用液

分别取适量体积的 PCB103 和 PCB204 内标物储备液,用正己烷进行稀释,得到各单一组分浓度为 $1.0~\mu g \cdot mL^{-1}$ 的内标物中间使用液。确保量值准确可靠,并定期检查其稳定性。

(11) 复合填料固相萃取柱

石墨化炭黑和氨基硅胶(500 mg/500 mg),体积 6 mL。

(12) 干燥剂

无水硫酸钠(Na_2SO_4)或粒状硅藻土。使用前无水硫酸钠在 600 ℃ 马弗炉中灼烧 4 h,冷却后装入磨口玻璃瓶中密封,保存在干燥器中备用,如果受潮需再次灼烧处理。

(13) 铜粉

使用前用稀硝酸(质量分数 10%)浸泡去除表面氧化物,然后用清水洗去所有的酸,再用丙酮清洗,然后用氮气吹干,放置在干燥器中备用。每次临用前处理,保持铜粉表面光亮。

(14) 石英砂(SiO_2)

粒径为 150~850 μm。

(15) 玻璃层析柱

内径 20 mm,长 10~20 cm,具聚四氟乙烯活塞。

(16) 玻璃棉或玻璃纤维滤膜

使用前用二氯甲烷浸洗,待二氯甲烷挥发干后,于具塞磨口玻璃瓶中密封保存。

(17) 索氏提取套筒

玻璃纤维或天然纤维材质套筒。使用前,玻璃纤维套筒置于马弗炉中 400 ℃ 烘烤 4 h,天然纤维套筒应用与样品提取相同的溶剂净化。

(18) 高纯氮气:纯度≥99.999%。

(19) 高纯氦气:纯度≥99.999%。

5 样品处理

(1) 样品的采集与保存

样品应于洁净的具塞磨口棕色玻璃瓶中保存。运输过程中应密封、避光、4 ℃以下冷藏。运至实验室后,若不能及时分析,应于－24 ℃以下冷藏、避光、密封保存,保存时间不超过 10 天。

(2) 水分的测定

沉积物样品含水率测定按照 GB 17378.5—2007 执行。

(3) 样品的制备

①样品准备

将样品放在搪瓷盘或不锈钢盘上,混匀,除去枝棒、叶片、石子等异物,进行四分法粗分。以筛选污染物为目的的样品,应对新鲜样品进行处理。不影响分析目的时也可将样品自然干燥。新鲜沉积物样品可采用冷冻干燥法干燥(沉积物的冷冻干燥:取适量混匀后样品,预冻后放入真空冷冻干燥仪中进行干燥脱水)。如果沉积物样品中水分含量较高(大于30%),应先进行离心分离出水相,再进行干燥处理。干燥后的样品需研磨、过 0.25 mm 孔径的筛子,均化处理成 250 μm(60 目)左右的颗粒。

②提取

提取方法可选择索氏提取、加速溶剂萃取法及其他等效萃取方法。

a. 索氏提取:称取试样 10.0 g(精确至 0.01 g),与 5 g 无水硫酸钠和 3 g 铜粉混合均匀,转移至滤筒内置于萃取容器中,加入替代物进行提取。提取液用旋转蒸发器浓缩至 2~4 mL,供下一步净化用。装置如图 6.9 所示。

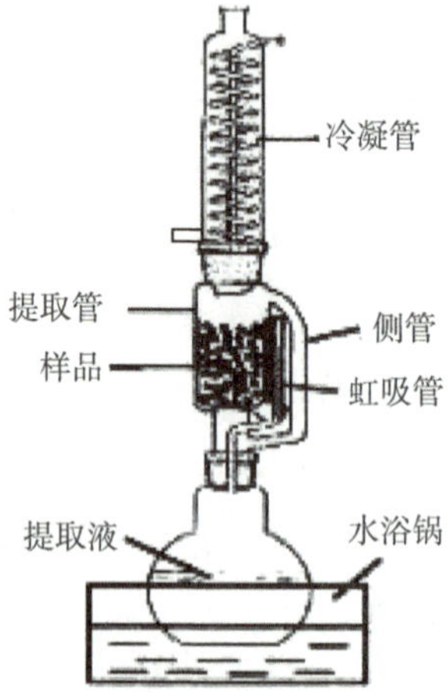

提取溶剂,正己烷:丙酮＝1:1(体积比),150 mL;

提取时间 16~24 h;

回流速度 4~6 次·h^{-1}。

b. 加速溶剂萃取法:

称取样品 10.0 g(精确至 0.01 g),与 2 g 硅藻土和 3 g 铜粉混匀,加入替代物后用于提取。提取液用旋转蒸发器浓缩至 2~4 mL,供下一步净化用。

图 6.9 索氏提取装置示意图

提取条件：

提取溶剂，正己烷∶丙酮＝1∶1(体积比)；

压力 10.3 MPa(1500 psi)；

温度 110 ℃；

冲洗体积 60%；

加热时间 5 min；静态提取时间 5 min；吹扫时间 1 min；

循环 2 次；

提取液收集于 60 mL 接收瓶中。

脱硫，提取液浓缩至 3~5 mL 后，加入 1 g 铜粉，进行超声波处理，超声时间为 10 min；提取液经过滤后去除铜粉。

如果上述提取液中存在明显水分，需要进一步过滤和脱水。在玻璃漏斗上垫一层玻璃棉或玻璃纤维滤膜，加入约 5 g 无水硫酸钠，将提取液过滤至浓缩器皿中。再用少量二氯甲烷-丙酮混合溶剂洗涤提取容器 3 次，洗涤液并入漏斗中过滤，最后再用少量二氯甲烷-丙酮混合溶剂冲洗漏斗，全部收集至浓缩器皿中，待浓缩。

③浓缩

浓缩方法推荐使用以下两种方式，其他方法经验证效果优于或等效时也可使用。

a. 氮吹浓缩：

在室温条件下，开启氮气至溶剂表面有气流波动(避免形成气涡)，用二氯甲烷多次洗涤氮吹过程中已露出的浓缩器管壁。浓缩至约 2 mL，停止浓缩。当选用凝胶渗透色谱法净化时，加入约 5 mL 凝胶渗透色谱流动相进行溶剂转换，再浓缩至约 1 mL，待净化。

b. 旋转蒸发浓缩：

加热温度设置在 40 ℃ 左右，将提取液浓缩至约 2 mL，停止浓缩。用一次性滴管，将浓缩液转移至具刻度浓缩器皿，并用少量二氯甲烷-丙酮混合溶剂将旋转蒸发瓶底部冲洗 2 次，合并全部的浓缩液，再用氮吹浓缩至约 1 mL，待净化。当选用凝胶渗透色谱法净化时，当上述浓缩液氮吹至 2 mL 时，加入约 5 mL 凝胶渗透色谱流动相进行溶剂转换，再浓缩至约 1 mL，待净化。装置如图 6.10 所示。

④净化

当分析的目的是筛查全部半挥发性有机物时，应选用凝胶渗透色谱净化方法。

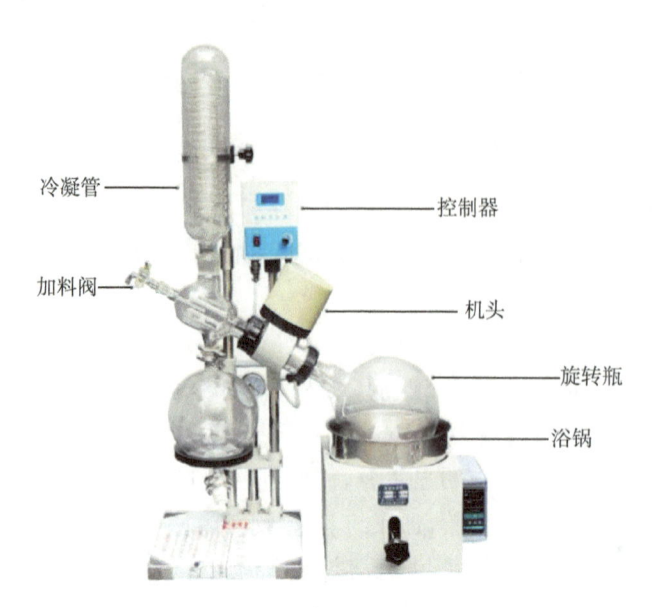

图 6.10　旋转蒸发浓缩

a. 凝胶渗透色谱净化

收集的提取溶液经浓缩后,用注射器过 0.45 μm 的有机滤膜并用环己烷/乙酸乙酯(体积比为 1∶1)的混合溶剂定容至 3 mL 待凝胶渗透色谱(GPC)净化。GPC 定量环为 2 mL(保证上样量相当于 10 g),流动相为环己烷/乙酸乙酯(体积比为 1∶1),流速为 4 mL·min^{-1},收集相应保留时间下的流出液(根据柱子的型号需首先确定目标化合物流出时间)。浓缩至 1～2 mL,待下一步净化。

沉积物样品中含有大量动植物腐殖质,使得样品的共提物中有大量的色素、脂肪等大分子干扰物质,采用 GC-MS 进行检测时,这些大分子干扰物质即使不会造成谱图上的影响,也会对进样口、色谱柱的寿命产生影响。所以复杂基质试样提取后首先采用 GPC 净化(GPC 紫外谱图如图 6.11 所示),去掉其中的大部分色素、脂肪等干扰物,再结合 SPE 净化除去小分子干扰物能够得到很好的净化效果。标准溶液经过 GPC 净化时的回收率见表 6.3。

b. 固相萃取净化

分别用正己烷/丙酮(体积比为 1∶1)混合溶剂 10 mL 及正己烷 10 mL 预淋洗固相萃取柱,上样,后用洗脱溶剂进行淋洗[含 3%甲苯的正己烷/乙酸乙酯(体积比为 8∶2)],收集 20 mL 的洗脱溶剂。

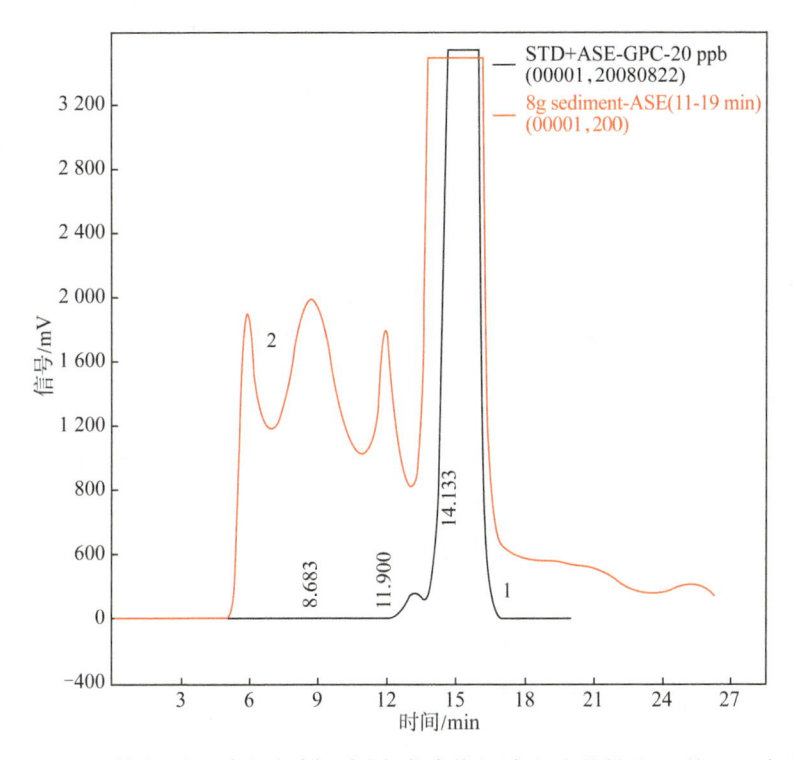

图 6.11 环己烷/乙酸乙酯为流动相时目标化合物(1)与沉积物样品(2)的 GPC 色谱图

表 6.3 GPC 回收率

化合物名称	回收率(%)	化合物名称	回收率(%)
α-六六六(α-666)	89.2	顺式-氯丹(cis-Chlordane)	100.3
六氯苯(HCB)	95.1	p,p'-DDE	92.7
β-六六六(β-666)	86.9	狄氏剂(Dieldrin)	97.2
γ-六六六(γ-666)	91.9	异狄氏剂(Endrin)	99.8
δ-六六六(δ-666)	72.2	PCB118	97.8
PCB28	97.6	p,p'-DDD	96.7
七氯(Heptachlor)	97.2	o,p'-DDT	94.8
PCB52	103.0	PCB153	98.0
艾氏剂(Aldrin)	97.5	p,p'-DDT	104.7
环氧七氯(Heptachlor endo-epoxide)	90.7	PCB138	101.4
反式-氯丹(trans-Chlordane)	94.6	PCB180	106.4
PCB101	101.3	灭蚁灵(Mirex)	98.5
2,4,5,6-四氯间二甲苯(TCMX)	91.4	氯茵酸二丁酯	104.5

用 20 mL 的正己烷/乙酸乙酯(体积比为 8∶2)进行淋洗时个别化合物回收率达不到要求,如六氯苯。加入适当的甲苯能够改善淋洗效果,研究了 1%、3%、5%甲苯不同含量的淋洗液对目标化合物的淋洗体积,最终确定采用 20 mL 的 3%甲苯的正己烷/乙酸乙酯(体积比为 8∶2)作为洗脱液,完全能够把目标化合物淋洗下来。标准溶液经过 SPE 净化时的回收率见表 6.4。

表 6.4　固相萃取回收率

化合物名称	回收率(%)	化合物名称	回收率(%)
α-六六六	88.05	顺式-氯丹	88.41
六氯苯	81.99	p,p'-DDE	95.80
β-六六六	89.70	狄氏剂	94.47
γ-六六六	81.91	异狄氏剂	96.59
δ-六六六	90.04	PCB118	97.19
PCB28	81.23	p,p'-DDD	93.63
七氯	91.18	o,p'-DDT	92.18
PCB52	111.01	PCB153	90.13
艾氏剂	82.64	p,p'-DDT	94.80
环氧七氯	90.88	PCB138	97.76
反式-氯丹	92.95	PCB180	90.63
PCB101	91.34	灭蚁灵	84.45
2,4,5,6-四氯间二甲苯	74.82	氯茵酸二丁酯	97.72

c. 层析柱净化

当分析目的只关注半挥发性有机物中的某一类化合物时,可采用含有不同吸附剂的层析柱进行净化。不同目标物推荐使用的净化方法见表 6.5。其他方法验证效果优于或等效时也可使用。

表 6.5　目标分析物类别及适用净化方法

目标化合物	氧化铝柱	硅酸镁柱	硅胶柱	凝胶渗透色谱
苯胺和苯胺衍生物		√		
苯酚类			√	√
邻苯二甲酸酯类	√	√		√

续表

目标化合物	氧化铝柱	硅酸镁柱	硅胶柱	凝胶渗透色谱
亚硝基胺类	√	√		√
有机氯农药	√	√	√	√
硝基芳烃和环酮类		√		
多环芳烃类	√	√	√	√
卤代醚类		√		√
氯代烃类		√		√
其他半挥发性有机物				√

⑤定容及加内标：

上述净化后的提取液，用旋转蒸发浓缩至 2～3 mL，再次用氮气浓缩至 0.8 mL 左右，加入一定量的内标，再用正己烷定容到 1.00 mL，进行气相色谱-质谱分析。

（4）空白试样的制备

用石英砂代替实际样品，按照与试样的制备相同步骤制备空白试样。

6 仪器操作步骤

（1）仪器参考条件

①气相色谱参考条件

气相色谱柱：30 m×0.25 mm，0.25 μm 膜厚（5％苯基-95％甲基聚硅氧烷固定液），弱极性；或使用其他等效性能的毛细管柱。

推荐程序升温条件：可根据自身色谱柱情况适当调整。

a. 有机氯农药

进样口温度为 250 ℃，载气为氦气，柱流速 0.8 mL·min^{-1}。进样体积 1.0 μL，不分流进样。初始柱温 60 ℃，保持 1.0 min；20 ℃·min^{-1} 升至 240 ℃，保持 12.0 min；再以 25 ℃·min^{-1} 升至 280 ℃，保持 1.0 min；30 ℃·min^{-1} 升至 300 ℃，保持 5.0 min。

b. 多环芳烃

进样口温度 280 ℃，不分流或分流进样（样品浓度较高或仪器灵敏度足够时）；进样量 1.0 μL，柱流量 1.0 mL·min^{-1}（恒流）；柱温 80 ℃ 保持 2 min；以 20 ℃·min^{-1} 速率升至 180 ℃，保持 5 min；再以 10 ℃·min^{-1} 速率升至 290 ℃，保持 5 min。

②质谱参考条件

质谱参数:传输线温度 280 ℃,离子源温度 230 ℃,四级杆温度 150 ℃。

选择离子扫描(SIM)的模式对各个目标化合物特有的特征离子进行监测。根据目标化合物的质谱图特征,选取具有结构特征的碎片离子作为定性、定量离子。并与沉积物基质比较,选择不被杂质干扰的碎片离子作为定量离子。

(2) 校准

①质谱性能检查

每次分析前,应进行质谱自动调谐,再将气相色谱和质谱仪设定至分析方法要求的仪器条件,并处于待机状态,通过气相色谱进样口直接注入 1.0 μL 十氟三苯基膦(DFTPP)溶液,得到十氟三苯基膦质谱图,其质量碎片的离子丰度应全部符合表 6.6 中的要求,否则需清洗质谱仪离子源。

表 6.6　十氟三苯基膦(DFTPP)离子丰度规范要求

质荷比($m \cdot z^{-1}$)	相对丰度规范	质荷比($m \cdot z^{-1}$)	相对丰度规范
51	198 峰(基峰)的 30%~60%	199	198 峰的 5%~9%
68	小于 69 峰的 2%	275	基峰的 10%~30%
70	小于 69 峰的 2%	365	大于基峰的 1%
127	基峰的 40%~60%	441	存在且小于 443 峰
197	小于 198 峰的 1%	442	基峰或大于 198 峰 40%
198	基峰,丰度 100%	443	442 峰的 17%~23%

②标准曲线的绘制

配制至少 5 个不同浓度的校准标准,其中 1 个校准标准的浓度应相当于或低于样品浓度,其余点应参考实际样品的浓度范围,应不超过气相色谱的定量范围采用标准中间使用液和标准替代物中间使用液,配制成校正标准系列溶液。线性范围为 5.0~200.0 μg·L^{-1}。系列浓度例如:5.0 μg·L^{-1},10.0 μg·L^{-1},20.0 μg·L^{-1},50.0 μg·L^{-1},100.0 μg·L^{-1},200.0 μg·L^{-1}。同时,向每个点中加入一定浓度的内标中间使用液,使内标浓度为 50 μg·L^{-1}。

③标准样品的色谱/质谱图

目标物的总离子流色谱图见图 6.12。

(3) 试样的测定

按照与校准曲线绘制相同的仪器分析条件测定待测的试样。

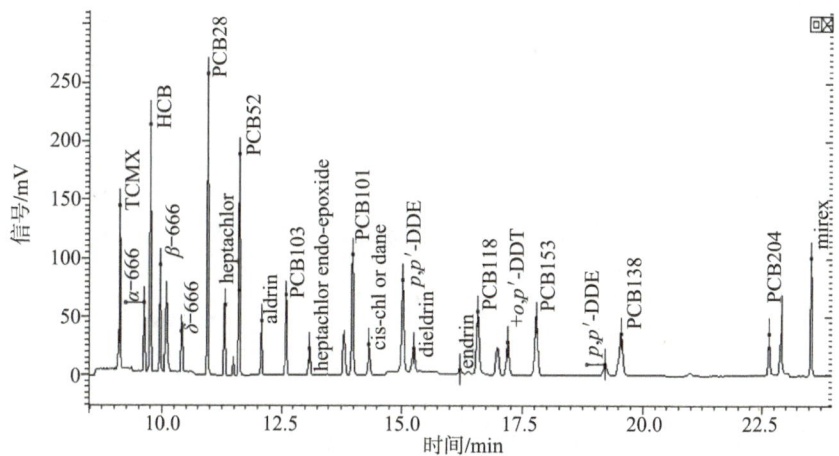

图 6.12　24 种目标化合物、2 种替代物及 2 种内标物的 GC-SIM-MS
总离子流色谱图

（图中化合物的名称参见表 6.3，浓度为 100 μg·L^{-1}）

（4）空白试验

按照与试样测定相同的仪器分析条件测定空白试样。

7　结果计算

（1）定性分析

通过样品中目标物与标准系列中目标物的保留时间、质谱图、碎片离子质荷比及其丰度等信息比较，对目标物进行定性分析。应多次分析标准溶液得到目标物的保留时间均值，以平均保留时间±3 倍标准差为保留时间窗口，样品中目标物的保留时间应在其范围内。目标物标准质谱图中相对丰度高于 30％的所有离子应在样品质谱图中存在，样品质谱图和标准质谱图中上述特征离子的相对丰度偏差应在±30％之内。一些特殊的离子如分子离子峰，即使其相对丰度低于 30％，也应该作为判别化合物的依据。对没有标准物质或纯品的半挥发性有机物，可通过获得的全扫描质谱图与 NIST 标准谱库谱图检索进行定性鉴别：

a. 分子离子峰应出现在样品中；

b. 标准质谱图中相对丰度高于 30％的特征离子应在样品质谱图中存在；

c. 谱库检索可信度至少大于 70％。

定性结果仅适用于污染初步筛查和未知物初步定性，并在报告中给出结果的可信度。

如果实际样品存在明显的背景干扰，应扣除背景影响。

(2) 定量分析

在对目标物定性判断的基础上,根据定量离子的峰面积,采用内标法进行定量。当样品中目标化合物的定量离子有干扰时,可使用辅助离子定量。

(3) 结果计算

①平均相对响应因子($\overline{RRF}$)的计算

校准系列第 i 点中目标化合物的相对响应因子(RRF_i),按照公式(6-6)计算。

$$RRF_i = \frac{A_i}{A_{ISi}} \times \frac{\rho_{ISi}}{\rho_i} \tag{6-6}$$

式中:RRF_i——校准系列中第 i 点目标化合物的相对响应因子;

A_i——校准系列中第 i 点目标化合物定量离子的响应值;

A_{ISi}——校准系列中第 i 点与目标化合物相对应内标定量离子的响应值;

ρ_{ISi}——校准系列中内标物的质量浓度($\mu g \cdot mL^{-1}$);

ρ_i——校准系列中第 i 点目标化合物的质量浓度($\mu g \cdot mL^{-1}$)。

校准系列中目标化合物的平均相对响应因子 $\overline{RRF}$,按照公式(6-7)计算。

$$\overline{RRF} = \frac{\sum_{i=1}^{n} RRF_i}{n} \tag{6-7}$$

式中:$\overline{RRF}$——校准系列中目标化合物的平均相对响应因子;

RRF_i——校准系列中第 i 点目标化合物的相对响应因子;

n——校准系列点数。

②沉积物样品的结果计算

沉积物样品中的目标化合物浓度 ω ($\mu g \cdot g^{-1}$),按照公式(6-8)计算。

$$\omega = \frac{A_x \times \rho_{IS} \times V_x}{A_{IS} \times \overline{RRF} \times m \times (1-w)} \tag{6-8}$$

式中:ω——样品中的目标物浓度($\mu g \cdot g^{-1}$);

A——试样中目标化合物定量离子的峰面积;

A_{IS}——试样中内标化合物定量离子的峰面积;

ρ_{IS}——试样中内标的浓度($\mu g \cdot mL^{-1}$);

$\overline{RRF}$——校准曲线的平均相对响应因子;

V_x——浓缩定容体积(mL);

m——样品量(g);
w——样品的含水率(%)。

③结果表示

当测定结果小于 $1~\mu g \cdot g^{-1}$ 时,小数位数的保留与方法检出限一致;当测定结果大于或等于 $1~\mu g \cdot g^{-1}$ 时,结果最多保留三位有效数字。

第六节　沉积物中挥发性有机污染物的测定

1　实验目的

建立沉积物中挥发性有机污染物的测试方法。

2　实验原理

样品中的挥发性有机物经高纯氦气(或氮气)吹扫富集于捕集管中,将捕集管加热并以高纯氦气反吹,被热脱附出来的组分进入气相色谱并分离后,用质谱仪进行检测。通过与待测目标物标准质谱图相比较和保留时间进行定性,内标法定量。

3　实验仪器

(1) 样品瓶:

具聚四氟乙烯-硅胶衬垫螺旋盖的 60 mL 棕色广口玻璃瓶(或大于 60 mL 其他规格的玻璃瓶)、40 mL 棕色玻璃瓶和无色玻璃瓶。

(2) 采样器:

一次性塑料注射器或不锈钢专用采样器。

(3) 气相色谱仪:

具分流/不分流进样口,能对载气进行电子压力控制,可程序升温。

(4) 质谱仪:

电子轰击(EI)电离源,1 s 内能从 35 u 扫描至 270 u;具有 NIST 质谱图库、手动/自动调谐、数据采集、定量分析及谱库检索等功能。

(5) 吹扫捕集装置:

吹扫装置(见图 6.13)能够加热样品至 40 ℃,捕集管使用 1/3 Tenax、1/3 硅胶、1/3 活性炭混合吸附剂或其他等效吸附剂。若使用无自动进样器的吹扫捕集装置，其配备的吹扫管应至少能够盛放 5 g 样品和 10 mL 的水。

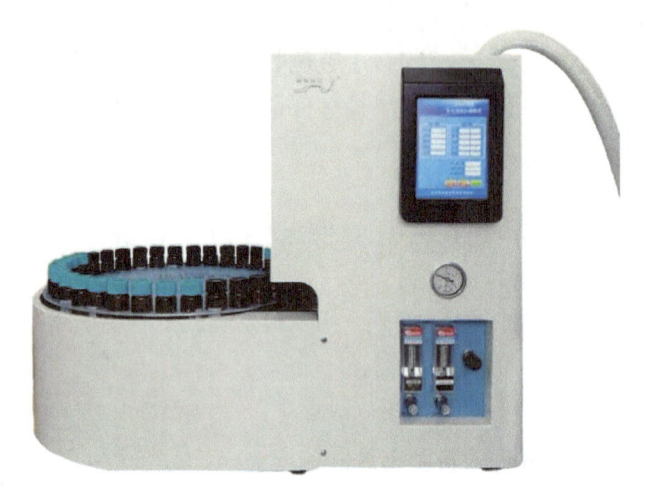

图 6.13　吹扫捕集装置

(6) 毛细管柱：

30 m×0.25 mm，1.4 μm 膜厚(6%腈丙苯基-94%二甲基聚硅氧烷固定液)；或使用其他等效性能的毛细管柱。

(7) 天平：精度为 0.01 g。

(8) 气密性注射器：5 mL。

(9) 微量注射器：

10、25、100、250 和 500 μL。

(10) 棕色玻璃瓶：

2 mL，具聚四氟乙烯-硅胶衬垫和实心螺旋盖。

(11) 一次性巴斯德玻璃吸液管。

(12) 铁铲。

(13) 药勺：聚四氟乙烯或不锈钢材质。

(14) 实验室常用仪器和设备。

4　实验试剂

(1) 空白试剂水：

二次蒸馏水或通过纯水设备制备的水。使用前需经过空白检验，确认在目标物的保留时间区间内无干扰色谱峰出现或其中的目标物质量浓度低于方法检出限。

(2) 甲醇(CH₃OH):农药残留分析纯级。

(3) 标准贮备液:ρ=1 000～5 000 mg·L^{-1}。

(4) 标准使用液:ρ=10.0～100.0 mg·L^{-1}。

易挥发的目标物如二氯二氟甲烷、氯甲烷、三氯氟甲烷、氯乙烷、溴甲烷和氯乙烯等标准使用液需单独配制,保存期通常为一周,其他目标物的标准使用液保存期为一个月或参照制造商说明配制。

(5) 内标标准溶液:ρ=25 μg·mL^{-1}。

宜选用氟苯、氯苯-D5 和 1,4-二氯苯-D4 作为内标。

(6) 替代物标准溶液:

ρ=25 μg·mL^{-1}。宜选用二溴氟甲烷、甲苯-D8 和 4-溴氟苯作为替代物。

(7) 4-溴氟苯(BFB)溶液:ρ=25 μg·mL^{-1}。

(8) 氦气:纯度(体积分数)为 99.999% 以上。

(9) 氮气:纯度(体积分数)为 99.999% 以上。

以上所有标准溶液均以甲醇为溶剂,在 4 ℃ 以下避光保存或参照制造商的产品说明保存方法。使用前应恢复至室温、混匀。

5 样品处理

(1) 样品的采集

沉积物样品的采集参照 GB17378.3—2007 的相关规定。可在采样现场使用用于挥发性有机物测定的便携式仪器对样品进行目标物含量高低的初筛。所有样品均应至少采集 3 份平行样品,并用 60 mL 样品瓶(或大于 60 mL 其他规格的样品瓶)另外采集一份样品,用于测定高含量样品中的挥发性有机物和样品含水率。

①手工进样方式的采样方法

本采样方法适用于无自动进样器的吹扫捕集装置。

用铁铲或药勺将样品尽快采集至 60 mL 样品瓶(或大于 60 mL 其他规格的样品瓶)中,并尽量填满。快速清除掉样品瓶螺纹及外表面上黏附的样品,密封样品瓶。

②自动进样方式的采样方法

本采样方法适用于带有自动进样器的吹扫捕集装置。

采样前,在每个 40 mL 棕色样品瓶中放一个清洁的磁力搅拌棒,密封,贴标签并称重(精确至 0.01 g),记录其质量并在标签上注明。采样时,用采样器采集适量样品到样品瓶中,快速清除掉样品瓶螺纹及外表面上黏附的样品,密封样品瓶。

若使用一次性塑料注射器采集样品,针筒部分的直径应能够伸入 40 mL 样品瓶的颈部。针筒末端的注射器部分在采样之前应切断。一个注射器只能用于采集一份样品。若使用不锈钢专用采样器,采样器需配有助推器,可将沉积物推入样品瓶中。

若初步判定样品中目标物浓度小于 200 $\mu g \cdot kg^{-1}$ 时,采集约 5 g 样品;若初步判定样品中目标物浓度大于等于 200 $\mu g \cdot kg^{-1}$ 时,应分别采集约 1 g 和 5 g 样品。

(2) 样品的保存

样品采集后应冷藏运输。运回实验室后应尽快分析。实验室内样品存放区域应无有机物干扰,在 4 ℃以下保存时间为 7 d。

(3) 样品含水率的测定

取 5 g(精确至 0.01 g)样品在(105±5)℃下干燥至少 6 h,以烘干前后样品质量的差值除以烘干前样品的质量再乘以 100,计算样品含水率 w(%),精确至 0.1%。

6 实验步骤

(1) 仪器参考条件

①吹扫捕集装置参考条件

吹扫流量 40 mL·min^{-1};吹扫温度 40 ℃;预热时间 2 min;吹扫时间 11 min;干吹时间 2 min;预脱附温度 180 ℃;脱附温度 190 ℃;脱附时间 2 min;烘烤温度 200 ℃;烘烤时间 8 min;传输线温度 200 ℃。其余参数参照仪器使用说明书进行设定。

②气相色谱参考条件

进样口温度 200 ℃;载气为氦气;分流比 30∶1;柱流量(恒流模式)1.5 mL·min^{-1};升温程序 38 ℃(1.8 min)→ 10 ℃·min^{-1} → 120 ℃ → 15 ℃·min^{-1}→240 ℃(2 min)。

③质谱参考条件

扫描方式为全扫描模式;扫描范围 35～270 u;离子化能量 70 eV;电子倍增器电压与调谐电压一致;接口温度 280 ℃;其余参数参照仪器使用说明书进行设定。

(2) 校准

①仪器性能检查

用微量注射器移取 1～2 μL 4-溴氟苯(BFB)溶液,直接注入气相色谱仪进行分析或加入 5 mL 空白试剂水中通过吹扫捕集装置注入气相色谱仪进行分析。用四极杆质谱得到的 BFB 关键离子丰度应符合表 6.7 中规定的标准,否则需对质谱仪的参数进行调整或者考虑清洗离子源。若仪器软件不能自动判定 BFB 关键离子丰度是否符合表 6.7 标准时,可通过取峰顶扫描点及其前后两个扫描点离子丰度的平均值扣除背景值后获得关键离子丰度,并应符合表 6.7 标准。背景值的选取可以是 BFB 出峰前 20 次扫描点中的任意一点,该背景值应是柱流失或仪器背景离子产生的。

表 6.7　4-溴氟苯(BFB)溶液关键离子丰度标准

质量	离子丰度标准	质量	离子丰度标准
50	质量 95 的 8%～40%	174	大于质量 95 的 50%
75	质量 95 的 30%～80%	175	质量 174 的 5%～9%
95	基峰,100%相对丰度	176	质量 174 的 93%～101%
96	质量 95 的 5%～9%	177	质量 176 的 5%～9%
173	小于质量 174 的 2%		

②校准曲线的绘制

用微量注射器分别移取一定量的标准使用液和替代物标准溶液至空白试剂水中,配制目标物和替代物质量浓度分别为 5.0、20.0、50.0、100.0 和 200.0 μg·L^{-1} 的标准系列。

用气密性注射器分别量取 5.00 mL 上述标准系列至 40 mL 样品瓶中(若无自动进样器,则直接加入至吹扫管中),分别加入 10.0 μL 内标标准溶液,使每点的内标质量浓度均为 50.0 μg·L^{-1}。按照仪器参考条件,从低浓度到高浓度依次测定,记录标准系列目标物及相对应内标的保留时间、定量离子(第一或第二特征离子)的响应值。

图 6.14 为本方法规定的仪器条件下,目标物的总离子流色谱图。

(3) 用平均响应因子绘制标准曲线

校准系列第 i 点中目标化合物的相对响应因子(RRF_i),按照公式(6-9)计算:

$$RRF_i = \frac{A_i}{A_{ISi}} \times \frac{\rho_{ISi}}{\rho_i} \tag{6-9}$$

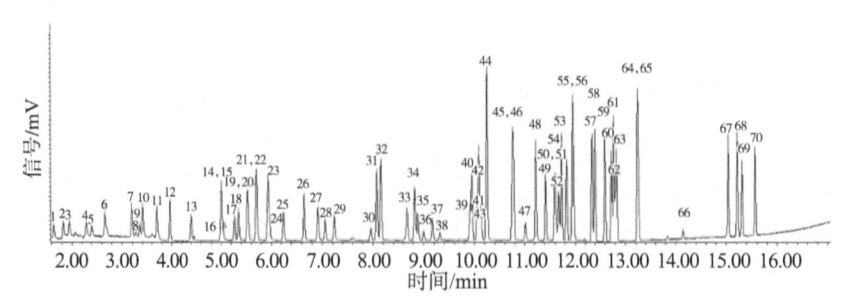

图 6.14　沉积物中挥发性有机污染物的总离子流色谱图

1—二氯二氟甲烷；2—氯甲烷；3—氯乙烯；4—溴甲烷；5—氯乙烷；6—三氯氟甲烷；7—1,1-二氯乙烯；8—丙酮；9—碘甲烷；10—二硫化碳；11—二氯甲烷；12—反式-1,2-二氯乙烯；13—1,1-二氯乙烷；14—2,2-二氯丙烷；15—顺式-1,2-二氯乙烯；16—2-丁酮；17—溴氯甲烷；18—氯仿；19—二溴氟甲烷；20—1,1,1-三氯乙烷；21—四氯化碳；22—1,1-二氯丙烯；23—苯；24—1,2-二氯乙烷；25—氟苯；26—三氯乙烯；27—1,2-二氯丙烷；28—二溴甲烷；29—溴二氯甲烷；30—4-甲基-2-戊酮；31—甲苯-D8；32—甲苯；33—1,1,2-三氯乙烷；34—四氯乙烯；35—1,3-二氯丙烷；36—2-己酮；37—二溴氯甲烷；38—1,2-二溴乙烷；39—氯苯-D5；40—氯苯；41—1,1,1,2-四氯乙烷；42—乙苯；43—1,1,2-三氯丙烷；44—间,对-二甲苯；45—邻-二甲苯；46—苯乙烯；47—溴仿；48—异丙苯；49—4-溴氟苯；50—溴苯；51—1,1,2,2-四氯乙烷；52—1,2,3-三氯丙烷；53—正丙苯；54—2-氯甲苯；55—1,3,5-三甲基苯；56—4-氯甲苯；57—叔丁基苯；58—1,2,4-三甲基苯；59—仲丁基苯；60—1,3-二氯苯；61—4-异丙基甲苯；62—1,4-二氯苯-D4；63—1,4-二氯苯；64—正丁基苯；65—1,2-二氯苯；66—1,2-二溴-3-氯丙烷；67—1,2,4-三氯苯；68—六氯丁二烯；69—萘；70—1,2,3-三氯苯

式中：RRF_i——校准系列中第 i 点目标化合物的相对响应因子；

A_i——校准系列中第 i 点目标化合物定量离子的响应值；

A_{ISi}——校准系列中第 i 点与目标化合物相对应内标定量离子的响应值；

ρ_{ISi}——校准系列中内标物的质量浓度（$\mu g \cdot mL^{-1}$）；

ρ_i——校准系列中第 i 点目标化合物的质量浓度（$\mu g \cdot mL^{-1}$）。

校准系列中目标化合物的平均相对响应因子 $\overline{RRF}$，按照公式（6-10）计算：

$$\overline{RRF}=\frac{\sum_{i=1}^{n}RRF_i}{n} \tag{6-10}$$

式中：$\overline{RRF}$——校准系列中目标化合物的平均相对响应因子；

RRF_i——校准系列中第 i 点目标化合物的相对响应因子；

n——校准系列点数。

RRF 的标准偏差（SD），按照式（6-11）进行计算：

$$SD=\sqrt{\frac{\sum_{i=1}^{n}(RRF_i-\overline{RRF})^2}{n-1}} \tag{6-11}$$

RRF 的相对标准偏差(RSD),按照式(6-12)进行计算:

$$RSD = \frac{SD}{RRF} \times 100\% \tag{6-12}$$

标准系列目标物(或替代物)相对响应因子(RRF)的相对标准偏差(RSD)应小于等于20%。

(4) 用最小二乘法绘制校准曲线

若标准系列中某个目标物相对响应因子(RRF)的相对标准偏差(RSD)大于20%,则此目标物需用最小二乘法校准曲线进行校准。即以目标物和相对应内标的响应值比为纵坐标,浓度比为横坐标,绘制校准曲线。

若标准系列中某个目标物相对响应因子(RRF)的相对标准偏差(RSD)大于20%,则此目标物也可以采用非线性拟合曲线进行校准,其相关系数应大于等于0.99。

(5) 测定

测定前先将样品瓶从冷藏设备中取出,使其恢复至室温。

①低含量样品的测定

若初步判定样品中挥发性有机物浓度小于200 $\mu g \cdot kg^{-1}$ 时,用5 g样品直接测定;初步判定浓度为200～1 000 $ng \cdot g^{-1}$ 时,用1 g样品直接测定。

a. 若吹扫捕集装置无自动进样器时:

先将吹扫管称重,加入标准溶液适量样品后再次称重(精确至0.01 g),将吹扫管装入吹扫捕集装置。用微量注射器分别加入10.0 μL 内标和10.0 μL 替代物标准溶液至用气密性注射器量取的5.0 mL空白试剂水中作为试料,放入吹扫管中,按照仪器参考条件进行测定。

b. 若吹扫捕集装置带有自动进样器时:

将样品瓶轻轻摇动,确认样品瓶中的样品能够自由移动,称量并记录样品瓶质量(精确至0.01 g)。用气密性注射器量取5.0 mL空白试剂水、用微量注射器分别量取10.0 μL 内标标准溶液和10.0 μL 替代物标准溶液加入样品瓶中,按照仪器参考条件进行测定。

当用1 g样品分析时,若目标物未检出,需重新分析5 g样品;若目标物质量浓度超过了标准系列最高点,应按照高含量样品测定方法重新分析样品。

②高含量样品的测定

对于初步判定目标物浓度大于1 000 $ng \cdot g^{-1}$ 的样品,从60 mL样品瓶(或大于60 mL其他规格的样品瓶)中取5 g左右样品于预先称重的40 mL无色样品瓶中,称重(精确至 0.01 g)。迅速加入 10.0 mL 甲醇,盖好瓶盖并振摇 2 min。静置沉降后,用一次性巴斯德玻璃吸液管移取约 1 mL 提取液至 2 mL 棕色玻璃瓶中,必要时提取液可进行离心分离。用微量注射器分别量取 10.0 μL 提取液、10.0 μL 内标标准溶液和 10.0 μL 替代物标准溶液至用气密性注射器量取的 5.0 mL 空白试剂水中作为试料,放入 40 mL 样品瓶中(若无自动进样器,则直接放入吹扫管中),按照仪器参考条件进行测定。

若提取液不能立即分析,可于 4 ℃以下暗处保存,保存时间为 14 d,分析前应恢复至室温。

若提取液中目标物质量浓度超过标准系列最高点,提取液可用甲醇适当稀释后测定;若采用高含量样品测定方法,当取 100 μL 提取液进行分析,目标物质量浓度低于标准系列最低点时,应采用低含量样品测定方法重新分析样品。

③空白试验

用微量注射器分别量取 10.0 μL 内标标准溶液和 10.0 μL 替代物标准溶液至用气密性注射器量取的 5.0 mL 空白试剂水中,作为空白试料。再将空白试料加入至 40 mL 样品瓶中(若无自动进样器,则直接放入吹扫管中),按照仪器参考条件进行测定。

7 结果计算

(1) 目标物的定性分析

目标物以相对保留时间(或保留时间)以及与标准物质质谱图比较进行定性。

(2) 目标物的定量分析

根据目标物和内标第一特征离子的响应值进行计算。

①样品中目标物(或替代物)质量浓度 ρ_{ex} 的计算

a. 平均相对响应因子计算

当目标物(或替代物)采用平均相对响应因子进行校准时,样品中目标物的质量浓度 ρ_{ex} 按照式(6-13)进行计算:

$$\rho_{ex} = \frac{A_x \times \rho_{IS}}{A_{IS} \times RRF} \tag{6-13}$$

式中:ρ_{ex}——样品中目标物(或替代物)的质量浓度($\mu g \cdot L^{-1}$);

A——目标物(或替代物)定量离子的响应值;

A_x——与目标物(或替代物)相对应内标定量离子的响应值;

A_{IS}——内标物的质量浓度,50 μg·L^{-1};

$\overline{RRF}$——目标物(或替代物)的平均相对响应因子。

b. 用线性或非线性校准曲线计算

当目标物采用线性或非线性校准曲线进行校准时,试料中目标物质量浓度 ρ_{ex} 通过相应的校准曲线计算。

②对于低含量样品,样品中目标物的浓度(μg·kg^{-1})按照式(6-14)进行计算:

$$\omega = \frac{\rho_{ex} \times 5 \times 100}{m \times (100-w)} \qquad (6-14)$$

式中:ω——样品中目标物的浓度(μg·kg^{-1});

5——样品体积(mL);

ρ_{ex}——样品中目标物的质量浓度(μg·L^{-1});

w——样品的含水率(%);

m——样品量(g)。

③对于高含量样品,样品中目标物的浓度(ng·g^{-1})按照式(6-15)进行计算:

$$\omega = \frac{\rho_{ex} \times V_c \times 5 \times K \times 100}{m \times (100-w) \times V_s} \qquad (6-15)$$

式中:ω——样品中目标物的浓度(ng·g^{-1});

5——样品体积(mL);

ρ_{ex}——样品中目标物的质量浓度(μg·L^{-1});

V_c——提取液体积(mL);

m——样品量(g);

V_s——用于吹扫的提取液体积(mL);

w——样品的含水率(%);

K——提取液的稀释倍数。

若样品含水率大于10%时,提取液体积 V_c 应为甲醇与样品中水的体积之和;若样品含水率小于等于10%,提取液体积 V_c 为10 mL。

(3) 结果表示

当测定结果小于100 μg·kg^{-1} 时,保留小数点后1位;当测定结果大于等于100 μg·kg^{-1} 时,保留3位有效数字。

当使用规定的毛细管柱时,间对二甲苯分不开测定结果为间二甲苯和对二甲苯两者之和。

参考文献

[1] 张留柱,刘军燕.藻类监测在湖泊营养评价中的应用[C]//中国水利学会水文专业委员会.2008 年水生态监测与分析论坛论文集.北京:中国水利学会水文专业委员会,2008:68-71.

[2] 卢健,谷金钰.藻类监测及治理技术的发展[J].中国水利,2012(20):70+72+74.

[3] 周新川.水库富集藻类自动采集技术研发及应用[J].水利技术监督,2022(8):152-156+197.

[4] 殷旭旺,张远,渠晓东,等.太子河着生藻类群落结构空间分布特征[J].环境科学研究,2013,26(5):502-508.

[5] 刘海鹏,武大勇.浅谈藻类在污水监测中的作用[J].现代农村科技,2010(20):48.

[6] 郝达平,鞠伟,刘伟,等.湖泊浮游藻类监测技术研究及应用[J].江苏水利,2013(12):40-42.

[7] 刘培启,胡文容,李力.水源水除藻研究中藻类监测方法的选用[J].环境监测管理与技术,2002,14(3):29-30.

[8] 邓义祥,张爱军.藻类在水体污染监测中的运用[J].资源开发与市场,1998,14(5):197-198+205.

[9] 刘晓江,施心路,齐桂兰,等.淡水藻类在监测水质和净化污水中的应用[J].生物学杂志,2010,27(6):76-78+86.

[10] 何蕾,韩施悦,黄敂慧,等.水质在线生物监测技术研究进展[J].绿色科技,2021,23(22):98-103+109.

[11] 李荣辉.鱼类栖息迁徙、习性及其监测技术研究[D].南宁:广西大学,2013.

[12] 倪芳.在线监测不同污染物对鱼类运动行为的影响[D].大连:大连理工大学,2014.

[13] 徐田振,徐东坡,周彦锋,等.淮河入海通道及其附近水系鱼类群落空间分布格局[J].大连海洋大学学报,2020,35(6):914-921.

[14] 李胜利.渭河山区与平原溪流底栖动物群落结构和功能多样性特征及其影响因子[D].南京:南京农业大学,2017.

[15] 李君华,李少菁,朱小明.海洋浮游动物多样性及其分布对全球变暖的响应[J].海洋湖沼通报,2008(4):137-144.

［16］杨宇峰,黄祥飞.浮游动物生态学研究进展[J].湖泊科学,2000,12(1):81-89.

［17］谢钊.太湖大型底栖无脊椎动物群落结构特征及其对环境因子的响应[D].南京:南京农业大学,2014.

［18］刘镇盛,杜明敏,章菁.国际海洋浮游动物研究进展[J].海洋学报(中文版),2013,35(4):1-10.

［19］李少菁,许振祖,黄加祺,等.海洋浮游动物学研究[J].厦门大学学报(自然科学版),2001,40(2):574-585.

［20］徐兆礼.中国海洋浮游动物研究的新进展[J].厦门大学学报(自然科学版),2006,45(S2):16-23.

［21］杜明敏,刘镇盛,王春生,等.中国近海浮游动物群落结构及季节变化[J].生态学报,2013,33(17):5407-5418.

［22］戴纪翠,倪晋仁.底栖动物在水生生态系统健康评价中的作用分析[J].生态环境,2008,17(5):2107-2111.

［23］刘学勤.湖泊底栖动物食物组成与食物网研究[D].北京:中国科学院研究生院(水生生物研究所),2006.

［24］吴东浩,王备新,张咏,等.底栖动物生物指数水质评价进展及在中国的应用前景[J].南京农业大学学报,2011,34(2):129-134.

［25］胡知渊,鲍毅新,程宏毅,等.中国自然湿地底栖动物生态学研究进展[J].生态学杂志,2009,28(5):959-968.

［26］蔡永久,龚志军,秦伯强.太湖大型底栖动物群落结构及多样性[J].生物多样性,2010,18(1):50-59.

［27］蔡立哲,马丽,高阳,等.海洋底栖动物多样性指数污染程度评价标准的分析[J].厦门大学学报(自然科学版),2002,41(5):641-646.

［28］BRAAK C J F T. Canonical correspondence analysis: a new eigenvector technique for multivariate direct gradient analysis[J]. Ecology,1986,67(5):1167-1179.

［29］赵文斌.上游水库水体中氨氮、亚硝酸盐氮、硝酸盐氮、总氮的测定和关系探究[J].分析测试技术与仪器,2022,28(2):222-227.

［30］王卫萍,李岩,毕桂真.水体中氨氮含量测定的影响因素分析[J].山东水利,2020(9):40-41.

［31］吴丽,古丽娜尔·艾合坦木,李欣.纳氏试剂比色法测定水体中氨氮常见问题与解决办法[J].干旱环境监测,2017,31(1):44-48.

［32］尹玉忠,张芷益,寸黎辉.三种标准方法测定水体中氨氮对比分析[J].福建分析测试,2023,32(2):54-57+62.

［33］刘金芝,董建峰,莫虹,等.两种方法对不同类型水体中氨氮的测定结果研究[J].山东化工,2022,51(18):216-219.

［34］龚丹,王保勤.连续流动法与纳氏试剂法测定水体中氨氮的对比研究[J].广州化工,

263

2022,50(6):102-104.

[35] 石爱兰.水质监测中氨氮测定的影响因素分析[J].化工管理,2022(6):20-22.

[36] 王亚娟.水质监测中氨氮的测定方法及影响因素研究[J].资源节约与环保,2019(4):82+90.

[37] 陈金凤.分光光度法测定水体中氨氮实验条件影响分析[J].广东化工,2015,42(14):222-223.

[38] 中华人民共和国国家卫生健康委员会.生活饮用水标准检验方法第5部分:无机非金属指标:GB/T 5750.5—2023[S].北京:中国标准出版社,2023.

[39] 郑天怡.紫外光诱导甲酸还原水体中硝酸盐氮的研究[D].南京:东南大学,2020.

[40] 郑猛.地表水中硝酸盐氮的去除及其与硫的相关性[D].烟台:中国科学院烟台海岸带研究所,2017.

[41] 杨琼,张明时,秦樊鑫,等.环境水体中亚硝酸盐氮、硝酸盐氮和总氮的液相色谱测定[J].分析测试学报,2008,27(5):563-566.

[42] 孙明辉.水体硝酸盐氮稳定同位素分析方法研究[D].青岛:中国海洋大学,2008.

[43] 国家环境保护局.水质 亚硝酸盐氮的测定 分光光度法:GB 7493—87[S].北京:中国标准出版社,1978.

[44] 中华人民共和国农业农村部,全国土壤质量标准化技术委员会.土壤质量 土壤硝酸盐氮、亚硝酸盐氮和铵态氮的测定 氯化钾溶液浸提手工分析法:GB/T 42485—2023[S].北京:中国标准出版社,2023.

[45] 吕伟仙,葛滢,吴建之,等.植物中硝态氮、氨态氮、总氮测定方法的比较研究[J].光谱学与光谱分析,2004,24(2):204-206.

[46] 张玉兰,杨翠凤.环境中硝酸盐和亚硝酸盐测定方法研究进展[J].浙江化工,2005,36(6):39-40.

[47] 环境保护部.水质 总氮的测定 碱性过硫酸钾消解紫外分光光度法:HJ 636—2012[S].北京:中国环境科学出版社,2012.

[48] 崔慧芳.水体中总氮测定的影响因素及方法改进[J].山西化工,2022,42(4):40-41.

[49] 付瑶,刘玲玲,董希良,等.紫外分光光度法测定水体总氮的干扰因素及优化方法[J].山东化工,2021,50(4):120-122+127.

[50] 范菲菲,姚德鑫.连续流动分析法测定水体中的总氮[J].南方农机,2019,50(14):14-15+17.

[51] 毕桂真,周波,王春霞.连续流动分析法测定水体总氮试验研究[J].山东水利,2018(12):26-27+30.

[52] 黄文婷,周俊,张奇磊.水体中总氮测定的影响因素及方法改进[J].环境监控与预警,2017,9(6):45-47.

[53] 陈德华,李铎.咪唑缓冲溶液方法-流动注射分析测定水体中总氮的探讨[J].山东化工,2017,46(4):75-77.

[54] 环境保护部.水质 总有机碳的测定 燃烧氧化-非分散红外吸收法:HJ 501—2009 [S].北京:中国环境科学出版社,2009.

[55] 钱亚平,金星.直接法测定地表水中总有机碳的优化研究[J].环境科技,2017,30(3): 52-55.

[56] 郭豪,温慧娜,宋庆国,等.水样保存方法及保存时间对黄河水体中总有机碳测定的影响[J].水资源保护,2014,30(6):67-70.

[57] 赵博韬,施奕佳.差减法和直接法对水中总有机碳测定结果比较[J].干旱环境监测,2012,26(3):129-132.

[58] 付洁,蒋建宏.测定饮用水中总有机碳新方法的研究[J].广州化学,2012,37(3):10-13.

[59] 孙悦.总有机碳测定方法及最新应用进展[J].天津药学,2012,24(1):60-64.

[60] 刘慧敏.总有机碳分析仪测定常见水的TOC[J].民营科技,2011(10):7.

[61] 孙东卫,于春霞,刘亦峰.高温燃烧氧化法测定水中总有机碳[J].现代科学仪器,2010(4):117-118.

[62] 杨丹,潘建明.总有机碳分析技术的研究现状及进展[J].浙江师范大学学报(自然科学版),2008,31(4):441-444.

[63] 国家环境保护局.水质 总磷的测定 钼酸铵分光光度法:GB 11893—89[S].北京:中国标准出版社,1990.

[64] 许金.水体和水样中总磷测定方法及其自动分析仪器的研究与应用[D].厦门:厦门大学,2021.

[65] 李春芳,钟悦,蒙健娇,等.水质总磷的测定——钼酸铵分光光度法中三种消解方法的比对分析[J].山东化工,2022,51(19):139-143.

[66] 顾晓明,周民峰,苏明玉,等.连续流动分析法和钼酸铵分光光度法测定水体中总磷[J].安徽农学通报,2018,24(8):72-74.

[67] 张怡,姜翠玲,杨艳青,等.多功能酶标仪测定微量水体中总磷[J].分析试验室,2017,36(11):1264-1268.

[68] 陈晗.水体中总磷测定新进展[J].广东化工,2017,44(5):171-170.

[69] 杨子毅,孙步旭,李茜,等.钼酸铵分光光度法和连续流动分析法测定水体中总磷的比较研究[J].仪器仪表与分析监测,2015(4):24-27.

[70] 李骏.水体中总磷测定方法的比较研究[J].资源节约与环保,2013(8):175-176.

[71] 环境保护部.水质 化学需氧量的测定 重铬酸钾法:HJ 828—2017[S].北京:中国环境出版社,2017.

[72] 冯志坚.关于环境监测化学需氧量测定方法的研究[J].黑龙江环境通报,2023,36(7):51-53.

[73] 李静.快速消解法测定水中化学需氧量的影响探究[J].皮革制作与环保科技,2023,4(19):12-14.

[74] 章超.化学需氧量检测影响因素探析[J].皮革制作与环保科技,2023,4(18):51-53.

[75] 王未英.影响化学需氧量检测精确度的因素及检测方法探索[J].黑龙江水利科技,2023,51(1):77-79.

[76] 麦远帮,邓永亮,游贤武.水中化学需氧量测定方法探讨[J].中国检验检测,2022,30(5):38-40.

[77] 李春永,杨中兰.前处理方式对化学需氧量测定的影响[J].人民长江,2021,52(S2):41-44.

[78] 黄旭敏.地表水中化学需氧量、高锰酸盐指数和五日生化需氧量的相关性研究分析[J].广东化工,2021,48(23):125-127.

[79] 林国辉.重铬酸钾光度法快速测定水中化学需氧量[J].化学分析计量,2021,30(10):37-41.

[80] 环境保护部.水质 五日生化需氧量(BOD_5)的测定 稀释与接种法:HJ 505—2009[S].北京:中国环境科学出版社,2009.

[81] 周密.生化需氧量微生物传感器的研制[D].武汉:武汉科技大学,2022.

[82] 谭叙.探究不同方法测定生化需氧量的比对分析[J].中国检验检测,2020,28(5):111-113.

[83] 玛依努尔·卡德尔.标准稀释接种法测定地表水中五日生化需氧量[J].产业与科技论坛,2018,17(3):58-59.

[84] 储宏.废水中生化需氧量的测定质量控制措施[J].中国资源综合利用,2017,35(12):43-45.

[85] 李志亮,仲跻文.生化需氧量、化学需氧量、高锰酸盐指数三者关系简析[J].水利技术监督,2015,23(1):5-6.

[86] 郭中伟.测定水体生化需氧量两种方法比较探讨[J].山东水利,2014(4):33-34.

[87] 张国标,江秀红,宫剑.稀释接种法与微生物传感器快速测定法测定生化需氧量的分析比较[J].价值工程,2010,29(15):181.

[88] 曹华杰,刘莉华.生化需氧量的测定及其影响因素[J].内蒙古石油化工,2009,35(23):35-37.

[89] 环境保护部.水质 65种元素的测定 电感耦合等离子体质谱法:HJ 700—2014[S].北京:中国环境科学出版社,2014.

[90] 高煦纳,金琼瑶,李晶晶.水体中重金属检测技术现状及展望[J].广东化工,2023,50(16):108-110+130.

[91] 陈转琴.基于重金属污染水体的环境保护技术应用分析[J].黑龙江环境通报,2023,36(5):151-153.

[92] 黄依凡.ICP-OES法和ICP-MS法测定不同环境水体中重金属铅的方法比较[J].安徽地质,2023,33(2):175-179.

[93] 俞文钰,郝桐锋,南海林,等.水生植物治理水体重金属污染的研究进展[J].现代农业

科技,2023(11):156-158+164.

[94] 王霞,何生才.吹扫捕集-GC-MS法同时检测环境水体中57种挥发性有机物[J].广东化工,2017,44(13):244-246.

[95] 占美君,赖永忠.静态顶空-气相色谱/质谱法同时检测环境水体中59种挥发性有机物[J].分析测试技术与仪器,2016,22(4):250-260.

[96] 张满成,王春子,单超,等.水体中磺酸类有机物的检测分析进展[J].环境保护科学,2009,35(4):98-101.

[97] 姜金萍.水环境中挥发性有机物的检测方法[J].化工管理,2023(12):27-29.

[98] 邱桂香.水体中挥发性有机物的分析方法研究[J].皮革制作与环保科技,2021,2(16):122-123.

[99] 王勤,袁月,邢燕,等.水中多环芳烃检测技术及污染现状研究进展[J].预防医学论坛,2021,27(7):558-562.

[100] 洪碧圆,沈国新.水质半挥发性有机物检测与分析方法浅析[C]//浙江省地质学会.资源利用与生态环境—第十六届华东六省一市地学科技论坛论文集.杭州:浙江国土资源杂志社,2020:5.

[101] 吕天峰,张宝,滕恩江,等.固相微萃取-气相色谱-质谱法测定水体中半挥发性有机污染物[J].理化检验(化学分册),2013,49(8):957-960+964.

[102] 杨冉.地下水中半挥发性有机物前处理方法优化研究[D].北京:中国地质大学,2013.

[103] 梁坚.固相萃取-气相色谱/质谱法测定水中半挥发性有机物[D].南宁:广西大学,2012.

[104] 陆蓓蓓,沈登辉,单晓梅.固相萃取技术在水体痕量有机物检测中的应用及进展[J].安徽预防医学杂志,2012,18(2):115-118+121.

[105] 孙玉梅.GC-MS联用技术对地下水中半挥发性有机物监测的方法研究[D].北京:中国地质大学,2006.

[106] 李贵芝,席英伟,万俐,等.凯氏定氮仪在固废全氮测定中的应用研究[J].环境科学与管理,2014,39(3):140-142.

[107] 郭小颖.土壤全氮测定有关问题的探讨[J].科技资讯,2013(30):125-126.

[108] 刘太胜,姜沄林,陆尧,等.珠江口海域沉积物中总氮总磷的空间分布特征[J].广东化工,2021,48(16):148-149.

[109] 曾露,葛继稳,王自业,等.古夫河上覆水和表层沉积物中总氮和总磷空间分布特征及其相关性[J].安全与环境工程,2014,21(4):38-43.

[110] 王金叶,秦志华,毛玉泽.过硫酸钾法在测定网箱养殖沉积物总氮的应用[J].中国农学通报,2011,27(26):110-113.

[111] 延霜.水体—沉积物界面氮迁移转化的生物化学过程[D].西安:西安建筑科技大学,2010.

[112] 姜峰,李亮.沉积物中总磷的测定方法对比[J].广东化工,2017,44(10):197-198.

[113] 国家海洋局.海洋沉积物中总有机碳的测定 非色散红外吸收法:GB/T 30740—2014[S].北京:中国标准出版社,2014.

[114] 田春秋,邵坤.微波消解-磷钼蓝分光光度法测定土壤和水系沉积物中的总磷[J].冶金分析,2013,33(12):52-56.

[115] 黎国有,王雨春,陈文重,等.两种消解法测定沉积物总磷的对比[J].中国环境监测,2013,29(3):112-116.

[116] 环境保护部.土壤和沉积物 挥发性有机物的测定 顶空/气相色谱法-质谱法:HJ 642—2013[S].北京:中国环境科学出版社,2013.

[117] 夏炳训,宋晓丽,丁琳,等.微波消解-磷钒钼黄光度法测定海洋沉积物中总磷[J].岩矿测试,2011,30(5):555-559.

[118] 杨颖,龚婉卿.酸性过硫酸钾消解流动注射测定海洋沉积物中的总磷[J].海洋环境科学,2008(S1):100-102.

[119] 王海波,刘金凤,王会.沉积物中有机质检测方法差异研究[J].长江技术经济,2022,6(1):56-59.

[120] 吕振龙,杨国军,石友昌,等.利用多相红外碳硫分析仪测定土壤和沉积物中总有机碳研究[J].四川地质学报,2023,43(3):558-562.

[121] 林春茹.两种测定海洋沉积物中总有机碳方法对比探究[J].四川水泥,2020(1):129.

[122] 高少鹏,徐柏青,王君波,等.总有机碳分析仪准确测定湖泊沉积物中的TOC[J].分析试验室,2019,38(4):413-416.

[123] 孙萱,宋金明,于颖,等.元素分析仪快速测定海洋沉积物TOC和TN的条件优化[J].海洋科学,2014,38(7):14-19.

[124] 白亚之,朱爱美,崔菁菁,等.中国近海沉积物氮和有机碳标准物质的研制[J].岩矿测试,2014,33(1):74-80.

[125] 环境保护部.土壤和沉积物 12种金属元素的测定 王水提取-电感耦合等离子体质谱法:HJ 803—2016[S].北京:中国环境出版社,2016.

[126] 陈洲杰,刘宣汝,严镔镔.海洋沉积物重金属检测方法及污染防治研究进展[J].低碳世界,2023,13(6):25-27.

[127] 夏莹.海洋沉积物重金属检测方法及污染防治研究进展[J].绿色科技,2023,25(4):168-172.

[128] 王莹,张雁.微波消解对土壤及沉积物中重金属检测的影响[J].昆明学院学报,2018,40(6):91-95.

[129] 黄依凡.ICP-OES法和ICP-MS法测定不同环境水体中重金属铅的方法比较[J].安徽地质,2023,33(2):175-179.

[130] 环境保护部.土壤和沉积物 半挥发性有机物的测定 气相色谱-质谱法:HJ 834—2017[S].北京:中国环境出版社,2017.

[131] 苏棋,周畅,田俊良.土壤中半挥发性有机物前处理方法研究[J].皮革制作与环保科

技,2023,4(8):117-119.

[132] 张刚,耿李跃,梁开才,等.快速索氏提取/GC-MS法测定土壤中11种半挥发性有机物研究[J].环境科学与管理,2022,47(10):171-175.

[133] 王洪宇.土壤或沉积物半挥发性有机物测定过程中提升准确度的前处理方法研究[J].科技资讯,2022,20(19):109-112.

[134] 胡学波,夏冰,应蓉蓉,等.农药污染场地土壤中有机物分析方法研究进展与展望[J].江苏农业科学,2022,50(14):22-34.

[135] 马鹏程.气相色谱-质谱法测定土壤和沉积物中的半挥发性有机物[J].质量安全与检验检测,2021,31(2):43-45.

[136] 钟丹丹,柳春辉,窦筱艳.固体废物中挥发性及半挥发性有机污染物前处理和GC/GC-MS测定方法的研究进展[J].环境与发展,2018,30(8):64-68.

[137] 环境保护部.土壤和沉积物挥发性有机物的测定 吹扫捕集/气相色谱-质谱法:HJ 605—2011[S].北京:中国环境科学出版社,2011.

[138] 王思依,邹顺瑛,孙文豪,等.六种土壤中挥发性有机物监测方法对比分析[J].科技资讯,2023,21(17):171-174.

[139] 王昭.吹扫捕集/气相色谱-质谱法测定挥发性有机物在土地工程中应用[J].西部大开发(土地开发工程研究),2020,5(2):44-49.

[140] 殷婷,何开泰.气质联用仪在土壤和沉积物测定中的应用[J].广州化工,2018,46(15):43-44.

[141] 李巧浩.土壤和沉积物中挥发性有机物的检测研究与应用[J].化工管理,2018(18):183-185.

[142] 黄招发.顶空气相色谱-质谱法测定土壤和沉积物中的挥发性有机物[J].环境化学,2016,35(12):2626-2628.

[143] 陈勇,吕桂宾,尹辉.吹扫捕集-气相色谱质谱法分析土壤和沉积物中挥发性有机物[J].中国环境监测,2011,27(6):26-30.

[144] 王晨宇,连进军,谭培功,等.吹扫捕集-气相色谱-质谱法测定海洋沉积物中挥发性有机物[J].化学分析计量,2006,15(6):40-42.